文物建筑

第14辑

河南省文物建筑保护研究院　编

科学出版社
北京

图书在版编目（CIP）数据

文物建筑．第14辑 / 河南省文物建筑保护研究院编．—北京：科学出版社，2021.8

ISBN 978-7-03-069510-9

Ⅰ. ①文…　Ⅱ. ①河…　Ⅲ. ①古建筑－中国－文集　Ⅳ. ①TU-092.2

中国版本图书馆CIP数据核字（2021）第156006号

责任编辑：吴书雷 / 责任校对：邹慧卿

责任印制：肖　兴 / 封面设计：张　放

科学出版社出版

北京东黄城根北街16号

邮政编码：100717

http://www.sciencep.com

中国科学院印刷厂 印刷

科学出版社发行　各地新华书店经销

*

2021年8月第　一　版　　开本：889×1194　1/16

2021年8月第一次印刷　　印张：13　插页：1

字数：370 000

定价：138.00元

（如有印装质量问题，我社负责调换）

目 录

文物建筑研究

文物建筑保护

建筑考古

Contents

Traditional Architecture Research

Traditional Architecture Protection

Architectural Archaeology

文物建筑研究

承恩寺建筑彩画初探

曹振伟

（故宫博物院，北京，100009）

摘　要：承恩寺位于北京市石景山区模式口，始建于明正德五年（1510年）。虽然历史上经过多次修缮，但仍然保持着明代的格局，保留有不同时期的旋子和苏式彩画遗迹。在实地勘察的基础上，探讨承恩寺彩画的绘制年代、时代特征、工艺特点等。

关键词：承恩寺；明代彩画；旋子彩画；苏式彩画

彩画犹如建筑的服饰，具有显示等级、装饰、掩盖构件缺陷等功能，是建筑密不可分的组成部分。清代建筑彩画主要分为五大类，即旋子彩画、和玺彩画、苏式彩画、宝珠吉祥草彩画及海墁彩画。其中旋子彩画最常见，其最大的特点是在小找头内使用了带卷涡纹的花瓣，即所谓旋子。明代旋子彩画是由宋代彩画海石榴华（花）演变而来。关于明代彩画的档案记载稀少，如洪武时期《大明会典》记载的彩画类型有：青绿点金、青黑、彩色绘饰、青碧绘饰、粉青刷饰、土黄刷饰。其后200余年的时间里，彩画的等级规制本身也在不断变化。仅用洪武时期的名称，很难包含所有明代彩画的做法，因此姑且按照工艺做法称呼明代的各种彩画类别。从目前实物来看，明代彩画大致可分为浑金彩画、金琢墨碾玉彩画、金线大点金碾玉彩画、金线小点金碾玉彩画、墨线大点金碾玉彩画、墨线小点金碾玉彩画、雅伍墨青绿碾玉彩画、雅伍墨黑绿碾玉彩画、土黄色碾玉彩画。

一、承恩寺建筑彩画概况

承恩寺位于北京市石景山区“京西古道”模式口街北侧，始建于明正德五年（1510年），至今已有500余年的历史。中轴线上现存的建筑依次为山门、天王殿、大雄宝殿、法堂，两翼有配殿两座、钟鼓楼、碉楼及围房。目前区域内还保留有五种类型的旋子彩画及苏式彩画（表一）。旋子彩画包含墨线大点金碾玉彩画（山门内檐、天王殿内檐）、雅伍墨碾玉彩画（东西配殿内檐、钟鼓楼内檐）、墨线大点金旋子彩画（大雄宝殿外檐及部分廊步）、墨线小点金旋子彩画（钟鼓楼外檐、东西配殿外檐、大雄宝殿及法堂脊步）、雅伍墨旋子彩画（大雄宝殿内檐、围房内外檐）。苏式彩画为金线包袱式苏画（法堂内檐）。

表一 承恩寺内外檐彩画类型表格

序号	建筑	部位	彩画类型（暂按工艺称呼）
1	山门	外檐	—
		内檐	墨线大点金碾玉彩画
2	天王殿	外檐	仿墨线大点金碾玉彩画
		内檐	墨线大点金碾玉彩画
3	大雄宝殿	外檐	墨线大点金旋子彩画
		内檐	廊步：墨线大点金旋子彩画
			脊步：搭包袱式墨线小点金旋子彩画
			其余：雅伍墨旋子彩画
4	东西配殿	外檐	墨线小点金旋子彩画
		内檐	雅伍墨碾玉彩画
5	法堂	外檐	外檐：金线大点金旋子彩画 廊步：雅伍墨旋子彩画
		内檐	五架梁及随梁：金线包袱式苏画 脊檩脊枋：搭包袱式墨线小点金旋子彩画
6	钟鼓楼	外檐	墨线小点金旋子彩画
		内檐	雅伍墨碾玉彩画
7	围房	内外檐	雅伍墨旋子彩画

二、现存彩画年代分析

承恩寺建筑上的彩画经过历代修缮，目前还存留从明中期到清代晚期三个时期、六种类型的彩画遗迹。从彩画等级上看，明代中轴线上山门及天王殿的彩画皆为含龙方心的碾玉彩画，高于两翼的配殿及钟鼓楼。配殿及钟鼓楼彩画降低为雅伍墨级别，不贴金。至清代，同样遵循中轴线等级高于两翼的原则，但皆体现在外檐上，大雄宝殿等级较高，配殿与钟鼓楼其次，围房等级最低。

（一）明代旋子彩画

明代旋子彩画分别存于山门、天王殿、钟鼓楼及大雄宝殿东西配殿的内檐，纹饰设置虽有区别，但皆为明中期特点碾玉工艺做法的彩画。

1. 山门

山门面阔三间，进深两间，单檐歇山顶建筑。内檐现存有明代中期风格的墨线大点金碾玉彩画（图一）。明间、次间的脊檩及脊垫板绘搭包袱式彩画，其余大木绘方心式彩画。

彩画以青绿色为主色，色调沉稳，似使用矿物质颜料绘制。纹饰皆为退晕工艺，浅色与原色明度相近。旋纹轮廓线内不使用白粉，为破色粉。大线为墨线，不贴金。端头以副箍头起始，不用整箍头。方心头为宝剑头状。找头旋花为旋涡状与如意头两种纹饰相结合。一整两破旋花为其基本构图模式，在此基础上加入如意头等纹饰填补空地。头路瓣使用旋涡状纹饰，二路瓣为花瓣状。头路瓣旋涡纹饰的起笔绘制点皆出自前一旋纹中部，与早期彩画做法一致。宽大构件的彩画二路瓣内皆为旋眼。其余构件不设二路瓣，头路瓣内即为旋眼。旋眼尺寸较大，约占据木构件高度的 1/3。彩画大点金，旋眼、栀花心、菱角地等皆做单线沥粉贴金（图二）。

图一　山门内檐彩画

图二　山门内檐三架梁彩画

明间大木中心设反搭包袱，包袱横跨脊檩、脊垫板两构件（图三）。两侧找头绘制一整两破加两路旋纹。中心包袱为莲座，内红油地色绘片金梵文。梵文外设包袱边四道。由外至内分别为曲水、编织锦纹、硕火、金刚宝杵与宝珠。曲水为墨线青绿色。编织锦纹取青绿红三色。硕火为红、绿、白、青四色。绿色地绘制沥粉贴金的金刚宝杵与宝珠。包袱边与找头旋花间设置垂直曲水箍头一道。与斜向曲水间相夹的三角形内平涂浅青色地，绘制青色花卉。

东、西次间大木中心设反搭包袱，包袱横跨脊檩、脊垫板两构件，颜色颇为素雅（图四）。两侧找头绘制勾丝咬。设包袱边四道，由外至内分别为曲水、花卉、卷叶纹、花卉。曲水为墨线青绿色。两道花卉皆为浅青色地绘制青色花卉。卷叶纹青绿两色，两绿色凤翅瓣间有沥粉贴金的箍相连。包袱边与找头旋花间设置垂直曲水箍头一道。与斜向曲水间相夹的三角形内绘制编制锦纹。此种纹饰题材的包袱目前仅发现此一处。

图三　山门内檐明间脊步彩画

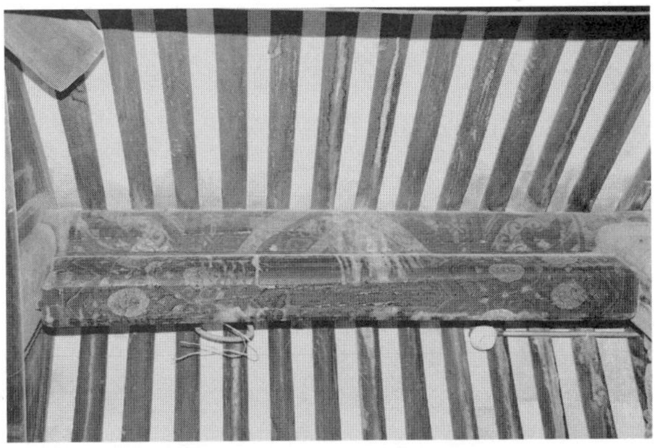
图四　山门内檐次间脊步彩画

各面檐枋及明间两缝五架梁方心部位彩画的等级有所提升，使用沥粉金龙。其余室内大木的方心为素黑一字，不绘纹饰。所有的檩皆为普照乾坤做法，即方心部位上下不设楞线。龙纹单线沥粉贴金。龙身粗壮，前低后高，呈俯冲状，后腿蹬地感力道十足。龙身下绘制肚弦。龙爪风车状，存在四爪、五爪两种画法。龙嘴张闭相结合。龙鼻立体，似猪鼻。龙发呈束状。龙前设火焰宝珠，宝珠为背光状。

图五　天王殿内檐彩画

2. 天王殿

天王殿面阔三间，进深两间，单檐歇山顶建筑。内檐现存有明代中期风格的墨线大点金碾玉彩画。明间的脊檩（构件经过更换）和脊垫板绘搭包袱式旋子彩画，其余大木绘方心式旋子彩画（图五）。明间包袱绘莲座梵文。大木彩画有多层叠加现象，方心分别为素方心黑一字、沥粉龙纹、佛八宝与锦纹。

明间脊垫板梵文包袱纹饰已模糊不清。脊枋方心绘制朱红色张嘴行龙纹（图六），龙须、角、发、肚弦等附属纹饰使用青绿等色彩。室内其余龙纹与山门内檐一致，皆沥粉贴金，存在张嘴、闭嘴两种造型。部分龙纹、八宝等片金纹饰的底层有锦纹彩画痕迹，疑为在原有纹饰上经过重绘（图七）。又表层彩画纹饰、工艺做法皆体现了明代中期的特点，初步判断应为相近时期绘制，或同一时期的彩画经过二次调整，将纹饰等级提高，重绘方心部位的彩画。

图六　天王殿脊枋行龙纹

图七　天王殿表层龙纹，底层锦纹

平板枋及垫板彩画独具特色，正反降魔云纹，核心纹饰为旋瓣。相邻两降魔云的交界处平涂红色。金檩出头绘柿蒂纹加八出旋瓣、四出旋瓣。梁头绘制方格锦二元喜旋纹。一整两破旋花为梁枋彩画找头的基本组合形式，其间点缀卷叶纹填补空地（图八、图九）。卷叶纹在明代后期已不再运用。整旋花为椭圆形，二路瓣有三层退晕。

3. 大雄宝殿东西配殿

东西配殿面阔三间，进深两间。单檐硬山顶建筑，檐下设一斗两升交麻叶头斗栱。内檐现存有明代中期做法的雅伍墨碾玉彩画，与钟鼓楼内檐一致（图一〇）。地仗极薄。青绿色为主色，色调

图八　天王殿找头旋纹

图九　天王殿找头卷叶纹

沉稳。纹饰皆为退晕做法。端头以副箍头起始。方心头为宝剑头状。找头旋花为旋涡状与如意头两种纹饰相结合。不设二路瓣，头路瓣内即为旋眼（图一一）。垫板与枋底面绘制正反两个半如意头彩画，青绿相间连续排列。此种纹饰是清代纹饰长流水的雏形。

图一〇　东配殿内檐彩画

图一一　东配殿内檐彩画细节

4. 钟鼓楼

钟鼓楼面阔一间，进深一间，重檐歇山顶建筑。一斗两升交麻叶头斗栱。内檐绘雅伍墨碾玉彩画，如意头造型（图一二）。彩画较为残破，颜色辨识不清，仅可看出如意头造型。如意头是明代彩画常见造型之一，清初偶尔使用。彩画端头以副箍头起始，不用整箍头。方心头与区域内其他明代彩画一致，为宝剑头状。

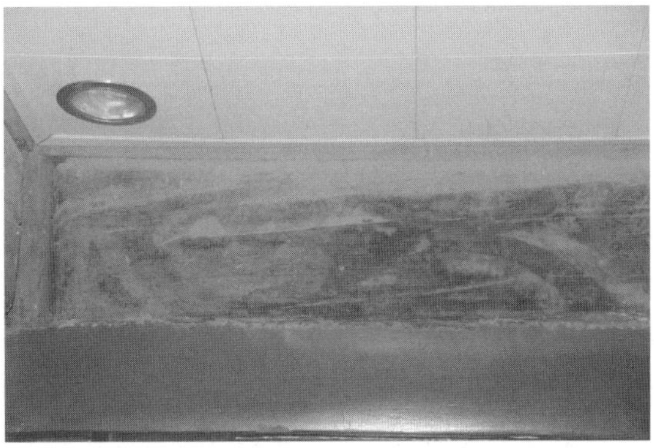
图一二　鼓楼内檐如意头彩画

（二）清代旋子彩画

清代旋子彩画遗迹分布于钟鼓楼外檐、围房外檐、大雄宝殿内檐、东西配殿外檐及法堂内檐，按等级高低分别为墨线大点金旋子彩画、墨线小点金旋子彩画、搭包袱式墨线小点金旋子彩画、雅伍墨旋子彩画。

1. 清代中期的旋子彩画

清代中期的旋子彩画分别留存于大雄宝殿及法堂内檐。

（1）大雄宝殿

大雄宝殿面阔五间，进深三间，单檐硬山顶建筑。前檐启三门，后檐启一门。前内檐明间及东西次间局部（下金步南面及檐步）绘制龙锦方心墨线大点金旋子彩画，盒子内绘西番莲、异兽。明间脊部大木上绘制搭包袱式墨线小点金旋子彩画（图一三、图一四）。其余室内大木绘制夔龙、宋锦方心雅伍墨旋子彩画，绘制整破栀花盒子。同一座建筑上绘制不同种类的彩画有两种情况：第一种，为不同时期存留的遗迹。第二种，同一时期即内外檐不一致。大雄宝殿室内的三种彩画从地仗做法、纹饰做法、颜色设置等特点上看，较为一致，应为同一时期所绘。

图一三　廊步墨线大点金彩画，室内雅伍墨彩画

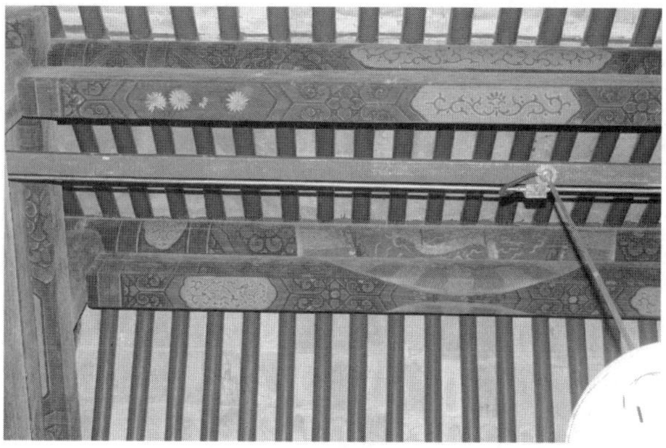

图一四　大雄宝殿脊步彩画

室内三种类型的老彩画既具有清中期的遗风，又有晚清的特点。彩画色泽沉稳，非晚清进口化工颜料色相，与清代中期相似。方心头略尖，此造型盛行于乾隆朝至道光朝初期。墨线大点金旋子彩画方心内的龙纹使用两色金箔，凡青色地用含金量 74% 的赤金金箔，宝珠、散云使用含金量 98% 的库金金箔。两色金工艺至清晚期已不再使用，皆改为单色金箔。大点金彩画的盒子整体造型为菱形向海棠盒形过渡的产物，既有清中期菱形的效果，又有晚期圆润的趋势。盒子内的西番莲为清中期的剪裁法工艺，即卷草纹枝条不完整，似被盒子轮廓线裁切，呈现出若隐若现的效果。雅伍墨彩画盒子遵循清代晚期以来“整青破绿”的特点，即青色箍头内绘完整的菱形栀花盒子，绿色箍头内绘十字交叉的破栀花盒子。找头二路旋瓣皆为分格法绘制，其内不再绘制黑老，为清代中后期的普遍做法。夔龙造型变化较丰富，龙身粗细灵动，常伴有抱瓣。部分夔龙腹部有肚弦，延续着清中期的做法。浅青色由青色加入铅白调制，且白色剂量明显高于清代中期做法，呈现出晕色不柔和的视觉效果。整体上看，大雄宝殿室内彩画为承上启下阶段的产物，与道光时期修缮比较吻合。

明间脊步大木上绘制搭包袱式墨线小点金旋子彩画（图一四）。包袱内红色底绘制片金坐龙纹。龙身赤金，火焰用库金。其外设包袱边三道：最外侧为丹、红两色硕火；内为连珠纹；最内为绿色如意云纹。两侧找头旋花，仅旋眼、栀花心沥粉贴金。盒子内章丹地绘青色搒退活蝠磬纹、绿地黑叶子花卉。

从现存彩画分布上着手，可辅助对建筑装修（即门窗）位置的进行判断。前檐明间、次间仅廊步大木上绘制大点金彩画，东西梢间与室内其他彩画一致，又东西次间与梢间之间有象眼板相隔，上刷朱红油。由此可知，前檐三间在始建时期为前出廊做法，即装修内凹设在金步，而非现在的檐步。廊内大木及彩画露在室外，因此与外檐彩画一致，而与室内彩画等级有别（图一五）。承德溥仁寺的宝相长新殿有类似的做法（图一六）。明间后檐中金步以下部位的大木（含七架梁部分）原未做彩画，此处应为造像遮挡，寺庙中常见类似省略工艺的做法。

图一五　原有装修位置图示

图一六　承德溥仁寺宝相长新殿装修内凹

（2）法堂

法堂内檐明间脊部大木之上保留有搭包袱式墨线小点金旋子彩画（图一七）。包袱横跨檩垫枋三件，包袱内红色底绘制片金坐龙纹，与大雄宝殿在构图、形制、等级上相似性较强。包袱边设三道：最外侧为丹色硕火；内为连珠纹；最内为青色如意云纹。两侧找头旋花，仅旋眼、栀花心沥粉贴金。盒子内青地绘片金灵芝。与大雄宝殿脊步彩画相比，法堂的彩画略显粗糙，纹饰潦草，颜色设置单一。但从颜料、形制上初步判断为同一时期的遗迹。

图一七　法堂明间脊步彩画

2. 清代晚期的旋子彩画

清代晚期的旋子彩画分别留存于钟鼓楼、围房及大雄宝殿东西配殿的外檐。

（1）钟鼓楼

钟鼓楼外檐绘制龙锦方心墨线小点金旋子彩画，与东西配殿外檐彩画做法一致（图一八）。如彩画疑似使用进口合成青色颜料；大线旁设晕色，而中期仅行白粉无晕色；方心头海棠盒状；龙纹呈板凳龙造型。清代中期龙身前低后高呈俯冲状，晚期前后齐平。龙背平直似板凳面，较为呆板；盒子与箍头体现晚清“整青破绿”的工艺口诀。

（2）大雄宝殿东西配殿

东西配殿外檐局部保留有龙锦方心墨线小点金旋子彩画，与钟鼓楼外檐彩画做法一致

（图一九）。彩画使用晚清常用的进口合成颜料群青；大线旁设晕色；方心头呈晚清的海棠盒状；龙纹呈板凳龙造型；盒子绘夔龙、白活异兽，等级上高于钟鼓楼。

图一八 鼓楼外檐彩画

图一九 配殿外檐彩画

（3）围房

天王殿、钟鼓楼、配殿间有围房相接，前出廊。现仅天王殿东西围房后外檐及部分穿堂内檐存有夔龙宋锦方心雅伍墨旋子彩画遗迹（图二〇、图二一）。彩画使用晚清常用的进口合成颜料群青；纹饰呆板，画工粗糙；端头设整破栀花盒子。部分彩画纹饰为晚清常见题材，如松鼠葡萄，寓意着多子多福。

图二〇 围房彩画画工粗糙

图二一 围房松鼠葡萄彩画

（三）清代苏式彩画

法堂内檐保留有金线包袱式苏画遗迹。遗迹绘于内檐明、次间的五架梁及随梁之上（图二二、图二三）。明间东西缝架梁上所绘的包袱式苏画保存相对完整，次间残损较为严重。两端设万字双连珠带箍头，中间绘包袱。包袱内绘制吉祥图案“玉堂富贵”。汉代皇宫有“玉堂院”，后世以“玉堂”指翰林院，“历金门，上玉堂有日矣”的意思是指为高升指日可待。“富贵”一词出自《论语·颜渊》：“商闻之矣，生死有命，富贵在天。”，指富裕而显贵的意思。法堂内苏画的“玉堂富贵”图案中有玉兰、海棠、牡丹等，民间常以玉兰、海棠象征玉堂，牡丹花象征富贵，这三种花卉图借喻玉堂富贵，祝愿职位高升，富裕显贵。包袱与箍头之间绘有西番莲卷草纹与蝙蝠流云纹。

图二二　法堂内檐包袱式苏画

图二三　法堂苏画找头

法堂五架梁的苏画具有诸多清代中期的特点：①色相沉稳，疑似使用了矿物质颜料。②方心头略尖，而晚清为圆弧状。③包袱边每三个烟云筒为一组，共设八组，外圈不加烟云托。晚清包袱边的外侧设烟云托。④使用双卡子的组合方式。⑤使用两色金箔，青色底色上用赤金，绿色底色上用库金。⑥西番莲卷草纹与蝙蝠流云纹皆为团状，为清中期常用的造型，取团团圆圆、一团和气的吉祥寓意。

三、结　　语

目前，关于明代彩画的研究较少。研究多偏重于单体建筑和形制。明代史料稀缺，仅洪武时期有详细档案，但无该时期的彩画遗迹。明初属于特殊时期，统治者要求装饰风格简朴。明太祖朱元璋作为一位从贫苦人家成长起来的开国皇帝，具有很高的勤俭意识，其言道："勤俭为治身之本，奢侈为丧家之源。作为人主，当远声色，去奢靡，清心寡欲。"洪武皇帝勤俭的治国之道，决定了明代初期彩画以朴素为主要的特征。如规定王府建筑"城楼宫殿之彩画：城楼饰青绿点金，城门饰丹漆金涂铜钉，前后各殿饰青绿点金……廊房饰以青黛……"。其中青黛等级偏低，从字面上看应是以青色与黑色为主的彩画，但现存明代遗迹仅见黑绿彩画，还需进一步研究。发展至正统朝，明代初步稳定和兴盛，国家的财力、物力相对充裕，完成了御苑和诸多坛庙的营建。彩画主要特征与早期相一致，细部纹饰略有不同。颜色虽以青、绿色为主色，但已融入部分暖色调，找头旋瓣间点缀有朱红，贴金量逐步加大。正德、嘉靖时期是明代建筑营造的兴旺期，也是重要的变革期。与早期相比，在纹饰、贴金、工艺等角度变化较大，因此很难通过洪武时期的档案概括明代所有时期的彩画做法。

北京市内正德时期的彩画已是凤毛麟角，除承恩寺外，原有海淀区大慧寺以及崇文区清化寺。大慧寺的彩画是清代中期在正德时期彩画的基础上经过过色见新处理，其纹饰、形制为明代样式，而颜料为清代新刷，非明代原迹。清化寺的彩画被红油所覆盖，纹饰不清晰，近些年随着修缮已不复存在。承恩寺的彩画是目前已发现的唯一的正德时期的彩画原迹，弥足珍贵，为了解明代中期的彩画技艺、纹饰设置等提供了重要的参考资料。

承恩寺的建造处于明代中期，起到承前启后的重要作用。彩画既有早期的纹饰及工艺特征，又有自己独创的特点。彩画虽然大量贴金，但其余颜色延续了早期以青绿冷色调为主的色彩特征。所有纹饰皆做晕色，且晕色过度柔和。深色和浅色取决于研磨矿石的颗粒大小，而清代的浅色是靠在原色中加白色调制而成。工艺及材料不同，是造成清代彩画浅色偏白的原因。依然延续早期方心尺寸大于找头的比例特征，但与早期重找头轻方心的做法不同，方心内画题开始变得更加丰富，除龙纹外，引入了八宝、锦纹等题材。端头依旧使用副箍头起始，不用整箍头。找头旋花内延续使用早期富于变化的卷叶纹。在正德朝之前，彩画方心头采用一波三折（或一波两折）的造型，似水波纹，是对找头旋花外轮廓线的造型延续。由于正德朝找头部位不再使用早期富于变化的海石榴华（花）纹饰，找头的头路旋花固定成缺少变化的漩涡纹，岔口线、楞线随之趋于简化，方心头因此变成宝剑头状。从目前的实物看，宝剑头状的方心头最早的实物出自正德朝。花瓣状旋眼开始盛行。如意头状旋眼虽还有延续，但已是非主流样式。此时的花瓣状旋眼同样具有方向性，椭圆形似莲花，向外侧横向生长。而明代晚期其造型变得偏圆（图二四）。

宋代海石榴华

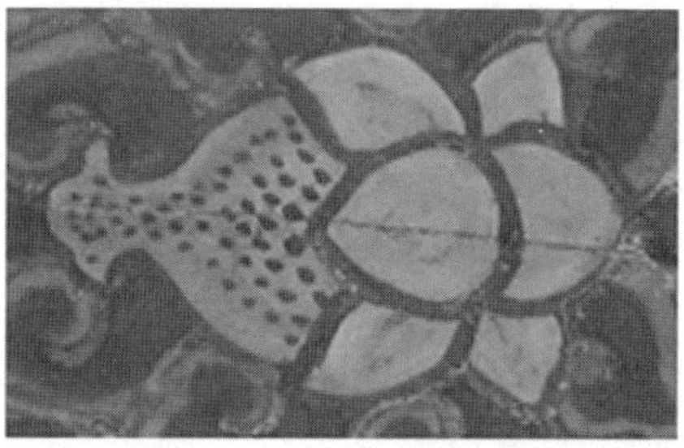
明代早期旋眼

承恩寺花瓣状旋眼

一波三折

宝剑头状

海棠盒状

图二四　彩画旋眼、方心演变

承恩寺的彩画在北京市内具有较高的研究价值：①是唯一的正德时期的彩画遗迹。②是明代中期彩画保存最多的建筑群。③山门两次间脊步的包袱彩画是彩画中的孤例。④天王殿的五彩龙纹是官式建筑中最早的彩龙纹饰。⑤方心头最早使用宝剑头造型的彩画。⑥梁头、檩头、柱头等彩画遗迹为研究明代中期大木外的杂件彩画提供了重要依据。⑦大雄宝殿的彩画分布佐证了建筑原有应为前檐三间出廊的装修形制。同时与清代中后期建筑烧毁重建的历史事件相吻合，解释了为何其建筑等级低于山门、天王殿的原因。⑧法堂的苏式彩画对研究两色金工艺、团纹图案、双卡子等清中期彩画特点的时代下限提供了实物依据。

承恩寺内的明代彩画符合明代中期的基本特征，但还需进一步通过科技手段做深入研究。如天王殿内檐方心部位有多层彩画叠压情况，需要通过科学取样分析判断其缘由。

参 考 文 献

[1] 蒋广全:《中国清代官式建筑彩画技术》，中国建筑工业出版社，2009年。

[2] 曹振伟:《明清皇家旋子彩画形制分期研究》,《故宫博物院院刊》2017年4期。

[3] 曹振伟:《明清官式建筑旋子彩画旋眼研究》,《古建园林技术》2016年3期。

Research on the Color Painting in Cheng'en Temple

CAO Zhenwei

(The Palace Museum, Beijing, 100009)

Abstract: Chengen Temple is located in Moshikou, Shijingshan District, Beijing. It was built in AD1510 (the fifth year of Zhengde period of Ming Dynasty). It still maintains the pattern of Ming Dynasty after several times repair. Fragments of color painting in xuanzi and Suzhou styles datable to different periods in history can still be found on the wooden architectural components. Based on the field survey, this paper discusses the painting time, period characteristics and ornamenting techniques of the color painting.

Key words: Chengen Temple, decorative paintings of Ming Dynasty, xuanzi styled decorative paintings, Suzhou styled color painting

清代长春宫斑竹纹彩画研究初探

郑丽夏[1]　杨　红[2]

（1. 北京工业大学城市建设学部，木结构古建筑安全评估与灾害风险控制国家文物局
重点科研基地，北京，100124；2. 故宫博物院，北京，100009）

摘　要：本文以长春宫区海墁斑竹纹彩画为研究案例，采用实地勘察及对比的方法，探究了古代建筑彩画中仿建筑材质的植物纹样出现的历史情况及实际使用情况。通过研究发现，长春宫斑竹纹彩画纹样体现了封建统治者的审美偏好，是特定历史下的文化产物。最后，以此为长春宫区域建筑彩画以及故宫官式建筑彩画的研究提供一些参考。

关键词：彩画；海墁斑竹纹；长春宫；植物纹饰

一、引　　言

清代海墁斑竹纹彩画（后文中皆用斑竹纹彩画指代）属于海墁彩画。海墁彩画是官式彩画中的第五大类别，其特点是在建筑的上下架都可以绘有同样的纹饰，不再局限于上架大木，甚至在室内装修当中也会出现，多应用于皇家及王府的戏台、园林建筑。目前所知的海墁彩画有以下两类：一是海墁斑竹纹彩画，最为常见，例如故宫长春宫后殿怡情书室外檐彩画以及御花园西井亭等（图一）；二是运用写实手法遍绘花卉、山石、建筑及树木等景物①，例如恭王府戏台内檐海墁藤萝彩画（图二）。

图一　御花园西井亭斑竹纹彩画（作者自摄）

图二　恭王府戏台（图片来源于恭王府官博）

海墁式苏画不同于海墁彩画，海墁式苏画与方心式、包袱式共同组成苏式彩画。在形式上，一类是在梁枋大木构件上设箍头卡子或只设箍头无卡子，通体绘海墁花卉、流云等；另一类为在梁枋大木的方心式、包袱式装饰为主的苏画的局部构件上绘制，如垫板、找头、脊部、亭子的抹角梁等处②（图三）。

① 蒋广全：《中国清代官式建筑彩画技术》，中国建筑工业出版社，2005 年，第 175 页。

② 杨红、王时伟：《建筑彩画研究》，天津大学出版社，2015 年，第 128 页。

图三　乾隆花园耸秀亭抹角梁海墁流云（作者自摄）

二、长春宫概况

长春宫始建于明代，在清康熙时重新修缮。咸丰九年，长春宫进行了一次大的改造，使其平面布局甚至使用功能与其他东西六宫完全不同，后又于同治年间加盖抱厦游廊。在咸丰至同治年间，长春宫进行了多次装饰改造，适逢慈禧大寿之际，装饰翻新活动更为频繁。长春宫戏台曾作为慈禧的日常听戏场所，推测很有可能是按照其喜好，把这区建筑外檐做了斑竹纹彩画。类似的竹纹装饰题材还出现在慈禧后期居住的储秀宫——竹纹裙板玻璃隔扇，可见慈禧对竹纹题材的偏爱。现存后院怡情书室外檐，配殿益寿斋外檐及南抱厦、乐志轩外檐及南抱厦，可见两层斑竹纹彩画，即为清代晚期修缮活动所留（图四、图五）。

图四　益寿斋彩画现状（作者自摄）

图五　怡情书室前外檐彩画现状（作者自摄）

三、斑竹纹彩画的应用与特点

（一）应用

现有海墁斑竹纹彩画的历史记载及实例，在清代中叶后才出现[①]，其多应用于戏台、园林建筑。现存的采用斑竹纹彩画的戏台类建筑有紫禁城长春宫后殿怡情书史及其配殿、漱芳斋风雅存戏台、倦勤斋室内戏台、恭王府花园蝠厅等；园林类建筑有御花园绛雪轩及西井亭。

① 蒋广全：《清代海墁斑竹纹彩画》，《古建园林技术》1993 年 2 期，第 15 页。

（二）斑竹纹彩画特点

1. 纹饰特点

以长春宫为例，斑竹纹彩画题材为新老两种竹纹。竹纹宽度与常见的庭院修竹相仿，有序排列，意在表示此结构是由多根竹竿拼攒而成[①]。竹子上绘有暗色斑点，斑竹正是由此而来。斑竹纹使整个建筑如同用竹子搭建而成，竹节纹理感强烈，在红墙黄瓦的紫禁城中营造出一种闲情野趣。

2. 构图特点

斑竹纹彩画构图没有具体的法式规则特点，绘制范围从上架连檐、瓦口、椽望、檩枋大木，到下架柱槛框、踏板、装修都可以根据需要绘制，会在部分构件点缀重彩彩画或辅以简单纹饰。以长春宫二进院区域建筑为例，从连檐至下架柱槛框均绘有斑竹纹。外檐檐檩彩画有两层痕迹，表层海墁式斑竹纹彩画在构件两端各设置一回纹箍头，檐檩绘横向绿色斑竹纹，竖向褐色箍头带，檐枋颜色相反，每间檐檩、檐枋中部斑竹纹彩画上都绘有“福”“禄”“寿”等字样，柱头绘有“万福”字样，檐柱身绘有两个单元的双卡子、中部绘硬卷草如意圆环组合纹饰，圆环内写有“福”“禄”“寿”等字样。底层斑竹纹彩画在构件两端没有箍头，中间也没有字，颜料是油调色或表面罩油，颜色发亮较表层颜色深。

3. 颜色特点

新竹纹以绿色为主色调，老竹纹以米色为主色调。长春宫二进院区域建筑上架彩画以重彩青、绿冷色为主色调，大量使用中间色三绿，下架柱框等大量使用浅暖中间色米色[②]。斑竹纹彩画虽然出现在皇家、王府建筑中，但却不再用金，也抛弃传统彰显地位的龙凤纹饰，仅用翠绿色的竹纹装饰，新老竹纹的交相呼应，俨然一幅绿绿葱葱的竹林画面，给人以清新、明丽的环境体验。

（三）工艺特点

文献中对斑竹纹彩画施工工艺最早记录可见《清代匠作则例》[③]第二卷中记载了“刷彩黄地点染斑竹每尺用：水胶三钱，淀粉三钱，白矾二分，彩黄七钱，赭石五分，香墨五分，刷彩黄每六十尺画匠一工，点染斑竹每四尺画匠一工。如罩油一道每尺用，白煎油五钱，香油五分，每一百五十尺油匠一工。”

现今斑竹纹彩画，分为油做法和色做法两种。在对长春宫斑竹纹彩画修缮复原时，采用色做法，新竹纹先整体上三绿底色（绘制老竹纹时使用浅米色的底），墨线勾勒出一根根竹子的形状，再使用黄色颜料进行晕染过渡，使竹子形成圆润的弧度，再绘制竹纹将竹子像自然生长的竹子一般分节，然后用深色颜料点竹斑，黄色颜料上高光，最后罩光油，形成竹子光亮的质感。通过写实的绘图手法，打造真实自然的景观氛围（图六～图八）。

---

① 王仲杰：《以假乱真的“斑竹纹”装饰》，《紫禁城》1993年6期，第19页。

② 蒋广全：《清代海墁斑竹纹彩画》，《古建园林技术》1993年2期，第15页。

③ 王世襄：《清代匠作则例》，大象出版社，2009年。

图六　乐志轩南抱厦修缮前（作者自摄）

图七　乐志轩南抱厦修缮后（作者自摄）

四、写实植物纹在古建筑彩画中的运用

图八　益寿斋彩画补绘重绘（作者自摄）

植物纹饰多在苏式彩画中运用，往往有两种含义的表达，一是借植物表达高尚情操，如梅兰竹菊、松树等植物寄托了坚韧、超然脱俗的品质；另一种是寄托着吉祥的寓意，如玉兰、海棠、牡丹代表了富贵，即取“玉堂富贵”；葫芦代表多子多孙等。

比较特殊的是模仿建筑材质的植物纹路彩画，除了斑竹纹，还有云秋木彩画，其源于江南民间传统做法，到了清代称为“云秋木彩画”①。现有云秋木彩画的建筑有承德避暑山庄水心榭彩画，涿州清行宫正殿内檐等。此外，在五台山地区的佛寺建筑中有一种简单的“画木纹”，与清代早期官式云秋木彩画做法相似，还在局部组合绘制了老斑竹纹②。

关于云秋木彩画，已知最早在宋《营造法式》中便有“松纹”；《清代匠作则例》第二卷中有记录（见表一），王璞子《工程做法注释》中有两例记载（见表二）。从颜料用料来看，黄色系颜料使用最多，如只绘木纹，则不使用官式建筑彩画中常用的青绿两色，辅以少量红色系颜料绘制木纹纹理。

表一　清代匠作则例

彩画种类	材料			白色颜料	青色颜料			绿色颜料		黄色颜料		红色颜料			画匠
	水胶	青粉	白矾	淀粉	广花	梅花青	天大青	石大绿	大绿	彩黄	藤黄	银朱	胭脂	赭石	
苏做云楸木，箍头哨青绿	二两	三两	二钱	一两五钱	五钱		五钱		八钱	二两一钱		二钱五分	一片	八分五厘	一工半

① 杨红：《徐州、邳州、宿州四处彩画调查记》，《古建园林技术》2011 年 2 期，第 27 页。

② 张昕、陈捷：《敕建背景下五台山佛寺彩画的等级构成与特征分析》，《四川建筑科学究》2013 年 3 期，第 235 页。

续表

彩画种类	材料			白色颜料	青色颜料			绿色颜料		黄色颜料		红色颜料			画匠
	水胶	青粉	白矾	淀粉	广花	梅花青	天大青	石大绿	大绿	彩黄	藤黄	银朱	胭脂	赭石	
苏做云楸木	二两	三两	二钱	一两二钱						二两一钱		二钱五分		八分五厘	一工半
苏做云楸木，搭袱子画花卉并青绿夔龙，云寿夔龙掐子箍头哨青绿	二两	三两	二钱	一两八钱	九钱	六钱	九钱	五钱	一两二钱	二两一钱	二分	二钱五分	一片	八分五厘	二工半
染木色画松木纹	二钱	三钱	二分	一钱六分						二钱		二分四厘		八厘	每三尺画匠一工

表二 《工程做法注释》彩画作部分摘选

彩画种类	材料			白色颜料	青色颜料		绿色颜料	黄色颜料			红色颜料		黑色颜料		位置及使用面积
	水胶	青粉	白矾	淀粉	广靛花	洋青	大绿	彩黄	藤黄	黄丹	胭脂	赭石	南烟子	香墨	
云秋木	一两	二两	一钱二分	四钱				二两二钱		六钱		二钱			每折宽一尺长一丈用
云秋木苏式彩画搭袱子刷粉青地仗，垛鲜花卉，大绿边，黄丹倒嘘笔草。桁条、垫板、枋子刷米色、拉木纹地仗，垛青绿寿字夔龙团，青绿箍头	三两	四两	二钱六分	二两三钱	一钱	五钱	七钱	二两	二分	四钱	六分	四分	六分	四厘	每宽二尺长一丈用

云秋木彩画以木纹为主要纹饰素材，通常只在方心、池子、箍头及椽头做重彩彩画，其余找头等地仅绘木纹[①]，纹饰构图与苏式彩画相同，档案将其归为苏画一类。写实的木纹彩画，既用暖色调营造古朴自然的氛围感，使建筑构件呈现自然之意，又保护了古建筑的木构件防止风雨侵蚀。

五、结 论

中国古建筑发展到明清已到达鼎盛时期，官式建筑有严格的等级制度与建造准则，随之，建筑彩画的发展也极其繁荣，官式建筑彩画除了分化出适应各类建筑的等级外，彩画的主题、内容、形式都得到极大的丰富。斑竹纹彩画作为较为特殊的一种彩画形式，是特定时代发展的产物，也是统治者审美的体现，在皇家宫殿的金碧辉煌之中，显得尤为雅致，仿佛置身竹林之中，体现了封建帝后除了对权力的极致追求外，也对自然无拘束的生活有着一丝向往。斑竹纹彩画在艳丽描金的宫殿彩画中增添了一抹清新的绿色，是构成古代建筑彩画艺术的重要组成部分。

① 蒋广全：《清代画作“云秋木做法”浅析》，《古建园林技术》1995年4期，第14～15页。

参考文献

[1] 蒋广全:《中国清代官式建筑彩画技术》，中国建筑工业出版社，2005年。
[2] 杨红、王时伟:《建筑彩画研究》，天津大学出版社，2015年。
[3] 蒋广全:《清代海墁斑竹纹彩画》，《古建园林技术》1993年2期。
[4] 王仲杰:《以假乱真的“斑竹纹”装饰》，《紫禁城》1993年6期。
[5] 王世襄:《清代匠作则例》，大象出版社，2009年。
[6] 杨红:《徐州、邳州、宿州四处彩画调查记》，《古建园林技术》2011年3期。
[7] 张昕、陈捷:《敕建背景下五台山佛寺彩画的等级构成与特征分析》，《四川建筑科学研究》2013年3期。
[8] 蒋广全:《清代画作“云秋木做法”浅析》，《古建园林技术》1995年4期。

Preliminary Study on the Colored Paintings with Bamboo Patterns in Qing Dynasty —Taking Changchun Palace as an Example

ZHENG Lixia[1], YANG Hong[2]

(1. Department of Urban Construction, Beijing University of Technology, Master of Architecture, Beijing Historic Building Protection Engineering Technology Research Center, Key Scientific Research Base of the State Administration of Cultural Heritage for Safety Assessment and Disaster Risk Control of Ancient Wooden Structures, Beijing,100124; 2. The Palace Museum, Researcher of the Ministry of Ancient Architecture, Beijing,100009)

Abstract: Based on field survey and comparison of methods, this paper takes Haiman Bamboo pattern color painting for the Changchun Palace as a case study, explores the history and actual use of plant patterns painting in imitation of ancient architecture construction material appears. The study shows that the colorful bamboo patterns of Changchun Palace reflect the aesthetic preference of feudal rulers and are cultural products under a specific history. This study will also provide some references for the research on the color paintings of the Changchun Palace area architecture and the official architectural color paintings of the Forbidden City.

Key words: Color painting, Haiman Bamboo pattern, Changchun Palace, plant decoration

略论明清时期武昌城规划布局及启示

吴红敬[1] 滕纯珍[2]

（1. 湖北省文物交流信息中心，武汉，430061；2. 武汉市第十五中学，武汉，430061）

摘 要：古代城市营造是我国传统文化内涵的集中体现。我国古代城市的营造在选址、布局及建造过程中都强调天地人的和谐统一，强调因地制宜、背山面水、适中居中等，突出人与自然和谐相处的思想。武昌城历时1700余年，在选址及规划布局等方面体现了我国古代传统营造技艺和传统文化丰富内涵，对当代城市化建设的可持续发展具有启示与借鉴意义。

关键词：武昌城；选址与布局；城市规划

一、武昌城概貌及规划布局

武昌城自公元223年建夏口城①始，历经郢州城、鄂州城、武昌城演变，至民国十八年（1929年）湖北政务委员会拆除城垣止，共存世1706年。明清时期是武昌城规模最大、城市功能最为完备的时期。

明清时期的武昌城，东至蛇山长春观，南至鲇鱼套口，西临蛇山矶头，北至塘角下新河岸。城址东西宽约2.5千米，南北长约3千米，周长约10千米，城高约9米，城墙顶宽约18米②。四面原有9座城门，清光绪三十三年（1907年），因修建粤汉铁路需要，在宾阳门与中和门之间增加第10门通湘门，环绕城墙底部过水通道处设置水门，连接城墙内外河渠主要关口处设置11道水闸。另外，疏浚城墙北部沙湖、应山湖、筷子湖与城墙西部长江相连，沿城墙北、东、南三面开挖护城河，于城墙西南的平湖门附近与西面的长江连通，城南护城河濒临巡司河，形成双河护城格局。整座武昌城通过水闸、水门的巧妙设置，利用护城河、巡司河，将长江、城内外河湖串联起来，构成一个完整的生态水系（图一）。

楚王府为明代武昌城的中心，其坐北朝南，北靠黄龙山，南临大朝街，西临阅马场，东抵长街，整座王府由三殿（承运殿、圆殿、存心殿）三宫（前、中、后）及社稷坛、山川坛和相邻附属建筑共八百多间宫殿屋舍组成③，各级衙署沿楚王府为中心分散布局，布政司署在蛇山北，按察司署在楚王府西侧，都司署在楚王府南的水陆街，武昌府署在汉阳门内，江夏县署在城北凤凰山（图二）。清代的武昌仍是湖广会城，行省、府、县三级衙署聚驻于此。湖广总督衙门设在望山门内，湖北巡抚官署在胭脂路胭脂坪，湖北承宣布政使司衙门和武昌府署在司门口，按察使司在平湖门，粮道衙门在粮道街，江夏县署在文昌门，盐法道在三道街。此外，提督学政衙门、两湖贡院，府、县两级学校和各种名目的书院都设在城内（图三）。

---

① 郦道元著，陈桥驿译注，王东补注：《水经注》，中华书局，2009年，第289页。

② 武汉市武昌区档案馆：《武昌城垣》，2011年2月，第12～17、33、36～37、74～75、86页。

③ 王崇礼：《楚国土木工程研究》，湖北科学技术出版社，1995年，第87～88页。

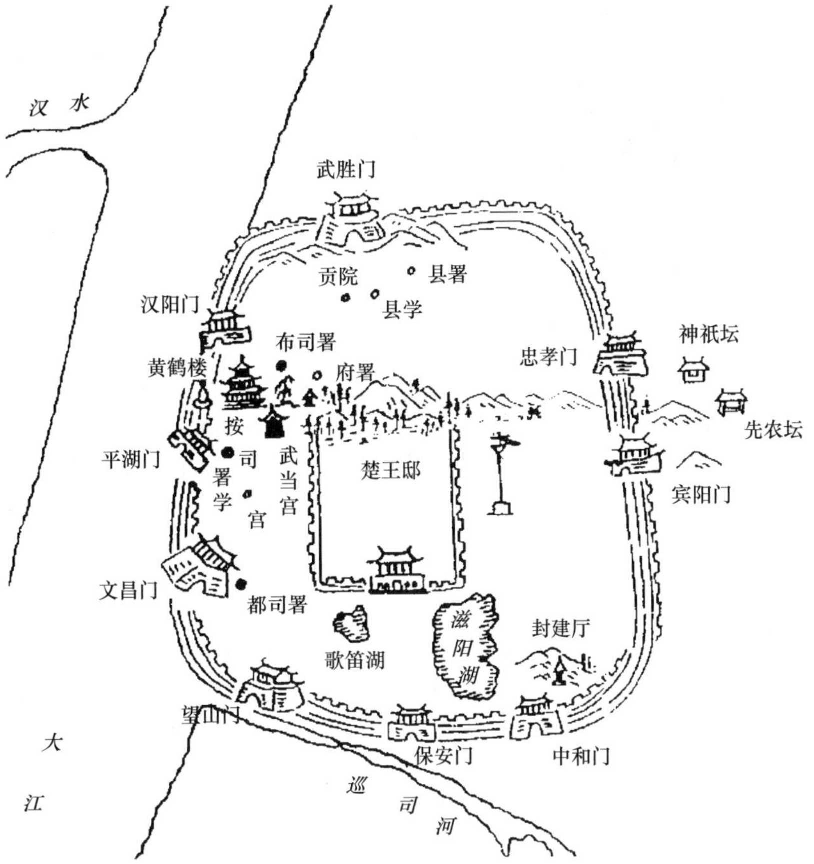

图一 明代武昌城及楚王府示意图（绘图：吴诗阳）

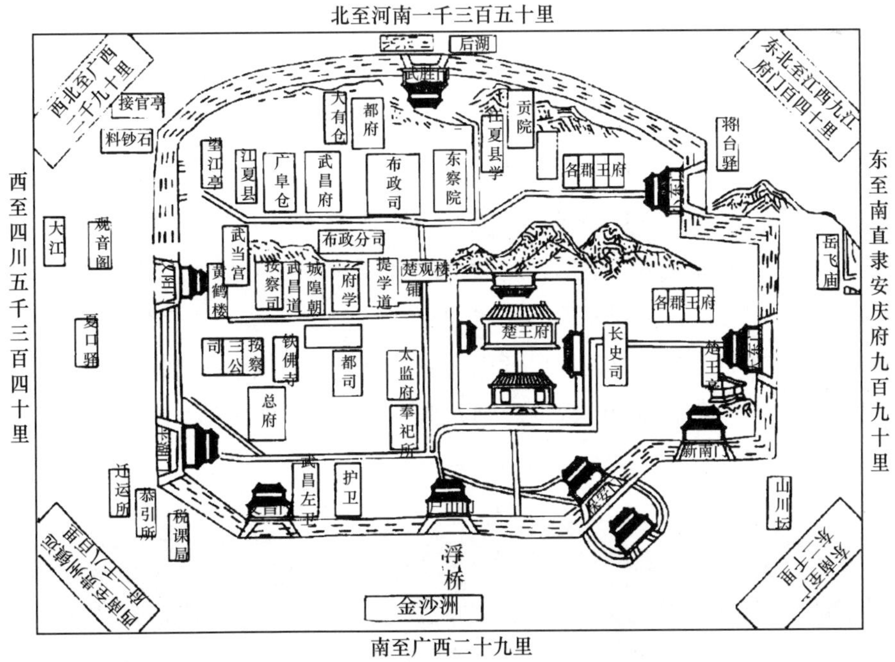

图二 明代武昌司志总图（1521 年）[①]

① 武汉市武昌区档案馆：《武昌城垣》，2011 年 2 月，第 12～17、33、36～37、74～75、86 页。

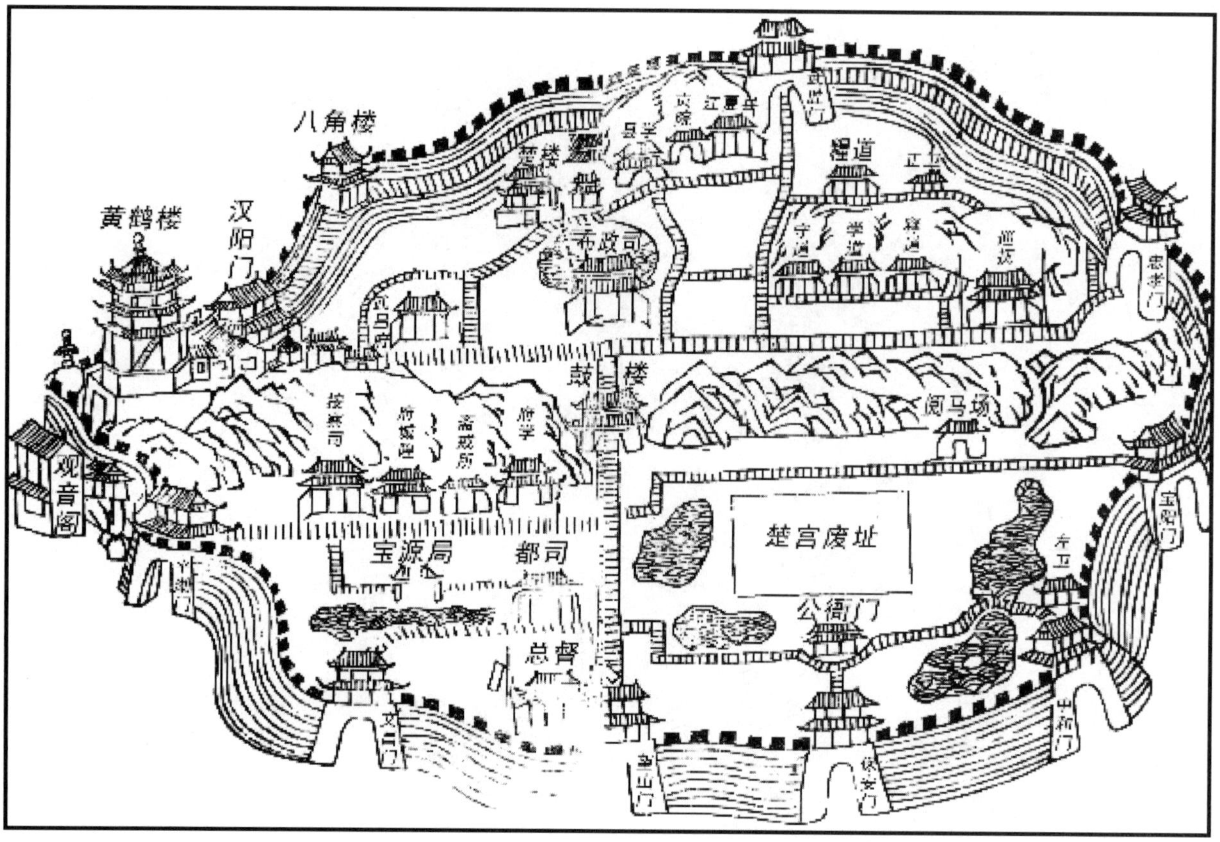

图三　清康熙二十六年（1687 年）武昌舆图[①]

二、武昌城规划布局呈现的中国古代建筑基本思想

（一）坐北朝南思想

武昌地处长江、汉水交汇的长江南岸。北面和南面分别是长江和巡司河冲积平原，西面紧临长江，东面遍布岗岭、湖泊和沼泽。整座武昌城按照坐北朝南选址和布局，中部是横亘东西的低矮山系。此种布局是根据武昌城所在地的地形、地貌等地理环境综合考虑的，武昌城中部地区为东西走向高阜山丘，构成武昌城的骨架，南部地区是自北而南地势逐渐低缓的丘陵和湖沼地构成的垄岗平原和河湖冲积平原，地势开阔平坦。采取坐北朝南布局既统一于武汉市整体北高南低的大环境，又服从于武昌区域的小环境，便于人们获取食物与水源，也便于武昌城中各类建筑通风、采光，利于人们生存与繁衍。

（二）背山面水思想

武昌城依山而建，其中蛇山是主体，蜿蜒如伏蛇，头临长江岸边，自西向东，尾部直插闹市。武昌城傍水而筑，长江自西南向西至西北转向东北环抱城址。城址外自北向东至南总长 11 千米护城河西与长江相通。城南有南北向 16 千米的巡司河，由巡司河及其支流串联起长江与分

① 罗人龙撰，裴天赐修：《湖广武昌府志十二卷》，上海图书馆馆藏，卷一总图。

布城南及东南湖泊带。整个武昌城由长江、护城河及诸湖泊共同组成完备的水系，构成武昌城的水脉。

山水之于人类居住环境不可或缺，山是古代人类食物和居住材料的重要来源，水是人类赖以生存的重要资源，是古今城市所必不可少的因素。宜人的山水环境是古人筑城选址所必须考虑的因素，武昌城营建者充分利用了本地区山水环境，巧妙地将山与水统筹规划，融建筑于山水之中，动静结合，浑然一体。

（三）适中居中思想

明代的武昌城以楚王府为中心，是典型的城中之城。武昌城作为地方区域中心，行使地方军事、行政管理权力，掌控大明王朝在南方和西南少数民族地区。同时，武昌也是朱元璋六子朱桢的封地，楚王府居于武昌城中央部位，其他建筑都是以楚王府为中心布局展开的，整个武昌城的各功能分区也是以楚王府为中心。这种城中之城居中思想是自商、周以来都城营建中所无不体现的建筑特点。统治阶级为了加强其统治，强调以皇（王）权为中心，通过建筑及其布局，表现出王权至高无上[①]。

（四）因地制宜思想

因天时、就地利、对自然条件的充分利用，是人类赖以生存的必然法则。自古以来，中国古人在城市选址及营建过程中尤其注重因地制宜原则。《管子·乘马》载“因天材，就地利，故城郭不必中规矩，道路不必中准绳”[②]。武昌城的营建，在建筑格局的整体规划上没有拘泥于城郭方正的老规矩，而是依山势而建，整个墙体串联城内五座山，在建筑格局上皆据山丘岗垄之脊，尽得江河、湖泊之利，城墙建筑或依山傍水，或交错其间；同时，又巧妙地利用长江、开挖的护城河和巡司河，将城内外水系相连贯通。武昌城精心构筑山、水、城的和谐统一，成为体现古人因地制宜思想、打造山水相依、自然天成的城市营建经典之作。

（五）生态学思想

中国古代文化中一个最重要的理念，就是将天、地、人作为一个有机整体来考量，天、地、人从来都是居于平等的位置，三者构成宇宙自然统一体，这就是中国古代的生态学思想。基于这种思想，人们在选择城址、营建城邑时，格外注重保护环境，在尽量不改变周边环境的情况下，使城垣及建筑与整体环境协调。

武昌城营建者巧妙地利用本地自然环境，城西以长江为天堑；城东、城南开挖护城河的泥土用作城墙的墙心和护城河堤，既节省劳力，又物尽其用；城北护城河则充分利用应山湖、筷子湖，稍加疏浚，形成宽阔的水面；护城河堤广植树木，使城墙与周边山丘、民居融为一体。整个武昌城俨如一道山、水、城、林、江、湖、人和谐共生的画卷，完美地体现了中国古代生态学思想。

---

① 吴薇、刘红红：《明代武昌城市空间形态探析》，《华中建筑》2013年3期，第148～152页。

② 《管子·乘马》卷一，《诸子集成》，中华书局，1957年，第13页。

三、武昌城选址及规划对当代城市营建的启示

随着当代社会城市化进程的日益加快，城市发展突飞猛进，人口快速膨胀，城市规模越发庞大，当代城市问题也日渐突出。城市建设是一项内容丰富的系统工程，作为城市里的人们对美好生活的追求和向往的优先目标也显得越来越重要。武昌城的选址及规划布局对当代城市的营建具有重要的启示意义。

（一）天人合一，尊崇自然

一座城市的营建，其实质就是在某种指导思想下，按照一定的模式改造自然、造福人类的过程。中国传统文化中天人合一思想始终占据重要地位，中国古人从来都是将人与自然看作一个不可分割的统一整体，中国古人主张尊崇自然、道法自然、物我两相宜，在此前提下，顺应自然规律、利用自然规律、适度干预改造自然为人类所用，这是中国古人在对待人和自然关系上所秉持的一贯主张。因此，当代城市营建和发展过程，我们应从中国传统文化中吸取营养，学习古人尊崇自然，追求天地人的和谐与统一。

（二）因地制宜，彰显特色

中国版图跨度较大，人文及地理环境差异明显，客观上要求城市营建因地制宜。南方城镇往往小桥流水，粉墙黛瓦；北方城镇粗狂深沉厚重，庭院深深。《周易》记载："上古穴居而野处，后世圣人易之以宫室，上栋下宇，以待风雨"[①]，反映的是古人在生产力极端低下的状态下，因地制宜的营建并选择原始居住方式；当代城市营建也应根据各地不同的气候、地形、地貌、水文、植被等因素，因地制宜、就地取材，营建与当地环境相适应且彰显区域特色的城市人居环境。

（三）以人为本，绿色生态

在人、自然、建筑三者关系中，建筑是人类创造的、适合自己需要的小环境，都是自然的组成部分，客观上要求我们在营建当代城市、打造居住环境时，要尊重自然、保护自然，以期达到自然生态良好、空间布局合理、心理感受舒适、情景交融和谐，使人、自然、建筑和谐统一。从城市建设的角度上看，还需要考虑整个地域的自然地理条件与生态系统。只有当该区域各种综合自然地理要素相互协调、彼此补益时，才会使整个环境充满活力，从而造就一个良好的人居环境。

（四）注重内涵，凸显人文

文化是一个民族的血脉，是人们共同守护的精神家园，是城市的记忆，也是城市的根与魂。大拆大建式的城市化，单调的街道，冰冷的钢筋水泥建筑，粗放的建设规划，使城市失去品位与内

① 黄寿祺、张善文：《周易译注（修订本）》，上海古籍出版社，2001年，第572页。

涵，失去历史风貌和地方特色。判断一个城市是否具有发展潜力或竞争力，不能单纯看城市规模、发展速度、国民生产总值等，还要看城市管理与城市环境，更要看城市的文化特色与文化品位，绿色生态以及人文精神，种种这些才是真正支撑城市可持续发展的核心实力。

（五）整体协调，功能最优

在城邑的选择和营造中，《周礼·考工记》的营国制度规定："匠人营国，方九里、旁三门，国中九经九纬，经涂九轨，左祖右社，面朝后市，市朝一夫"。所强调的是城市营建整体协调、功能分区优化问题。城市化过程中，应该努力探求城市营建在选址、方位、布局、规划与社会发展及人自身发展，主动协调统一，使整座城市整体协调，功能最优，和谐共生。

武昌城的筑建史，特别是明清时期武昌城的大规模营建及规划布局，充分体现了中国传统文化所遵循和倡导的人与自然的辩证思维方式，即天地一体、天人合一思想。强调的是在人与自然关系中的对立统一，最终所追求是人与自然的和谐统一。这种主导思想是中华民族在化解人与自然的矛盾冲突中，由无数中国先哲观察、思考、归纳、总结所形成的，并被历史与实践证明正确的哲学思想。在我国城市化快速发展的当下，学习我们古人营建城市的成功经验，将城市与人、自然、建筑高度地融合为一体，实现当代城市可持续、健康、良性发展，具有重要的启示和借鉴意义。

Wuchang City Selection and Planning of Ming and Qing Dynasties

WU Hongjing[1], TENG Chunzhen[2]

(1. Hubei Provincial Cultural Relics Exchange and Information Center, Wuhan, Hubei Province, 430061;
2. No. 15 Middle School of Wuhan, Wuhan, Hubei Province, 430061)

Abstract: The construction of ancient cities is a concentrated expression of the connotation of Chinese traditional culture. The Chinese ancient cities emphasize the harmony of heaven, earth and people in the site selection, layout, and construction process, emphasizing local conditions, backing mountains and facing water, and being moderate, highlighting the idea of harmony between man and nature. More than 1700 years old Wuchang City reflected the rich connotation of Chinese ancient traditional construction skills and traditional culture in terms of site selection, planning and layout; therefore, it has implications for the sustainable development of contemporary urbanization.

Key words: Wuchang city, site selection and layout, urban planning

川渝地区山地寺观建筑空间布局形式浅析

李盛虎

（重庆市沙坪坝区文物管理所，重庆，400000）

摘　要：受宗教传统及地形影响，川渝地区寺观建筑多选址山地环境，在空间布局上依山顺势、因地制宜、与环境高度融合。川渝地区山地寺观建筑一般采用中轴线垂直等高线、平行等高线、居山顶平台、依山附崖等四种基本空间布局形式，也有根据实际地形选择多种空间布局形式相结合的情况。

关键词：川渝；山地寺观；空间布局

川渝地区自古崇佛尊道。早在东汉时期，佛教便已入川，与此同时，道教初创于蜀地。此后近两千年间，蜀地虽时有战乱，但佛道二教香火不绝，各地佛寺道观林立。川渝地区地形地貌复杂多变，山地丘陵广布，这恰与佛教道场、道教洞天的环境需求相符，以至于佛寺道观在选址时，往往依山就势，通过灵活多变的空间布局，在保证寺观建筑功能完整的前提下，充分与环境融合，营造“深山藏古寺”的悠远意境。

需要指出的是，宋代以后，蜀地的佛道融合现象便已相当普遍。至清代，佛道二教在民间高度融合，教义相融，偶像相通。表现在建筑上，则是佛寺、道观在规制与布局上的高度相似与统一，以致佛寺、道观之间，常互为易用。由于祭祀土主城隍的祠庙历来都由道士主持，所以这类祠庙也就逐步演变为道教建筑。

受明末清初战乱影响，川渝地区现存清以前寺观建筑数量较少，宋元遗构皆为单体大殿，明代也以单体大殿居多，无法完整反映寺观原有布局形式。川渝地区现存山地寺观建筑多为清代以后陆续新建或重建。清初，南方各省移民大批入川，导致蜀地寺观建筑风格发生较大变化，一改清以前大式木作传统，多采用小式木作，广泛使用穿斗式构架，屋面相互搭接，结构灵活多变。结构上的变化为空间布局形式的变化创造了条件，以致川渝地区清代山地寺观建筑在空间布局形式上呈现出多样的变化。

一、空间布局的基本形式

川渝地区山地寺观建筑在空间布局形式上的变化，主要体现在处理建筑与山体之间的空间关系上，一般采用中轴线垂直等高线、平行等高线、居山顶平台、依山附崖等四种基本形式。

（一）中轴线垂直等高线

建筑群中轴线垂直山体等高线是川渝山地寺观建筑最普遍的空间布局形式。其在坡地上层层筑台，不同殿宇位列各层平台，通过阶梯相互连接，屋面互相搭接，形成中轴对称的院落建筑群。这种布局形式，在保持寺观中轴对称、院落围合的同时，利用地势高差，营造出步步高升的意境，增强寺观建筑的威严感与神秘感。

资中罗城盐神庙是场镇山地寺观建筑的代表。罗城场地处两山间的河谷地带，盐神庙面向街道，背靠小丘，由戏台、正殿、两厢四面合围。整个院落分居上下两层平台，戏台、两厢在下，正殿居上，正殿前设阶梯。这种四面围合，抬高正殿的做法是小型山地寺观建筑最常使用的布局形式。盐神庙在处理正殿前的阶梯时，在正殿前勾连搭一进卷棚顶拜殿，覆盖住阶梯。这一设计，一方面增加了正殿的进深，弥补了山前空间不足造成的正殿进深局促，另一方面增加了正殿的视觉高度（图一）。

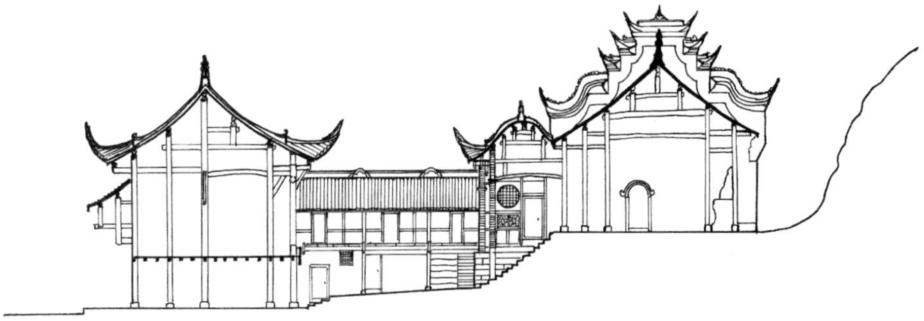

图一　资中罗城盐神庙

与盐神庙将阶梯隐藏于建筑内部不同，铜梁安居城隍庙则极力突出阶梯的高耸。安居城隍庙选址于一处山嘴，背靠崖壁，前临街道，高差较大，进深局促。为满足功能需求，上层平台沿中轴线布置了前后两殿，由于进深有限，两殿间不设天井，而是屋面相互勾连成一体，反而形成了整体较大的进深。街道与大殿间的高差，通过一条连续的阶梯进行消解。阶梯两侧为配殿，配殿采用所谓“坡厢”的方法，在阶梯两侧顺坡修筑三层平台，处于同一屋面下的配殿地坪依次上升，形成所谓“天平地不平”的形式。两厢外侧顺地势，呈弧形环抱山嘴。朝拜者通过夹于两厢间高耸的阶梯，进入深邃的大殿，大大地增加了朝拜的神圣感。安居城隍庙通过巧妙的空间布局，在不适于建筑的山嘴地带，营造出视觉高耸威严、与地势高度融合的寺观建筑（图二）。

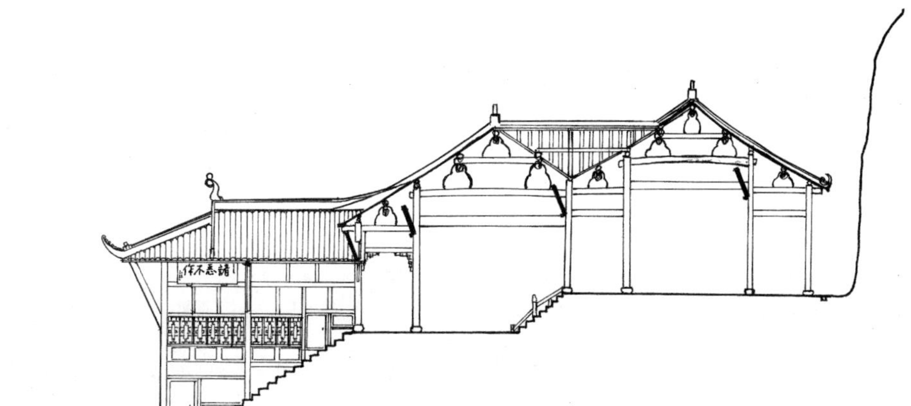

图二　铜梁安居城隍庙

青城山天师洞则是大型山地寺观建筑的代表。天师洞是青城山规模最大的道观，现有建筑重建于清康熙年间，民国时期增建。天师洞选址于前后临崖的缓坡地带，占地面积7200平方米，殿宇众多，但仍基本保持中轴对称。道观沿中轴线置四层平台，一层平台为前导空间。中轴线最前端置小阁，名“云水光中”，小阁临崖吊脚，在点景的同时，起到类似影壁的作用。一二层平台间高差最大，二层平台上为灵官楼，楼高二层，底层为山门。在处理山门前的高差时，其采用与安居城隍庙相似的做法，用连续高耸的阶梯烘托雄伟气势，阶梯延伸至灵官楼内，更增加了阶梯的幽深感。灵官楼与三层平台上的三清殿之间为600余平方米的庭院，如此开阔的庭院在山地寺观建筑中极为少见，其一方面衬托了作为主殿的三清殿的重要地位，另一方面在密集的建筑群中心保留了开敞空间，让整体布局疏密有致。天师洞通过巧妙的布局，在局促的山地空间内，营造出规模宏大，富于韵律变化的宫观建筑群（图三）。

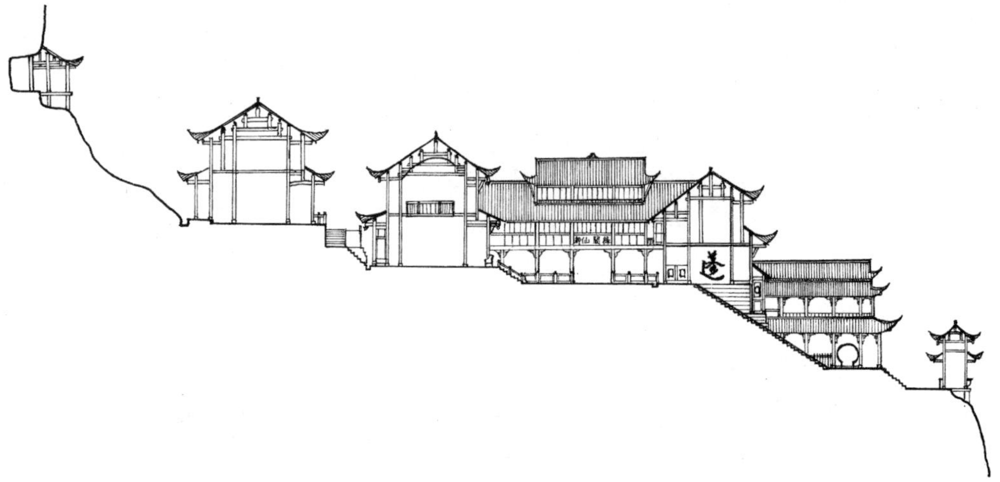

图三 青城山天师洞

（二）平行等高线

中轴线垂直等高线的布局形式在本质上还是在纵向空间里展开布局。然而在某些进深极小的山地环境中，为满足功能需求，排布更多的殿宇，寺观只有打破中轴对称的限制，平行等高线，在横向上并排布置殿宇。这种布局形式多使用在靠崖临江的特殊环境中。

平行等高线的布局形式虽然欠缺一般寺观建筑层层递进、步步高升的威严感，但其通过将所有建筑横向铺开，配合屋顶形态的变化，在背崖面水的环境中，营造出鳞次栉比、高低错落、富于韵律变化的视觉效果。

云阳张飞庙是这类布局形式的代表。张飞庙位于长江南岸，背靠飞凤山，前临长江。整个建筑群顺等高线分上下两层平台，整体进深最大处也仅20余米，两层间的高差却达10米。上层平台由西向东分列正殿、观音殿、助风阁、出师表殿、财神殿；下层平台由西向东则是结义楼、望云轩、杜鹃亭。其中上层的正殿与下层的结义楼组成一处完整的院落，设两厢，为寺庙的主体建筑。受限于地形，所有建筑均尽力在横向展开，减小进深，财神殿面阔五间，进深却仅4米。张飞庙在局促的空间里布置了三座盝顶楼阁，助风阁居上层正中，杜鹃亭、结义楼处下层两端，三者呈“品”字分布，配合其他殿宇平直的屋脊，营造出灵动却不失稳定的轮廓线。从江面远眺，整个建筑群高低错落，极富韵律，蔚为壮观（图四）。

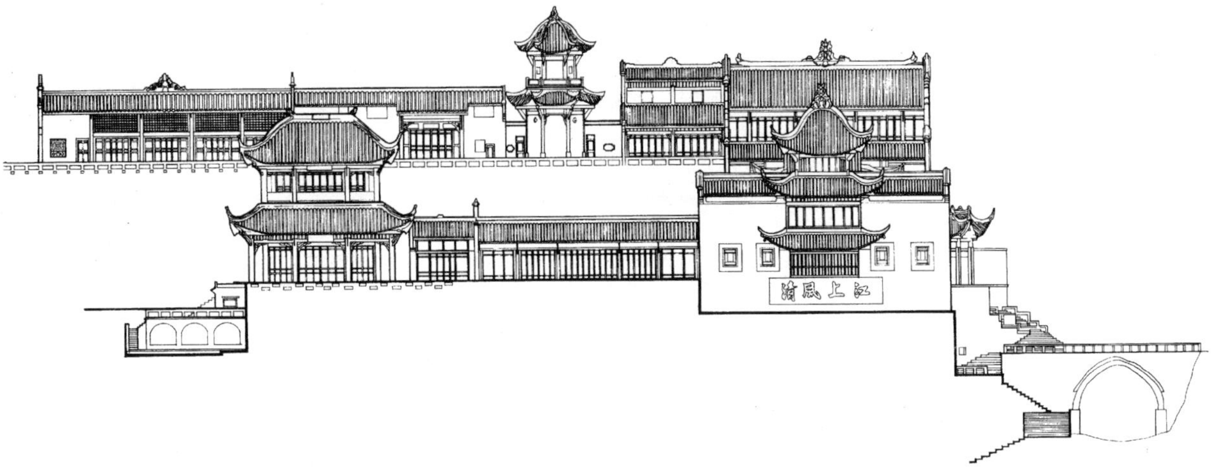

图四　云阳张飞庙

重庆沙坪坝灵感寺也采用类似的布局形式。灵感寺背靠山崖，前临梁滩河，顺等高线走势置三层进深极小的平台，并列布局东西两组建筑。西侧一组以正殿为中心，西接西廊，北接后殿。正殿跨一二层平台，二层平台采用吊脚的手法向外悬吊，将正殿的进深扩大一倍。正殿一层奉弥勒，二层奉三世佛。朝拜者由底层进入正殿，通过殿内的阶梯上至二层，巧妙地将一般佛寺前弥勒殿、后大雄宝殿的设计变为上下结构，融于一殿之内。东侧一组顺二层平台展开，以观音殿为中心，两侧为寮舍。隔河远眺，绿水青山中，歇山顶观音殿翼角上翘，造型灵动，重檐正殿高大稳重，西廊穿斗山墙外露，粉墙黛瓦，翘角飞檐，充分体现出川渝山地寺观建筑依山顺势、因地制宜、与环境高度融合的空间布局理念（图五）。

（三）居山顶平台

上述两种布局形式总体上适用于山坡或山麓地带。而有些山体，山顶相对平缓，稍加修整，便可形成一定规模的平台，布置寺观。蜀地最著名的山顶寺庙当属峨眉山金顶华藏寺，峨眉山主峰大峨山顶为平坦的剥蚀山顶面，称“金顶”，历史上建有规模宏大的寺庙建筑群，惜毁于火灾。从历史记载看，由于金顶平台面积巨大，华藏寺应采用的是中轴对称式院落布局。而在山顶平台面积较小的情况下，寺观建筑便需借助山地建筑手法，环绕山顶筑台悬吊，扩大使用空间。

蓬溪高峰山道观原名广教寺，本为佛寺，至清光绪年间僧道合驻，民国时期易僧为道，成为道观，现存建筑为清代至民国陆续增建而成。道观位于高峰山山顶，中心平台面积较小，仅能布置由三清殿、老君殿、东西配殿组成的主院落。主平台四周或依台吊脚，或筑台下跌，环绕主院落形成第二圈二至三层的客堂与厢房。为进一步扩大规模，又在第二圈建筑的西侧与南侧，大幅度下跌筑台，建三层穿斗式寮舍，寮舍与客堂间通过天桥、廊道相连。整个建筑群以主院为中心，形成三圈环包山顶平台的“回”字形院落，尤其是最外侧的三层寮舍，将穿斗构架灵活多变，结构轻巧的特点发挥到极致，营造出楼阁高耸，天梯重叠，迂回曲折的意境，大大增强了道观的威严感与神秘感（图六）。

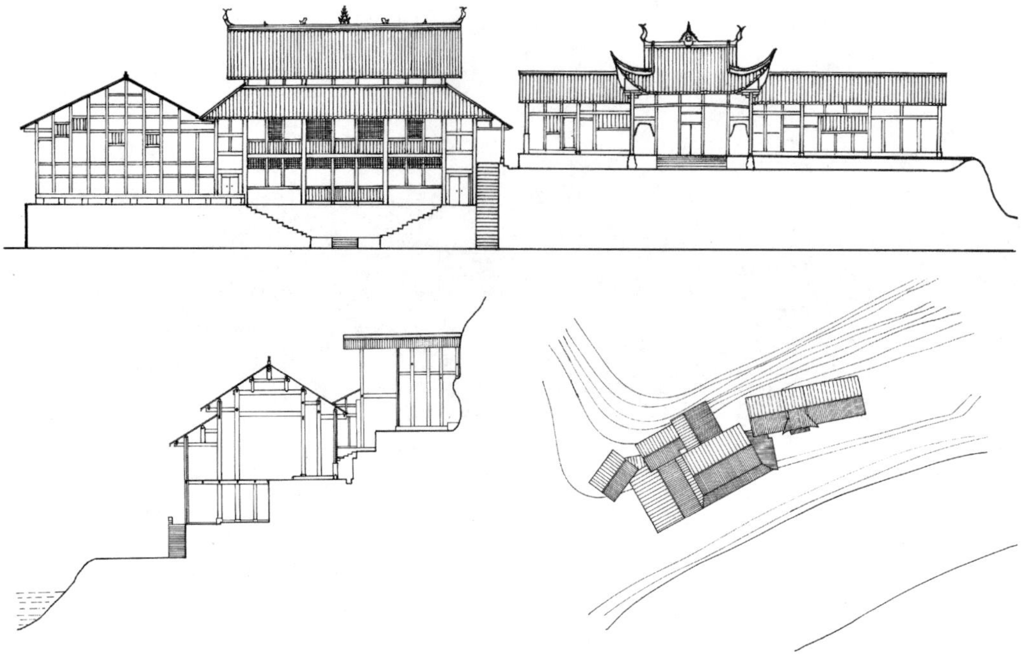

图五　重庆沙坪坝灵感寺

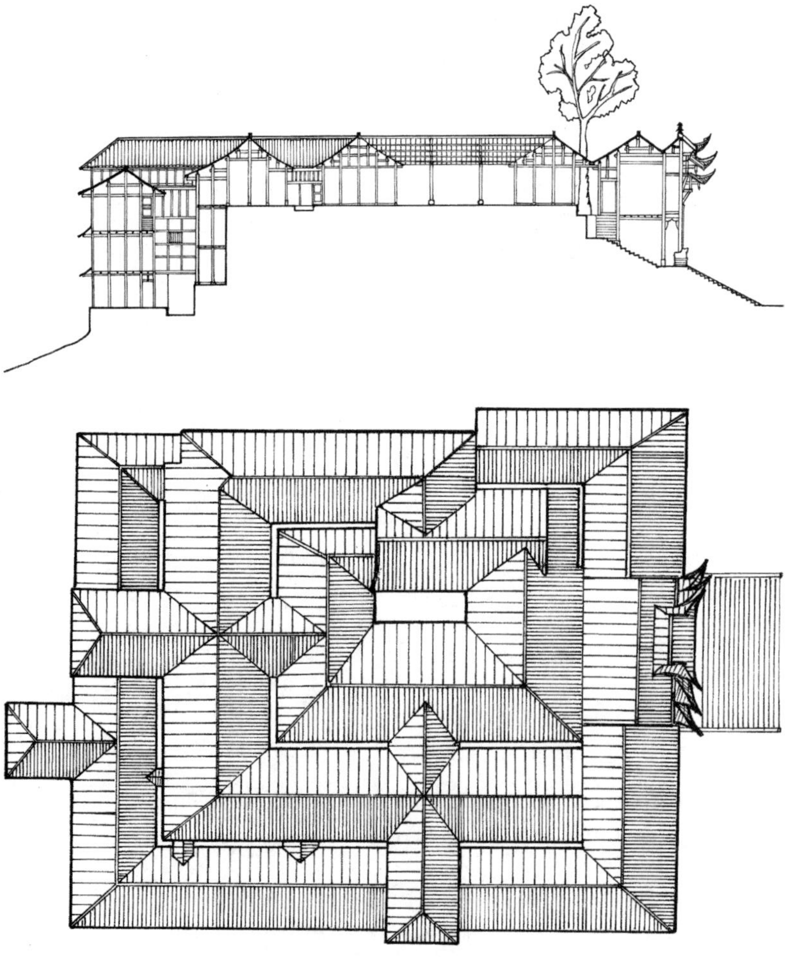

图六　蓬溪高峰山道观

（四）依山附崖

在川渝地区寺观建筑中，有一类结构独特的附崖式建筑。其紧贴崖壁，穿枋嵌入崖体，连接崖壁与屋架，省略后侧部分梁柱与屋面，与崖壁融为一体。严格意义上讲，附崖式建筑是山地建筑的一种结构方式，但由于川渝地区采用这种结构方式的寺观往往独栋成寺，故可视为一类空间布局形式。

川渝地区附崖式寺观多数与石窟寺有直接关系。蜀地山崖地貌广布，岩体质地松软，适于开窟造像，自南北朝以来，开窟造像之风盛行不绝，且佛道二教均有开窟造像传统。虽然中原地区唐宋以后石窟造像便偃旗息鼓，但蜀地直至明清仍多有开窟造像者。蜀地石窟的另一个特点是善凿大佛，主像高 10 米以上者有十余处。这些大窟往往因窟建寺，在石窟外附崖修建楼阁殿宇。著名的乐山大佛，唐宋时便附崖建有十三层天宁阁，现已不存。

合川涞滩二佛寺同样也是因窟建寺。二佛寺石窟开凿于南宋，以佛祖灵山说法为主题，主像释迦牟尼通高 12.5 米，其他造像环绕四周。二佛殿建于清雍正年间，附崖而建，上下三层楼阁式建筑，三层重檐歇山顶。造像前左右各有一块天然巨石，二佛殿依形就势，将巨石融于殿内，两石夹道成门，若天然门阙，设计巧妙，气势恢宏（图七）。

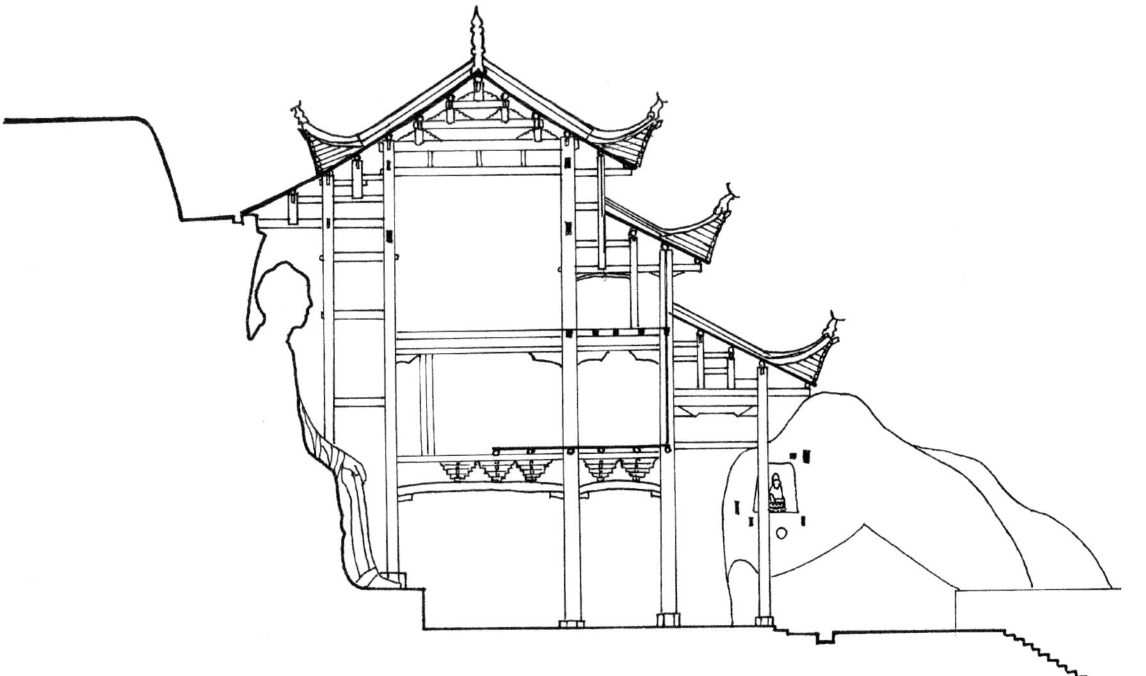

图七　合川涞滩二佛寺

川渝地区广泛分布有一种凹状崖地貌。这种崖壁的岩层中夹有软质层，因易被侵蚀而向内凹入，成为凹状崖。若内凹程度很大，则成为岩洞。这类凹状岩洞被道教视为最佳的修炼之地，即为“洞天”。岩洞崇拜在蜀地影响广泛，以致佛道二教，甚至民间信仰，都将凹状崖视为参拜胜地，并多附崖修建寺观。重庆华岩寺华岩洞庙便是这类寺观的代表。华严洞为一处凹状岩洞，洞庙主体采用穿斗式构架，后侧嵌入洞内，外侧保留三面屋面，外观仍为重檐歇山顶大殿。殿前设穿斗木结构山门，独立成院。整座洞庙靠崖面水，简洁质朴，曲径通幽（图八）。

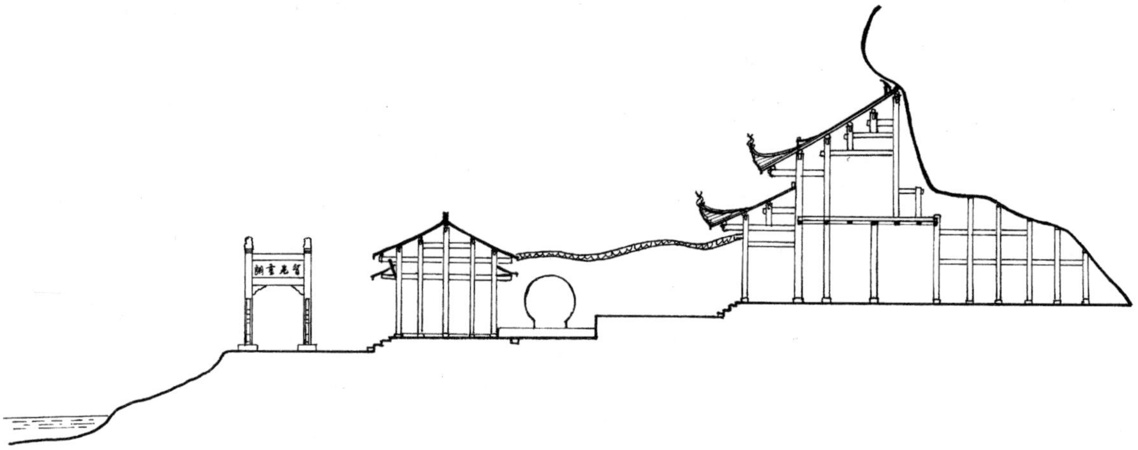

图八 重庆华岩寺华岩洞庙

二、空间布局形式的组合

川渝地区的山地寺观建筑在空间布局时，一般充分利用自然地貌，较少改变原有地形。在某些特殊的山地环境中，当单一的空间布局形式无法满足用地需求或功能需求时，寺观便会选择多种布局形式相结合，形成依山就势、富于变化的空间布局组合。

（一）垂直等高线与平行等高线相结合

中轴线垂直等高线、平行等高线同为处理寺观与山坡关系的空间布局形式，是最常结合使用的两种空间布局形式。这类组合形式，一般以垂直等高线的院落作为前导，平行等高线展开的建筑群居于坡上，在保持寺观中轴对称，增强威严感的同时，充分利用空间，布置更多建筑。

都江堰灌口城隍庙是这类组合的代表。整座庙宇由上下两组建筑组成，山脚为中轴对称的十殿建筑群，上部台地沿等高线横向排布龙王殿、娘娘殿、城隍殿、城隍娘寝宫。十殿建筑群作为整个寺庙的前导建筑，在灵官楼与魁星楼间，沿30米长的阶梯两侧对称布置“拖厢”式配殿。每侧配殿六间，一间一台，地坪与屋面的标高逐层抬升，两侧上部各五间配殿外露山面装饰有一层或二层檐楼，翼角上翘夸张，配合狭长高耸的阶梯，给人飞檐层叠，连绵不绝的视觉冲击，配合殿内供奉的十殿阎王，大大增加了寺庙的神秘感（图九）。

（二）依山附崖与居山顶平台相结合

忠县石宝寨是少有的将居山顶平台与依山附崖两种布局形式相结合的寺观建筑群。石宝寨虽名“寨”，却是一处兼具宗教与景观功能的山地建筑群。石宝寨所在的玉印山是长江北岸深入江心的一座桌状山，山顶平坦如削，四周陡崖围限。清乾隆年间，于山顶建绀宇宫，寺庙前后两进院落，两侧外墙临崖砌筑，随形就势。由于山顶四周壁立，香客仅能靠攀缘铁索上山。

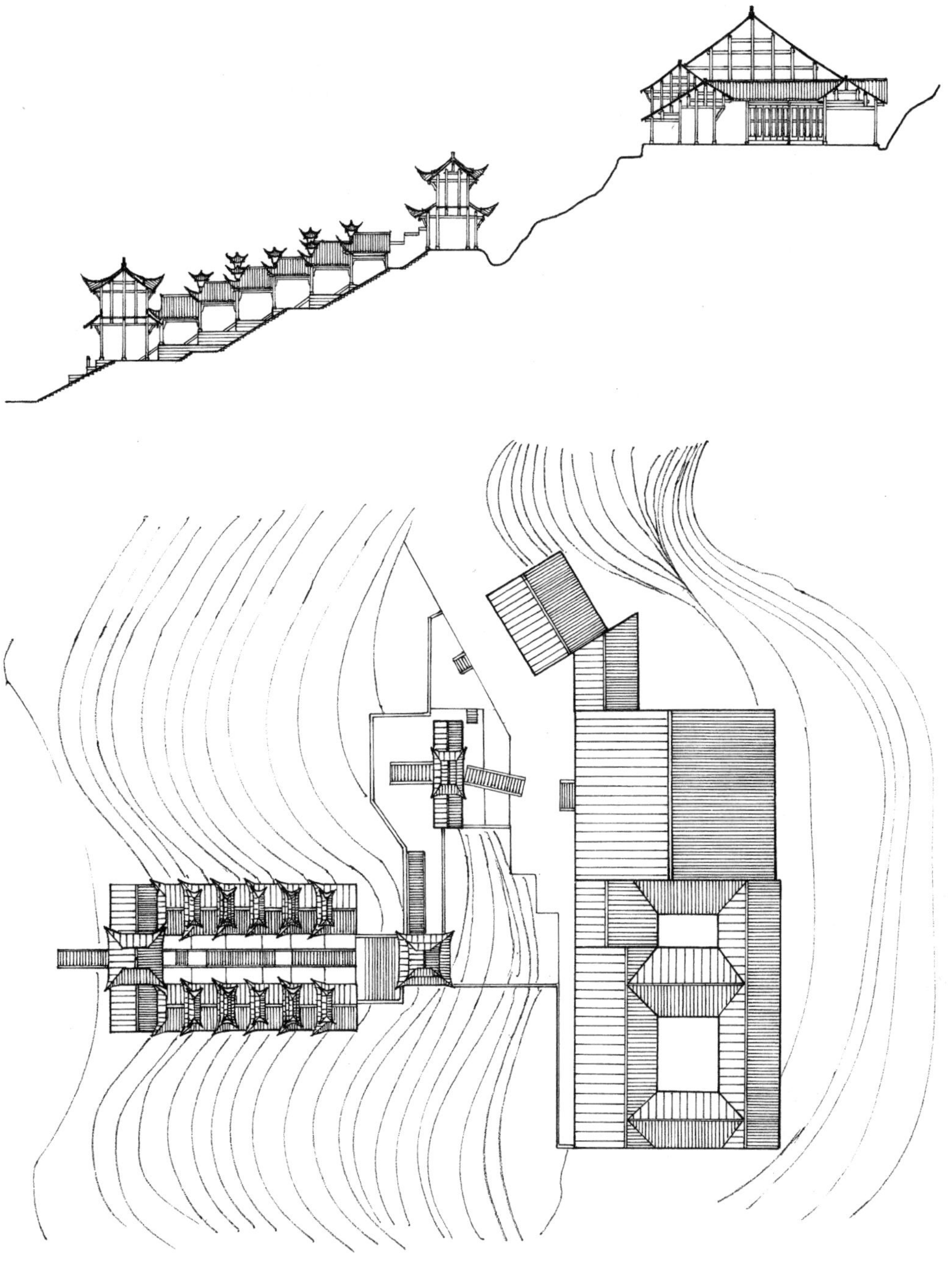

图九 都江堰灌口城隍庙

清嘉庆年间，始修九层寨楼直达山顶。寨楼依山附崖，穿斗式木构架，面阔逐层缩减，内部置木楼梯。寨楼整体向山体倾斜，立柱或直接插入岩体，或以铁钩与岩体拉固，保证整体结构的稳定。楼顶小平台上建奎星阁，阁高三层，四角攒尖顶。奎星阁与寨楼处于同一中心线上，远眺楼与阁浑然一体，共同构成高达 45 米的十二层塔形楼阁。石宝寨寨楼作为现存最高的穿斗建筑，将穿斗式构架适应山地地形、结构灵活多变的特点发挥到了极致。

石宝寨是长江一处著名的景观建筑，寨楼面向江心，由江面远眺，孤峰兀立，十二层崇楼似宝塔倚于危岩，红墙月窗，黛瓦飞檐；寨顶古寺隐现，绿树掩映，气象万千（图一〇）。

图一〇　忠县石宝寨

三、空间布局的原则与特点

（一）保证寺观功能的完整性

山地寺观建筑空间布局的首要原则，是在山地局促的空间内尽可能地满足寺观建筑功能的完整性。蜀地平坝寺观一般采用相似的空间布局：以山门为前导，山门后钟楼、鼓楼分居两侧，其后沿中轴线布置各殿宇，两侧为配殿。山地寺观受限于空间，虽一般无法完整布局所有建筑，但其通过建筑内部空间的合理划分及建筑间的巧妙组合，仍能满足寺观的各种功能需求。

高峰山道观山门偏居中轴线一侧，与配殿勾连，山门上下二层，下层为入口，上层左右各开圆窗，内置钟鼓，代替独立的钟鼓楼。而灵感寺正殿，则通过吊脚的手法，将通常的前后两殿，变为上下二层。城隍庙按规制均要配祀十殿阎王，灌口城隍庙正殿空间局促，为满足祭拜功能，其在正殿前的阶梯两侧另建拖厢式十殿。

（二）利用地势营造威严感与神秘感

山地寺观建筑在空间布局上的最大优势是可以利用地势营造居高临下、威严神秘的气氛。这种威严感与神秘感一方面来源于建筑空间的巧妙布局，另一方面与“深山藏古寺”的环境氛围密不可分。安居城隍庙、青城山天师洞通过高耸连续的前导阶梯，在朝拜者进入寺观前便营造出威严的气氛，而高峰山道观则通过内部迷宫般的复杂设计，让朝拜者在步步深入中产生神秘威严的体验。灌口城隍庙的前导阶梯，则通过复杂连续的檐楼，配合陡峻的地势，共同营造出威严神秘的气势。

（三）与自然环境高度融合

寺观建筑选址山地环境，与佛道二教的教义密切相关，道教崇尚“道法自然”，佛教也讲究“净土法门”。这就要求山地寺观在处理与自然的关系时，要顺应地势，与自然高度融合。山地寺观在布局上呈现出的复杂变化，便是建筑为顺应复杂的地形而采用的不同空间布局方式，其基本原则是减少对原有环境的干预与改变，让建筑适应自然。高峰山道观在民国时期扩建时，通过在屋面开口的方式，将扩建范围内原有的古树悉数保留。

山地寺观建筑在空间布局时，还会使用“借景”方式，让有限的建筑融入无限的自然山林。石宝寨在处理与玉印山的关系时，通过巧妙的建筑布局，在陡峻的山石上点缀楼阁、古寺，整座山峰好似江水环绕的天然盆景。青城山天师洞前的“云水光中”阁，前临山崖，通透开敞，将青城三十六峰框入小阁，匠心独运。

四、结　　语

川渝地区山地寺观建筑一般采用中轴线垂直等高线、平行等高线、居山顶平台、依山附崖等四种基本空间布局形式，也有根据实际地形选择多种空间布局形式相结合的情况。川渝山地寺观建筑在空间布局上依山顺势、因地制宜，与自然环境高度融合，在保证寺观功能的完整的前提下，利用地势营造威严感与神秘感。

Analysis on the Spatial Layout of Monasteries in Sichuan and Chongqing Areas

LI Shenghu

(Cultural Heritage Administration Institute of Shapingba District in Chongqing, Chongqing, 400000)

Abstract: Due to the influence of religious tradition and topography, most of the temple buildings in Sichuan and Chongqing are located in the mountainous environment. In terms of spatial layout, they are highly integrated with the environment according to local conditions. Generally, four basic spatial layout forms, namely, central axis vertical contour line, parallel contour line, platform on the top of the mountain, and cliff attached to the mountain, are adopted in mountainous temple buildings in Sichuan and Chongqing areas, some spatial layout forms are combined according to the actual terrain.

Key words: Sichuan and Chongqing Areas, mountainous temple, spatial layout

河南古代黄河碑刻研究

张玉霞
（河南省社会科学院历史与考古研究所，郑州，450000）

摘　要：古代黄河碑刻，记载了大量黄河及其支流的水情、水势和灾害，反映了人们治理黄河及其支流水害、积极利用黄河及其支流丰富的水利资源灌溉广袤的中原沃野的情形，以及在此过程中形成的治河思想、治河方略和治河技术。保留至今的大量碑刻反映了黄河造福一方的历史事实。河南段黄河及支流沿岸各地广泛分布着古代黄河碑刻，有三个地点比较集中。河南古代黄河碑刻是黄河文化不可或缺的组成部分和研究黄河文化历史的重要参考资料。

关键词：堤防；治河；大王庙；碑刻

古代黄河碑刻，大量记载和反映了黄河的河势、水情、灾害，人们治理黄河、开发利用黄河水利资源的情形，以及在此过程中形成的治河思想、治河方略和治河技术。“盖史牒出于后人之手，不能无失；而刻词当时所立，可信不疑。”河南段黄河及支流沿岸各地广泛分布着古代黄河碑刻，他们是黄河文化不可或缺的组成部分，是研究黄河文化历史的重要参考资料。

一、河南古代黄河碑刻著录和现存情况

黄河碑刻自汉魏以来不断产生，对河南古代黄河碑刻的著录，成果众多。早在北魏郦道元《水经注》中涉及的黄河及支流碑刻即已近百通，后代的金石著作如宋赵明诚的《金石录》、元潘昂霄的《金石例》、明杨慎之的《金石古文》、清王昶的《金石粹编》等均收录有与黄河有关的碑刻，其中均包括河南的黄河碑刻。20 世纪 80 年代出版近年又再版的《黄河志》卷 11《黄河人文志》以及《河南黄河志》（1986 年）中也收录有一定数量的河南古代黄河碑刻中的名碑。《郑州黄河志》（1986 年）、《开封市黄河志》（1988 年）、《新乡地区黄河志》（1989 年）、《开封市郊区黄河志》（1994 年）、《兰考黄河志》（1998 年）、《濮阳黄河志》（2019 年）等河南沿黄各地先后出版的黄河志书中，均收录有当地古代黄河碑刻中的名碑。收录河南古代黄河碑刻数量最多的，当属左惠元的《黄河金石录》（1999 年），共收录名碑 83 通。范天平的《豫西水碑钩沉》则比较详尽地收录了三门峡市（包括少量周边地区）的河南古代黄河碑刻。

现存河南古代黄河碑刻，以明清两代为主，早期碑刻比较少。河南古代黄河碑刻广泛分布在黄河及支流沿岸各地，但也有三个比较集中的地点。

（一）以济源五龙口为代表、开发利用黄河及支流水资源比较早且有一定效益的沁河流域

开发、利用黄河及支流水资源比较早且有一定效益的沁河流域，以上游的五龙口为代表。五龙口

是引沁诸渠的引水口，自秦以来历代均有修建，至明代天启年间相继开通广济、永利、利丰、广惠和兴利五渠，形成五龙分水形势，故称“五龙口”。碑刻有《沁河枋口广济渠天成山兰若记》（唐）、《千仓渠水利奏立科条碑记》（宋）、《袁邑侯凿山创河记》（明）、《兴利河碑》（明）、（重修袁公创开广济渠碑）（明）、《永利河捐施地亩碑》（清）、《重修永利河序》（清）、《修建三公祠碑》（清）等。

从碑刻资料可以概览五龙口水利设施的创建、兴废历史。五龙口地区水利工程建设始于秦枋口堰，历代均有浚修，明代中后期十分频繁。明万历年间河内知县袁应泰开凿的广济渠，引沁河主流，渠首上侧建有袁公祠。最初的广济渠首，“引水石斗门桥，高二丈，长十步，阔六步”，渠首下游建有“长一百余步，阔三十余步，高一丈三尺”的拦河石堰①。广济渠首由于缺少冲沙闸容易淤积，后被改建为利丰渠首——利丰洞引水。利丰洞为三洞结构，“设三洞以待之，中阔八尺，东西各四尺五寸，阔向开中东二洞，西则闭”②。利丰洞西洞易淤塞，长期只有东边二洞正常使用，沿用至中华人民共和国成立后。1958 年合并广济、永利、利丰三渠为广利总干渠，而广济渠首、利丰洞保存至今，引水口仍保存着精美的龙首。明万历年间济源知县史纪言创凿的永利渠首，在广利渠首北 14 米。永利渠首也是隧洞式，有两个引水孔，每个引水孔也都是巨型圆雕龙首。永利渠引水性能逊于广济渠，主要灌溉济源农田。永利渠首之上建有三公祠，以纪念开凿永利渠有功的三任知县。明隆庆年间怀庆知府纪诫创开的广惠渠，涵洞式渠首位于广利渠首北约 1600 米，乾隆年间河内县令萧应植重修。明万历年间济源知县涂应选开凿的兴利渠，敞开式渠首位于广利渠首下游 100 米。

沁河下游也有较多的碑刻，如《创建泉池碑》（金）、《重修紫虚元君殿碑》（金）、《重修覃怀灵渊王庙碑》（元）、《重修沁河堤碑记》（明）、《修建河内县河渠碑》（明）、《广济渠水利碑》（明）、《广济河公田碑》（明）、《广济渠申详条款碑》（明）、《重开丹沁河渠记碑》（清）、《新开安阜河碑》（清）、《广济河道宪除弊碑》（清）、《丰稔河碑》（清）、《广济利丰两河断案碑》（清）、《重浚利丰河碑》（清）、《卫镇堤记碑》（清），等等。

（二）官方祭河的嘉应观及其附近

嘉应观又称黄河龙王庙，俗名庙宫，始建于雍正二年（1724 年），是为祭祀河神、封赏历代治河功臣特下诏敕建的，是黄河流域最大的河神庙。嘉应观位于武陟县二里铺村，南面即是黄河主河道，西南是当年治河时修筑的“御堤”。自康熙六十年（1721 年）至雍正元年（1723 年），黄河在河南武陟县境内多次决口。康熙六十年“八月，决武陟詹家店、马营口、魏家口”，六十一年“正月，马营复决”，“九月，秦家厂南坝甫塞，北坝又决，马营亦漫开”③。雍正元年“六月，河决于中牟十里店、娄家庄”，黄河北岸同月“决（武陟）梁家营、二铺营土堤及詹店、马营堤”，九月，再决郑州来童寨民堤，冲中牟杨桥官堤。二年之内黄河在此地区南北两岸频繁决堤，危害华北，淤塞京杭大运河河道，严重影响国计民生。朝廷屡下谕旨，塞决筑堤整顿河弊，增派兵部侍郎嵇曾筠、大学士张鹏参与、协助堵口、筑坝等治河工程。在治河取得显著成效后，敕建嘉应观。河道总督负责，调集知名匠师，并豫、晋、秦、鲁、皖五省民工，历时三年终于建成规模宏大的集宫、庙、衙

① 乾隆《济源县志》。
② 乾隆《怀庆府志》。
③ 《清史稿·河渠志》。

署三体合一的淮黄诸河龙王庙。

嘉应观是豫北地区少有的清代官式建筑群，观内现仍存有雍正撰文的高大铜御碑，观内及附近现存有帝王、重臣、地方官吏、士绅村民刻立的碑刻数十通。如《御壩碑》（清）、《祭金龙大王碑》（清）、《张公新筑沁堤记碑》（清）、《政济桥碑》（清）、《论东河总督白钟山碑》（清）、《黄大王庙重修碑》（清）、《张大老爷德政碑》（清）、《合肥卫公去思碑》（清）、《创建石壩记碑》（清）、《钦命彰卫怀兵备道大人德政碑》（清），等等。

（三）黄河灾害频繁发生的郑州花园口至黄河铜瓦厢改道的兰考之间地区

郑州花园口至黄河铜瓦厢改道的兰考之间黄河两岸，是黄河三年两决、灾害连年的地区，许多碑刻都记载着黄河决口、塞堵、筑堤等内容。明代碑刻如明正统十一年（1446 年）河南巡抚于谦撰的《镇河铁犀铭》、弘治十年（1497 年）刘健奉敕撰的《黄陵岗塞河工完之碑》、嘉靖二十四年（1545 年）礼部侍郎王崇庆撰的《筑于庄口堤记碑》等。镇河铁犀是时任河南巡抚于谦为镇黄河而用铁铸造的，浑身乌黑，高 204 厘米，围长 266 厘米，造型雄健。铁犀背上有于谦撰写的铭文，期待铁犀保一方安澜。清康熙三十年（1691 年），时任河南巡抚闫兴邦撰有《铁犀铭碑》《改建铁犀镇河神庙碑》和《重修禹王台碑》。雍正时期的碑刻有雍正五年（1727 年）河道总督田文镜撰立的《河清颂并序碑》，还有雍正十年的《涵洞记碑》。乾隆时期的碑刻有乾隆二十六年（1761 年）乾隆帝亲撰的《敕建杨桥河神祠碑》，还有七年上南河同知罗光临撰并立石的《创修金龙四大王黄大王庙碑》和五十四年河道总督李奉翰撰的《东永安观重建铜工大王庙碑》。嘉庆时期的碑刻有嘉庆八年（1803 年）的《河南卫家楼新建河神庙碑》和二十五年河北兵备道张协鼎撰的《卢将军碑》。道光时期的碑刻，有道光元年（1821 年）开归陈许河务兵备道王仲湝撰立的《重修黑岗大王庙碑》和《重新一览台大王庙碑》，十四年开封府知事罗绶撰的《重修核桃园将军庙碑》，二十一年的《重修七圣祠碑》，二十三年的《八里胡同洪水碑》，二十四年河南巡抚鄂安顺撰、前巡抚牛鉴书的《重修河南省城碑》，二十六年汜水知县谢益撰的《迁修汜河口大王庙落成碑》，二十七年兵部侍郎钟祥撰的《新建大王庙碑》。同治年间的碑刻有同治七年（1868 年）河南粮储盐道伊耕耘撰的《荥泽大工纪功碑》，同年的《绍公德政碑》，九年河南巡抚李鹤年撰立的《濬惠济河碑》。光绪时期的碑刻有光绪八年（1882 年）河南巡抚前任河督李鹤年撰书的《朱仙镇新河记碑》、十三年的《荥泽八堡碑》和十四年河道总督吴大澂撰书的《郑工合龙处碑》，等等。

二、大禹治水相关碑刻

对黄河及其支流的治理可以上溯至大禹治水，河南是大禹治水的重点区域之一，黄河及支流沿岸多地保留有许多颂扬大禹治水功德的题铭、诗词，以及禹王碑、重修禹王庙碑等。

（一）三门峡砥柱及两岸有多处颂扬大禹治水功德的题铭和诗词

《水经注》载："砥柱，山名也。昔禹治洪水，山陵当水者凿之，故破山以通河。河水分流，包山而过，山见水中若柱然，故曰砥柱也。三穿既决，水流疎分，指状表目，亦谓之三门矣。……自砥柱以下，五户（滩）已上，其间百二十里，河中竦石杰出，势连襄陆，盖亦禹凿以通河。”[①] 三门峡砥柱及两岸有多处颂扬大禹题铭和诗词石刻，比如唐太宗的《砥柱山铭》、唐柳公权的《砥柱》、明代的七言诗、清代的五言诗等。唐太宗的《砥柱山名》刻在砥柱山阴，是贞观十二年（638 年）车驾从洛阳回长安路过砥柱时所写。《全唐诗外编》以为是魏征所作，乾隆十一年《直隶陕州志》也以为是魏征所作。三门山岛上还有唐代著名书法家柳公权的《砥柱》诗，仅刻全诗前四句。砥柱石面向上游还有“照我来”三字题刻，相传上游来船照砥柱前行方可顺利通过，否则会遭遇暗礁，严重的会船毁人亡。三门峡河北岸石上有宋代题刻“清慎忠孝”。南岸狮子头上有明代题刻“峭壁雄流，鬼斧神工”，不远处还有同时代的七言诗，以及清康熙三十一年（1692 年）河南巡抚督查院右副都御使关兴邦的五言诗和陕州牧甘国壁的和诗。洛阳龙门东山看经寺北侧仍保留有宋真宗御书的《龙门铭》，记载、颂扬大禹功绩。

（二）卢氏山河口留存有《神禹导洛处》《观禹迹题刻》等石刻

卢氏县东二十多公里处的范蠡山河口峡谷，是大禹导洛处，传说有大禹治水时用剑刻的古“雒”字。相传当年洛水至范蠡山，因山石阻塞聚集成湖，大禹率众劈山开石，导洛水东流，《尚书·禹贡》载“导洛至熊耳”。导洛成功后，大禹挥剑于峭壁留下“雒”字。历代先贤不少特意寻访胜迹，涉足于此多留题刻。如今山河口留存有《神禹导洛处》《观禹迹题刻》等多品摩崖题记。《观禹迹题刻》有 3 品，一品是清嘉庆二十年（1815 年）开封人谢慎修到此观赏禹迹“雒”字而留下的题刻，一品是道光二十九年（1849 年）卢氏县知事刘应元泛舟至此留下的题刻，还有一品也是同年题刻。《神禹导洛处》是道光二十九年是刘廷士当年冬季第二次泛舟去看雒字崖时留下的题记和“神禹导洛处”五字。

雒字崖上及陕州城西、渑池县西均建有大禹庙，历代多有修缮。元元贞元年（1295 年）中书吏部掾白先觉撰、湖广行中书省掾王震书的《重修禹王庙碑记》，记述了陕州居民王钟及其妻、子、甥等家人前后三十余年多次修缮陕州城西禹帝庙故事，并颂扬了大禹治水的盛德大业。明嘉靖四十五年（1566 年）兵部侍郎张松撰写的《移建禹王庙记》，论述了“观河洛而思大禹之功”，大禹治水在河洛尤著，而治洛之功在卢氏尤多，指明卢氏是古有莘氏地，而大禹母嫔有莘氏，卢氏还有禹王沟、导洛处、禹字崖等地名、遗迹。但禹帝庙太偏僻，乏人奉祀，年久渐渐颓败，于是县侯张公捐俸倡役，选址龙岗山，移建禹王庙的具体情况、规模、供奉情况等。清嘉庆年间渑池知县甘扬声撰写的《重修禹王庙碑》，指的是渑池县西张村的大禹庙。张村北距黄河，大禹祭祀由来已久。甘扬声研究过《尚书·禹贡》记载的大禹治水由上而下的次序，又在陕西、河南做官，亲览过不少大禹治水胜迹，深刻领会到皆奠高山以疏大川，盖圣王治河之道法而奇亦奇而法也！碑文盛赞了大禹治水功绩及深远影响。

（三）黄河及支流沿岸多地有禹王碑、重修禹王庙碑等

黄河及支流沿岸多地有禹王碑、重修禹王庙碑等。原立于南岳衡山岣嵝山峰顶的《禹王碑》，

① 《水经注》卷四。

被认为是大禹治水成功的纪功石刻，以七十二个非甲骨文非金文、非隶书非篆书的奇异字符，描述了大禹治水的艰辛、矢志不渝的精神、为民造福的宏伟业绩，沿黄各地禹庙多有其摩翻刻石，如明嘉靖年间汤阴刻立的禹王碑等。该碑刻立于嘉靖二十三年（1544年），置于周文王演易台，正面是禹王碑文，碑末是汤阴知县张应的注文，碑阴是号称明代三才子之首的杨慎所作的《禹碑歌》。

各地重修禹王庙碑，如开封禹王台明嘉靖年间的《禹庙记碑》、清康熙年间开封重修禹王台后刻立的《禹王庙碑》《重修禹王台碑》等。明嘉靖二年（1523年）的《禹庙记碑》，是北郡李梦阳游览禹王台，感叹禹王治水功绩至大至深而撰文立石以纪念，尉氏左国玑书，开封知府沈光大立石。清康熙七年（1668年）刻立的《禹王庙碑》，是云南提调学政副使刘光祚撰，府庠生宋存仁书，碑文颂扬大禹治水之功，记述时任河南巡抚兼河道工部尚书张自德自康熙元年开始修治河道、修缮城池，功成后念禹王护佑重修禹王台。康熙三十年的《重修禹王台碑》，是时任河南巡抚闫兴邦撰文，文述历代河患，感念任期之内河戢波澜、民安耕凿，感禹王护佑，于是重修禹王台。

三、黄河及支流水情相关碑刻

关于黄河水灾的文献记载汗牛充栋，但无一例外均不确切、详尽。比如清道光二十三年（1843年）黄河中下游发生的那次特大洪水，《清史稿》、清宫档案、《河南府志》等都有记载，但基本都是描述性语言，如“道光二十三，黄河涨上天”等定性描写。相对于文献记载，石刻标记最为直观。

我国最早记载洪水的石刻，当是黄河支流伊水所过龙门伊阙左壁的曹魏黄初四年（223年）水志铭文。《水经注》载：“黄初四年六月二十四日辛巳，大水出，举高四丈五尺，齐此以下。”郦道元注曰：“盖记水之涨减也。”[①] 石铭原刻应该有“水志”作横线，齐水以下者，水之高峰到此线止也。可惜岁月流转，此铭文今已无迹可寻，若保留至今，当为世界最早的水志记录。

对道光二十三年超大洪水的确切描述，是渑池县东柳林村村头“道光二十三，河涨到此”的摩崖石刻，直接刻画了此次洪水的相对高度。根据碑刻中留下的特大洪水痕迹，专家们综合运用水文、考古、地层等学科知识，并采用现代科学鉴定手段，推算出当时陕县洪峰流量达36000立方米每秒。“经反复考证是千年以来的最大洪水”[②]，并确定洪水“主要来自泾河、北洛河上游及北干流粗沙来源区”[③]，其原因是该年夏天黄河北干流和渭河流域出现了连续强降雨，且“暴雨中心则位于黄甫川、窟野河一带及泾河支流马莲河、洛河河源区”[④]。记载这一次黄河特大洪水水位的碑刻，还有新安县的《八里胡同洪水碑》[⑤]。

其他关于黄河及支流水情的碑刻，虽大致描述了水情水势，终究不够精确。比如数通碑刻对于乾隆二十六年（1761年）的黄河及伊洛河水情的描述。《偃师老城重修大堤碑》载：“是年，黄河漫溢，伊洛水无归处，遂泛溢四出，竟入县城，官厅民庐淹没无算，水势猖狂。”《洛河支流涧河碑记》载：“七月十五日，天降暴雨，昼夜不止，至十八日涧水泛涨，横流出岸，沿河房舍，尽被

① 《水经注》卷四。
② 史辅成、易元俊、高治定：《黄河流域暴雨与洪水》，黄河水利出版社，1997年，第231页。
③ 史辅成、易元俊、慕平：《黄河历史洪水调查、考证和研究》，黄河水利出版社，2002年，第8页。
④ 史辅成、易元俊、高治定：《黄河流域暴雨与洪水》，黄河水利出版社，1997年，第274页。
⑤ 左惠元：《黄河金石录》，黄河水利出版社，1999年，第338页。

冲塌。"《洛河重修洛渡桥碑》载："七月十六日，洛、涧水溢，南至望城岗，北至华藏寺，庙前水深丈余，将桥木随水冲走。水至十八日方落。"《洛河谷堆头村金装大帝真君像碑》记载："自乾隆二十六年大雨施行，忽伊洛河发水，涨十余丈，村庄房屋淹塌无遗。"《偃师县西石桥重修观音堂碑》载："乾隆辛巳秋（二十六年），洛水泛涨，堂之前后左右，水深丈余，虽旧址犹存，而神像倾圮殆尽。"《伊洛大涨碑记》则记载了自康熙四十八年（1709 年）至乾隆二十六年间伊洛河的多次大涨水情，认为乾隆二十六年的大水前所未见："康熙四十八年六月间，伊洛泛滥，田禾尽为淤泥，而室庐仅得幸存，平野之水深有一丈。至雍正十二年秋七月廿三日，水复为灾，而村巷流波，深有七尺，其时房屋倾塌者十有五六。吁！水患至此为已极矣，然而犹其小焉者也。乾隆二十六年秋七月望六日，伊洛横溢，来无际涯，流入村中即有七天余。七日则下流壅塞，而水添少许。迨八日夜半，河水洋洋，兼以霪雨霏霏，顷刻间水深一丈有四。斯时也，妇女呼诸天，闻之酸鼻；婴儿掷于水，见者惨目。或乘木为筏，或架树为巢。余家幸登高楼，亦仅以身免。而瞻望庐舍，淹没殆尽，牛羊鸡犬，咸逐浊浪而东矣！呜呼噫嘻，此诚人间不经见之水也！"

四、黄河堤防修建、破坏、堵复相关碑刻

黄河下游的堤防自古有之，在明代有长足发展。不少碑刻对当时不同类型的遥堤、格堤、月堤、缕堤的建筑模式、功能作用均有记载，是了解明代及其之前堤防格局的珍贵史料。每当黄河决溢，堤防被冲得千疮百孔，堵复后常立石纪之。比如《黄陵岗塞河功完之碑》（明），记载了弘治二年（1077 年）和四年，黄河先从开封东北溃决，过沁水溢流为二，后于运河东岸决口，使运河漕运瘫痪，朝廷动用五万民工疏河道、筑长堤之事。再比如《中牟杨桥河神祠碑》（清），乾隆皇帝亲撰碑文，记载了乾隆二十六年（1761 年）黄河下游的特大洪水造成的河决及治理状况。当年七月三门峡至郑州普降暴雨，黄河洪水与沁河洪水叠加造成堤防溃决。中牟杨桥决口达数百丈，洪水直趋贾鲁河，历经数月治理方才合龙。《开归陈汝四郡河图碑》（清），直观描述了当时黄河下游黄淮平原自然河流、人工渠道、城镇等分布情况。其他如《铁犀铭》（明）、《郑工合龙处碑》（清）、《荥泽大工纪功碑》（清）等也均向人们提供了当时灾害造成堤防破坏情况和堵复决口工程等史料。而《荥泽八堡碑》（清）等反映的"今我筑坝，保此老滩，滩不去则堤不单，守堤不如守滩"的护滩思想，《郑工合龙处碑》《荥泽大工纪功碑》（清）等碑刻中体现的治河方略等，也都具有相当高的学术和实用价值，至今对黄河下游险工河段治理仍不失其意义。

不光记事碑刻，有些主持、参与过治河工程人士的神道碑、墓志铭中也有治水的记载。比如宋熙宁六年（1073 年）翰林学士范镇撰的《吕公弼神道碑》记载："公始通御河……方是时河决，累年泛滥，为民患，乃修郭固口，顺其性而疏导之，河遂安流。滑州以河涨来谒，急且求假楗捎……随其所须而应接之，滑州得无恙。"吕弼，许国公吕夷简之子，官至天章阁待制、都转运使，多有惠政。宋元祐七年（1092 年）左朝奉郎上轻车都尉李舒撰、左朝请大夫新知兴州军州张参书的《王君彦墓志铭》载："至和元年（1054 年）夏，大雨，山谷水出，鸿溜泛滥，虢之官寺民舍几坏其半……明年王阳超始来治理，公亦继至。首建其议，增城墉，浚沟洫，筑堤防，以御其势，使水向东导流复入于涧。"王君彦，出身官宦世家，官至秦州通判，曾任虢州判官、太常博士，墓志中

言及的治水事宜即发生在虢州任内。又比如《蘭堂段公墓志铭》，段国瑜，号蘭堂，湖州人，状元及第，明崇祯二年（1629年）率众塞阻金龙口（位于今封丘黄河北岸）河决，此墓志以相当大的篇幅记录此事。“国朝顺治中，河决金龙口，发民夫筑塞，费水衡金钱数百万，经年累岁，堤然后合。而先是故明崇祯己巳金龙口决，水攻外堤。初激射如线，渐如注。防河诸使并集，皆色变，莫知所为。单父簿段公，亟命以衣幕所冲，水良缓。于是诸民夫争解衣投水中覆护之，注射之势暂已。……而徐向下流，以物帐塞之，堤以固。”段公出奇以应猝，使河安澜无恙，济阴数百万生灵不为鱼鳖。

五、水利工程修建、管理相关碑刻

人们在治理黄河水害的同时，也积极利用黄河丰富的水利资源灌溉广袤的中原沃野。开发、利用黄河及支流水利资源的工程，沁河有古老的枋口渠，黄河下游有鸿沟、通济渠等。保留至今的大量碑刻反映了黄河造福一方的历史事实。

以黄河支流沁河下游灌区为例。沁河下游同黄河下游一样是地上悬河，在五龙口以下沁河南北两岸自古以来有多个不同规模的灌区，整体上效益南岸高于北岸。南岸引水工程始于秦代修建的枋口堰，历代渠首的变化，管中窥豹，通过《沁口石门铭》《凿山创河记碑》《广济渠水利碑》《浚广济洞碑》等碑刻可见一斑。曹魏时改木堰为石堰，河内典农、司马懿弟弟司马孚亲自调查沁河流路、引沁枋口及前代水利设施后，向魏文帝上表，建议将原有枋口木闸门更换为以巨石筑成的石闸门。“天时霖雨，众谷走水，小石漂迸，木门朽败。……臣以为累方石为门，若天日易旱，增堰进水；若天霖雨，陂泽充溢，则闭防（枋）断水，空渠衍涝，足以成河。”工程结束后，表文被刻于碑石置于渠首石闸门旁，就是《沁口石门铭》。唐文宗时经过怀州刺史温造大规模整修后，引渠灌溉面积可达233平方公里。宋元时期沁河下游水利工程常常遭遇拦河筑堰而使灌溉难行，郭守敬向元世祖面陈“水利六事”，涉及引沁灌溉的就有两条。明代沁河南岸引沁灌渠形成了如五条游龙般的长渠道，渠首被称为“五龙口”。《重开丹沁河渠记碑》有详细记载。万历年间，渠首工程更是改石堰而凿山为洞，河内县令袁应泰引沁水穿山入渠。《袁邑侯凿山创河记碑》记载：袁应泰任内遭遇旱情，而引沁工程毁坏，“自国初以来，几经废弛，而今之堙者，四十年许”，考虑到渠首长期使用的目的，决定“凿南山以通流泉”。历时三年功成，“自北而南，穿之为洞者四十余丈，高二丈，宽八丈……引水出洞，滔滔汩汩，东南流”。清康熙年间又开凿了甘霖渠。沁河北岸的引水工程仅有广惠渠。广惠渠始建于明朝隆庆年间，渠首在五龙口对岸，至清嘉庆年间主体工程完成，先后经历了二百多年。《重开丹沁河渠记碑》《修建河内县河渠碑》详细记载了广惠渠的流路、长度、溉田面积等。

很多碑文还记述了工程管理、水量分配、官府断结水案等有关水政管理的内容，如《千仓渠水利奏立科条碑记》《盘头渠水规》《定水碑记》《京控开封府原断》《平龙涧河争水碑记》《涧南渠轮灌断结碑》等等。

仍以沁河下游灌区碑刻为例。《千仓渠水利奏立科条碑记》刻立于宋熙宁三年（1070年），是虞部员外郎陈知俭上奏朝廷、经宋神宗恩准后实行并刻立的。“科条”共10条，前4条主要规定分水的原则，灌溉用水优先，余水作为生活用水，水磨等其他用途用水在灌溉季节不得运用等。第5条是开闸、关闸具体日期。第7至9条则是不经允许不得更置闸堰等具体用水制度。第10条是对于违犯用水规定的处罚，即便是州县官吏故有违犯也要受到惩罚。该“科条”设置较为合理并便于操作，因而在灌区直至明清仍被遵行，而且其他溉区也有仿用。《广济渠申详条款碑》刻立于明万历三十二年（1604年），是袁应泰在广济渠成功运行两年以后设立的用水管理制度。该条款共设立六条原则，并有具体规定和解释，使二十四堰各堰关系、各堰人员管理交接、各地用水次序、用时长短等问题都有较为合理的安置，对后世影响比较大。《广济利丰两河断案碑》刻立于清雍正八年（1730年），就是以《广济渠申详条款碑》为蓝本，解决了上下游用水户之间的众多积弊存怨。《广济利丰两河断案碑》记载，断案是经怀庆府查勘，并经东道河道总督田文镜批准，“袁令二十四堰之分设，委为百世不易之良规。欲息斯民之争端，当复前贤之旧制。……两河之下分二十四堰，以出力开河之成，别为利户。济民之利者，分五堰；河、孟、温、武之有利者，分十九堰。每月两轮，照号用水。……令各邑秉公查将有利之户，造册送府……设立堰长，照号使用。”

附《河南古代黄河碑刻统计表（部分）》如下：

附表　河南古代黄河碑刻统计表（部分）

序号	名字	年代	撰书人	体量（cm）	现存地点	著录、出处	备注
1	柳卫（土峯）堠碑	不详		高52 宽20	卫辉市博物馆	汲县柳卫村出土	河堤界碑，年代存疑
2	千仓渠水利奏立科条碑	宋熙宁三年（1070）				乾隆《济源县志》	管理科条11项。已不存
3	重修紫虚元君殿碑	金正隆二年（1157）	韩迪简撰，韩翊书	高147 宽147	沁阳市紫陵村		
4	创建泉池碑	金大定五年（1165）	李谕撰，王克书	高100 宽62	沁阳市大雄山南麓		
5	重修覃怀灵渊王庙碑	元泰定四年（1237）				道光《河内志》	原立于沁阳南门外
6	镇河铁犀铭	明正统十一年（1446）	河南巡抚于谦撰	高204 围长266	开封博物馆		原置于开封城东北铁牛村
7	敕修河道完工之碑	明景泰四年（1453）	中宪大夫徐有贞撰书	高411	台前县博物馆	1991年台前八里庙村大河神祠院内出土	徐有贞治山东张秋大沙湾河决
8	黄陵岗塞河功完之碑	明弘治十年（1497）	刘健奉敕撰	高325 宽65			原置于兰考宋庄村
9	重修沁河堤记碑	明正德十二年（1517）	何瑭撰			康熙《河内县志》	
10	禹庙记碑	明嘉靖二年（1523）	李梦阳撰左国玑书，开封知府沈光大立石	高185 宽85	开封禹王台		感叹禹王治水成效
11	禹王碑	明嘉靖（1544）			汤阴文王演易台		翻刻，碑末有汤阴知县张应注文

续表

序号	名字	年代	撰书人	体量（cm）	现存地点	著录、出处	备注
12	筑于庄口堤记碑	明嘉靖二十四年（1545）	礼部侍郎王崇庆撰，仪封（今兰考）县令谷凤喈立石			康熙《仪封县志》	创筑黄河北堤九十余里
13	修建河内县河渠碑	明隆庆二年（1568）	大学时张四维撰			康熙《河内县志》	浚广济渠，开广惠渠引丹水灌溉
14	重开丹沁河渠记碑	明隆庆二年（1568）	娄枢撰文立石			康熙《河内县志》	修广惠渠
15	袁邑侯凿山创河记碑	明万历二十七年（1599）	河内副使高世芳撰	高 270 宽 92	济源五龙口	顺治《怀庆府志》	凿修广济洞
16	广济渠水利碑	明万历三十年（1602）	河内知县袁应泰撰			乾隆《怀庆府志》	广济渠规模、施工、配套设施、管理措施等
17	广济河公田碑	明万历三十一年（1603）	河内知县袁应泰等立石			道光《河内县志》	河内县购置公田积谷，为常年修广济渠之用
18	广济渠申详条款碑	明万历三十二年（1604）	河内知县袁应泰撰			乾隆《怀庆府志》	河基占地、配套 24 堰、泄除余水、上下用水制度等
19	徐公筑堤碑	明万历四十三年（1615）				乾隆《济源县志》	徐公捐俸改漭河筑堤
20	新开安阜河碑	明万历四十七年（1619）	李政训撰			顺治《怀庆府志》	河内县令利用尧王庙泉水开创安阜河入沁河，灌田数百顷
21	兴利河碑	明天启二年（1622）		高 204 宽 70	济源五龙口	乾隆《济源县志》	县令在五龙口开兴利水渠，溉田一百余顷，水仍归沁河
22	重修袁公创开广济渠碑	明崇祯五年（1632）	怀庆知府别如纶勒石	高 157 宽 62	济源五龙口		记载重修，并颂扬袁应泰凿山开河创广济渠之功德
23	张公新筑沁堤记碑	清顺治十四年（1657）		高 194 宽 97	武陟县傅村		河南布政使增筑沁堤、堤工设堡及广植树等管理和防洪措施
24	广济河道宪除弊碑	清顺治十五年（1658）	河内县令孙灏撰			顺治《怀庆府志》	督公除河弊，重申袁应泰之治
25	重修广济利丰河渠碑	清顺治十五年（1658）				道光《河内县志》	济源县令孙灏疏修广济、利丰诸渠
26	丰稔河碑	清顺治年间	杨挺生撰文立石			道光《河内县志》	追述明嘉靖二十五年开创丰稔河及其后兴废、水利争讼等
27	禹王庙碑	清康熙七年（1668）	云南提调学政副使刘光祚撰，府庠生宋存仁书	高 182 宽 80	开封禹王台		河南巡抚修治河道、修缮城池，念禹王护佑重修禹王台
28	蘭堂段公墓志铭	清康熙七年（1668）	严和撰			乾隆《济源县志》	段国瑜号蘭堂，曾率众塞金龙口河决
29	政济桥碑	清康熙十六年（1677）	武陟知县刘挺用撰				移沁河政济桥至大王庙前
30	修复利丰河碑	清康熙十七年（1678）	杨藩生撰			乾隆《济源县志》	济源太守杨廷躍重修利丰河

续表

序号	名字	年代	撰书人	体量（cm）	现存地点	著录、出处	备注
31	重浚济水千仓渠碑	清康熙二十一年（1682）	怀庆知府龚其裕撰	高 240 宽 110	沁阳博物馆		知府龚其裕重浚济水千仓渠利民灌溉
32	创建永济桥碑	清康熙二十四年（1685）				乾隆《济源县志》	在东龙潭水、蟒河、溴河汇合处下游修永济桥一座
33	铁犀铭碑	清康熙三十年（1691）	河南巡抚闫兴邦撰		开封市铁牛村		河南巡抚闫兴邦重修铁犀镇河回龙庙
34	改建铁犀镇河神庙碑	清康熙三十年（1691）	河南巡抚闫兴邦撰		开封市铁牛村		河南巡抚闫兴邦修缮镇河铁犀庙，改南向为北向，建垣、门、堂、庑、亭等
35	重修禹王台碑	清康熙三十年（1691）	河南巡抚闫兴邦撰	高 182 宽 68	开封禹王台		河南巡抚闫兴邦感禹王护佑重修禹王台，文述历代河患
36	邑侯甘公开河撤水建立义学碑	清康熙三十五年（1696）	杨卫宁撰			乾隆《济源县志》	济源县令甘公开河泄王川城一带积水，洼地成良田，并倡立义学
37	余济河重接遂村水利碑记	清康熙四十五年（1706）	薛所蕴撰			顺治《怀庆府志》	河内孟县两县接续广济渠支渠尾水溉田
38	御壩碑	清雍正二年（1724）		高 200 宽 110	武陟县御壩村		沁黄交汇处秦厂大壩以上的两道奉旨修建的挑水壩
39	嘉应观御碑	清雍正二年（1724）	雍正御书	高 430 宽 95	武陟嘉应观		黄淮诸河河神庙落成
40	新修河渠碑	清雍正四年（1726）				道光《河内县志》	河内县令整修丹河九道堰附近孝敬村周边河道，变洼地为良田
41	河清颂并序碑	清雍正五年（1727）	河道总督田文镜立石			《续豫河志》	雍正四年十二月至次年正月河水变清的事实
42	祭金龙大王碑	清雍正五年（1727）		高 250 宽 74	武陟嘉应观		当年黄河呈清之祥
43	广济利丰两河断案碑	清雍正八年（1730）	经东河总督田文镜准许立石			道光《河内县志》	两河上下游村民因用水争讼，定以明袁应泰所制 24 堰用水规条目为准
44	涵洞记碑	清雍正十年（1732）				乾隆《兰阳县志》	兰考北部积水成潦，于太行堤建涵洞以泄积水
45	论东河总督白钟山碑	清乾隆二年（1737）		高 254 宽 164	武陟木乐店		在沁河木乐店堤工设立长伕。沁河堤工官办之始
46	重浚利丰河碑	清乾隆五年（1740）	范泰恒撰			道光《河内县志》	引沁利丰渠淤塞及新修渠道标准、效益等
47	创修金龙四大王黄大王庙碑	清乾隆七年（1742）	上南河同知罗光临撰并立石			《续豫河志》	六年秋汛，郑州中牟交界首当其冲，罗率众排洪。感河神护佑
48	浚广济洞碑	清乾隆二十二年（1757）				乾隆《怀庆府志》	河内知府疏修沁河广济洞及下游永利洞，除石去沙

续表

序号	名字	年代	撰书人	体量（cm）	现存地点	著录、出处	备注
49	卫镇堤记碑	清乾隆二十二年（1757）	刘庆远撰书	高 154 宽 62	温县武德镇		十六年沁河决吴小村，淹武德镇，加筑堤堰。碑阴为固堤告示
50	开归陈汝四郡河图碑	清乾隆二十三年（1758）	河南巡抚胡宝泉撰文	高 80 宽 182	商丘博物馆		左半记二十二年四郡水患及治理，右半为四郡河流、渠道、城镇分布图
51	重开广惠河记碑	清乾隆二十四年（1759）	济源县令萧应植撰文立石			乾隆《济源县志》	修复明代开创已荒废的广惠渠，溉田 56 顷
52	敕建杨桥河神祠碑	清乾隆二十六年（1761）	乾隆撰	高 200 宽 95	黄河博物馆		记当年黄河冲击中牟杨桥村一带堤防及堵决、建祠。碑阴为乾隆《豫河志事诗》三首
53	东永安观重建铜工大王庙碑	清乾隆五十四年（1789）	河道总督李奉翰撰，孔继涑书			《豫河续志》	当年五月河水陡长，兰阳铜瓦厢顶卫迎溜，李采用水戗法避免大灾。将滨河的大王庙改建在格堤之西
54	修建三公祠碑	清嘉庆七年（1802）	济源知县立石	高 150 宽 56	济源五龙口		记明万历以来县令史记言、石应高、涂应选先后凿山开河、引沁水溉田事
55	河南卫家楼新建河神庙碑	清嘉庆八年（1803）				《豫河续志》	当年河决封丘卫家楼，东北经范县达张秋，穿运河经利津入海，次年三月下旬方合龙，命建河神庙，记河决及堵塞经过
56	创修永利河工三公名氏记碑	清嘉庆八年（1803）		高 85 宽 56	济源五龙口		颂三公开创永利河之举，当年建三公祠募集田亩银两以供祭祀、闸伕工食等
57	流芳碑	清嘉庆八年（1803）		高 146 宽 50	济源五龙口		记三公芳举，列捐资人单
58	永利河捐施地亩碑	清嘉庆八年（1803）	痒生王元文撰	高 146 宽 50	济源五龙口		记永利河十堰李郭氏、冯氏捐土地以资三公祠香火和闸伕用度，以保永利河久不废颓
59	黄大王庙重修碑	清嘉庆八年（1803）		高 128 宽 62	武陟县大原村		记大原村民捐资重修黄、谢二大王庙事
60	黄大王故里碑	清嘉庆十五年（1810）	偃师知县武肃立石	高 183 宽 79	偃师市岳滩王庄		记黄大王府及墓所在地
61	重修孟县小金堤碑	清嘉庆十六年（1811）	孟县知县孙世沣撰文并立石			《豫河续志》	记当年孟县城受水灾，孙修复元代始创的护城堤
62	重修永利河序碑	清嘉庆十六年（1811）		高 160 宽 65	济源五龙口		记当年县侯何荇芳浚永济河以溉田
63	卢将军碑	清嘉庆二十五年（1820）	河北兵备道张协鼎撰			《豫河续志》	前一年河溢仪封、兰阳、祥符、陈留、中牟，决马营壖，卢顺江奉调堵筑，合龙后二日西埽裂，卢抢救而身亡。后赠武功将军

续表

序号	名字	年代	撰书人	体量（cm）	现存地点	著录、出处	备注
64	重修黑岗大王庙碑	清道光元年（1821）	开归陈许河务兵备道王仲澭撰立			《豫河续志》	嘉庆二十四年洪水后重修黑岗大王庙
65	重新一览台大王庙碑	清道光元年（1821）	开归陈许河务兵备道王仲澭撰立	高 87 宽 47	开封博物馆		记防河守堤、设堡，于险要处建庙祀神、募僧栖止等。1979年原庙址出土
66	重修核桃园将军庙碑	清道光十四年（1834）	开封府知事罗绶撰	高 170 宽 56	郑州花园口		记自嘉庆十三年数次塑将军像事
67	张大老爷德政碑	清道光十六年（1836）		高 173 宽 60	武陟县木乐店		记武陟县令免除船户每年修搭木乐店沁河桥梁事
68	重修七圣祠碑	清道光二十一年（1841）	程治洛撰	高 164 宽 52	兰考县翟庄村		1983年原庙址出土。记七圣祠两次遭河患而倾圮重修事
69	八里胡同洪水碑	清道光二十三年（1843）			八里胡同		上关阳村民房后
70	重修河南省城碑	清道光二十四年（1844）	河南巡抚鄂安顺撰，前巡抚牛鉴书	高 170 宽 110	开封禹王台		二十一年河决开封张湾，开封城池损坏，鄂集资修复事
71	迁修汜河口大王庙落成碑	清道光二十六年（1846）	汜水知县谢益撰		荥阳博物馆		道光二十三年洪水，汜水县（今属荥阳）城内外被淹而人民安迁。大水后将旧大王庙迁于高地
72	新建大王庙碑	清道光二十七年（1847）	兵部侍郎钟祥撰			《豫河续志》	二十一年祥符三十一堡河溢，祥符、陈留等地受灾，次年二月合龙，于大马圈建大王庙
73	灾异记碑	清咸丰二年（1852）			渑池东柳窝村泉神庙		记道光二十三洪水涨至庙檐平，村里房屋尽坏
74	荥泽大工纪功碑	清同治七年（1868）	河南粮储盐道伊耕耘撰		郑州花园口铁牛大王庙遗址	《豫河续志》	当年河决荥泽汛十堡（今郑州花园口西），河道总督苏廷魁戴罪堵口，次年正月合龙。记有施工经验
75	绍公德政碑	清同治七年（1868）		高 206 宽 65	黄委会郑州邙金河务局院内		当年河决荥泽汛十堡，开归道绍诚同样戴罪堵口
76	濬惠济河碑	清同治九年（1870）	河南巡抚李鹤年撰文立碑		开封禹王台		记明以来开封河患，城内积水无法排出，李濬惠济河以泄城中积潦，工程规模及功效
77	邑侯晓山陈大老爷德政碑	清光绪七年（1881）		高 154 宽 60	济源五龙口		记邑侯陈疏修永利河之德
78	朱仙镇新河记碑	清光绪八年（1882）	河南巡抚前任河督李鹤年撰书	高 231 宽 77	开封朱仙镇贾鲁河桥东		记贾鲁河历史，道光二十三大洪水对其危害及修复情况
79	荥泽八堡碑	清光绪十三年（1887）					河督吴大澂堵塞郑州石桥河决，又修荥泽八堡石壩一道，固滩保堤

续表

序号	名字	年代	撰书人	体量（cm）	现存地点	著录、出处	备注
80	郑工合龙处碑	清光绪十四年（1888）	河道总督吴大澂撰书	高186 宽76	黄河博物馆		十三年河决郑州河西村，次年二月堵口失败，吴大澂任河督堵口合龙成功
81	合肥卫公去思碑	清光绪十六年（1890）	王辂撰	高134 宽55	武陟木乐店		记当年沁河洪水冲毁堤防、埽坝及抗洪抢险等
82	创建石坝记碑	清光绪二十二年（1896）	武陟知县孙叔廉撰文立石	高230 宽70	武陟赵庄		记赵庄、驾部等村修筑石坝十道、石垛45处以御黄河水患
83	钦命彰卫怀兵备道大人德政碑	清宣统三年（1911）		高167 宽55	武陟白水村		记彰卫怀兵备道诸公率民筑堤御沁之举

Study on the Ancient Yellow River Inscriptions in Henan

ZHANG Yuxia
(Institute of History and Archaeology, Henan Academy of Social Sciences, Zhengzhou, 450000)

Abstract: The ancient Yellow River inscriptions recorded many water regimes, water potentials and disasters of the Yellow River and its tributaries, reflecting the management and active use of the Yellow River and its tributaries' abundant water resources to irrigate the vast fertile fields of the Central Plains, furthermore, the thought, strategy and technology of river management formed. Numbers of preserved inscriptions reflect the historical fact that the Yellow River has benefited the Central Plains. Ancient Yellow River inscriptions are widely distributed along the banks of the Yellow River and its tributaries in Henan, and three places are relatively concentrated. The ancient Yellow River inscriptions in Henan are an indispensable part of the Yellow River culture and an important reference material for studying the history of the Yellow River culture.

Key words: embankment, river control, Dawang Temple, inscriptions

郑州文庙建筑平面与规制沿革探析

张玉功
（郑州博物馆，郑州，450004）

摘　要：文庙，“庙学合一”，是中国古代集祭祀、教育为一体的重要建筑类型，是以儒学为官学的教育体制的物质空间载体。明清两代，各级文庙发展达到鼎盛，形成完备的教育制度。本文拟以元明清郑州文庙为对象，地方志文献研究与现存建筑考察相结合，对其建筑平面与规制沿革进行分析。

关键词：元明清；庙学合一；建筑平面与规制；沿革

在古代城市特别是明清城市中，作为最基本的公共建筑，文庙和衙署对城市的平面及空间营造具有重要影响。由于政治制度、儒家思想、地方文化与经济，以及风水观念的综合影响，文庙建筑在平面规制、空间格局、单体构成及匾额内容等方面，形成了独特的建筑文化。

古代，孔庙和儒学一体，设学于文庙之中。根据相关史料，先有文庙，后设学，形成庙学合一的建筑群格局。孔庙开始仅为祭祀孔子的场所，后演变为地方官学祭孔习礼之地。由地方主官修缮，文庙历代得到修缮与完善。据史载，自唐太宗贞观四年（630年）下诏“州县以下皆立孔庙”始，先后出现上千座孔庙。但唐代完整的庙学数量依然有限，有庙无学的现象还很普遍。宋代以后，大部分州县才出现孔庙与儒学合置的现象。元朝，各地庙学在前朝基础上延续。明清是庙学发展的鼎盛时期。

郑州文庙，在历史城区管城区东大街北，逼近东门，创建于东汉明帝永平年间，为全国创建较早的文庙之一。“庙在州治东”①，“庙学，汉明帝永平年间（58～75年）创建”。后经历代修葺与重建。因具有重要的历史、艺术、科学价值，先后被公布为第一批河南省文物保护单位、第七批全国重点文物保护单位。本文以元明清三代郑州文庙建筑及平面形制为对象，以地方志、碑文与相关建筑遗存为基础，对平面形制及其演变进行探讨和解析。

一、元代建筑平面与规制

由于文献等历史信息缺失，元以前郑州文庙建筑平面与规制不得考证。宋金时期，征战频仍，文庙屡废屡修。征之文献，仅片语只辞，庙之建筑及建筑、平面等形制语焉不详。“宋崇宁年间（1102～1106年），知州毛公，金泰和初元（1200年）知州贾公，金正大六年（1229年）知州吾古孙公……累加修复。”② 庙学之记载，现仅可溯及元季。

元朝，深谙儒学的教化作用，统治者效法前代文庙建筑模式。

据郑州志载，元代郑州文庙建筑在沿袭前朝庙学基址的基础上多次修葺。至元二十四年至

---

① 《嘉靖郑州志・建设志・庙学》，中州古籍出版社，2002年，第15页。
② 《嘉靖郑州志・杂志・艺文・郑州重修庙学记》，中州古籍出版社，2002年，第141页。

二十六年（1287～1289 年）知州黄廷佐重建。《嘉靖郑州志·杂志·艺文·郑州重修庙学记》对郑州庙学有如下记载：（知州黄廷佐）“乃即汉永平之故基，复修而重起之，圣宇贤庑，师位生斋，下及井灶，备具一新。经始于是岁之春二月，落成于明年之秋七月……。”① 另外，《嘉靖郑州志》还有如下记载。“创构泮宫殿宇廊庑，圣容贤像，师位生斋，边豆簠簋，庖湢篼仓库，一无不备。”② 至顺庚午年秋至辛未年夏（1330～1331 年），知州霍希贤重修。“正殿两庑，讲堂两序，易敝以完，代朽以坚。若神门，若筑道，若七贤堂，若棂星阀阅，悉皆丹雘粉饰，而又缭以周垣，甓其阶址，顾虽规模仍旧，而其气象胜前。”③ “郑州学之立，亦有年矣，作郡者复构讲堂于其后，教官唐懿著其匾曰：明伦……”④ 元末文庙建筑多毁于兵燹。

从以上资料可知，在沿袭前朝庙学基址的基础上，元代郑州文庙“庙学合一”“前庙后学”，形成了风格自成体系的建筑群（图一）。文庙建筑，由中轴线的前导区、祭祀区、教学区及两侧的辅助区组成，功能区鲜明，左右基本对称。前导区有庙门（神门）、棂星门、七贤堂等建筑［宋元时期，孔庙与书院中出现了明贤祠。七贤堂（乡贤名宦祠前身）反映了这一文化现象］；“圣宇贤庑”“殿宇廊庑”“正殿两庑”，为祭祀区，即指孔庙主要建筑大成殿及两庑；“师位生斋”“讲堂两序”，为教学区，指讲堂（明伦堂）、进德斋与修业斋之类建筑；“庖湢篼仓库”，辅助区即神库、神厨、浴室等辅助建筑。前导区营造空间氛围，“庙（祭祀区）以观其礼，学（教学区）以育其士”。辅助建筑是庙和学实现其职能的必要条件。庙学单体建筑形制不详，规模据推测应在 30 亩左右（注：1 市亩 ≈666.6667 平方米），建置基本完备。这种有着强烈轴线感、序列感的平面布局，把尊圣崇儒的思想体现到极致。元代文庙奠定了明清的基础。

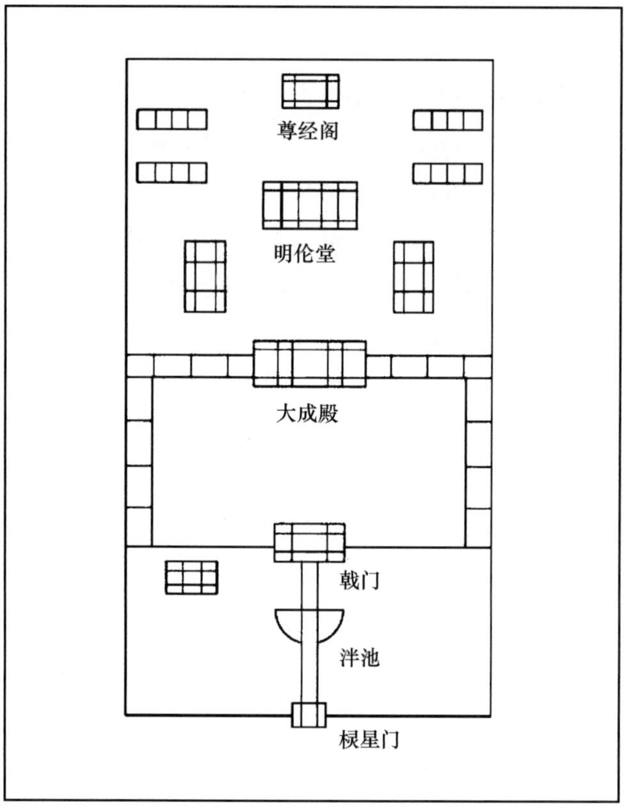

图一 元代郑州儒学推测图

二、明代建筑平面与规制

洪武二年，朱元璋颁诏天下立学。由此形成全国性庙学建筑的重建与展拓局面。

① 《嘉靖郑州志·杂志·艺文·郑州重修庙学记》，中州古籍出版社，2002 年，第 146 页。

② 《嘉靖郑州志·杂志·艺文志·黄公德政去思之碑》，中州古籍出版社，2002 年，第 165 页。

③ 《嘉靖郑州志·杂志·艺文·郑州重修庙学记》，中州古籍出版社，2002 年，第 141 页；《嘉靖郑州志·杂志·艺文志·知郑州刘公德政之碑》，中州古籍出版社，2002 年，第 183 页。

④ 《嘉靖郑州志·杂志·艺文志·郑州兴学记》，中州古籍出版社，2002 年，第 148 页。

《嘉靖郑州志》对郑州文庙的记载：苏琦“洪武元年（1368年）任（郑州知州），适元季兵革之后，衙门、廨宇、坛庙多所建设”①。

另外，还有如下记载：（知州洪宽）“顾学宫倾圮，施教弗称，遂以为首务，思一新之，于是鸠工度材，谨饬百废，规制焕然”，“葺郑州学及孔子庙，建企德（祭祀乡贤之用）、敷教（讲道之用）二堂”，“役弗及民，而明伦有堂，肄业有齋，门墙嵲业，足以耸游观；馆舍邃严，足以乐藏息”②。嘉靖三年（1524），“（知州刘汝靓）新旧祠以奉乡贤，创新祠以奉名宦，各三楹也”③。

嘉靖年间（1522～1566年），世宗朱厚熜对国家祭礼进行改制，对孔庙的祀典进行了降杀：“孔子宜称先圣先师，不称王”，取消其王号及大成、文宣之称；“祀宇宜称庙，不称殿”，改大成殿为孔子庙。嘉靖七年（1528年），明世宗敕工部于翰林院盖敬一亭，开启庙学兴建敬一亭之滥觞。

嘉靖七年至九年年间（1528～1530年），知州韩邦彦建敬一四勿箴亭④。嘉靖九年（1530年）在重新确定孔子祀典时，嘉靖“更建启圣祠祀圣贤，所自出皆万世之缺典，一代之伟绩焉”，改启圣王为启圣公，形成了以崇圣祠为中心的一进院落。因地制宜，郑州启圣祠始终位于庙的中轴线左路而非是以崇圣祠为中心的一进院落。嘉靖十一年（1532年）知州稍腾汉在庙门外重凿泮池，池上架桥一路⑤。嘉靖十四年至十六年年间（1535～1537年），“（知州胡万里）经营相度，闢广故基”，“经始于孟夏，秋仲落成”，重建尊经阁历时三个月。扩建后的尊经阁“址馔堂之阴，自础至极，为尺五十，深六寻，广倍之；为楹八，为虹六，栋宇悉重拱，棨斗相承，三棁九甍，复檐森桷，飞柳双辕，上下相望，四表八维，重轩高牖，周以楯槛，延以梯阑，龙腾虎植，翚飞鸟革，悉饰以丹碧髹彤，文藻羽麗，虽榑栌榱衍之微，靡不绣绮”，“前揖明伦堂，远望宫墙；远拱敬一亭，旁俯斋舍”。重建后的尊经阁，建筑体量更大，彩画绚丽⑥。

据嘉靖三十一年（1552年）所纂《嘉靖郑州志·舆图·儒学图》（图二），明郑州文庙沿袭前代基址，“庙学合一”“前庙后学”，建筑分为核心中轴线及副中轴线两路，文庙和儒学合置，由左右对称的区域组成。殿宇廊亭150余间，占地70余亩，建筑规模宏大，建置完备。庙学由前导区、祭祀区、教学区及辅助区组成。左路为核心中轴线，前庙后学，四进院落，包括前导区、祭祀区（先师庙即大成殿及两庑）、教学区（明伦堂及两斋）及辅助区。前导区为棂星门、泮池、敬一亭，祭祀区为庙门、先师庙，教学区为明伦堂、斋房、尊经阁等建筑，辅助区为宰牲所等建筑。棂星门，左右大小对称，中间段较高，三间四柱牌坊。自棂星门顺神道而北，经泮池，至敬一亭。敬一亭为面阔三间歇山式建筑。第一进院落核心处创建了敬一亭，显示其因皇帝诏建而在文庙建筑中地位显赫。庙门为歇山式，两侧附掖门。其右侧为乡贤祠、名宦祠，由名（乡）贤祠增益为乡贤、名宦二祠，改变了乡贤、名宦共祭一室格局。乡贤祠、名宦祠并位于庙门（戟门）之右前方，而非两侧。过庙门至核心建筑——先师庙。先师庙面阔5间，歇山式建筑，殿

① 《嘉靖郑州志·职官志·名宦·苏琦》，中州古籍出版社，2002年，第67页。
② 《嘉靖郑州志·杂志·艺文志·郑州学历年贡士题名记》，中州古籍出版社，2002年，第215页。
③ 《嘉靖郑州志·杂志·艺文志·《名宦乡贤记》，中州古籍出版社，2002年，第243页。
④ 《嘉靖郑州志·建设志·庙学，中州古籍出版社，2002年，第16页。
⑤ 《嘉靖郑州志·建设志·庙学》，中州古籍出版社，2002年，第16页。
⑥ 《嘉靖郑州志·杂志·艺文·郑州儒学重建尊经阁记》，中州古籍出版社，2002年，第245页。

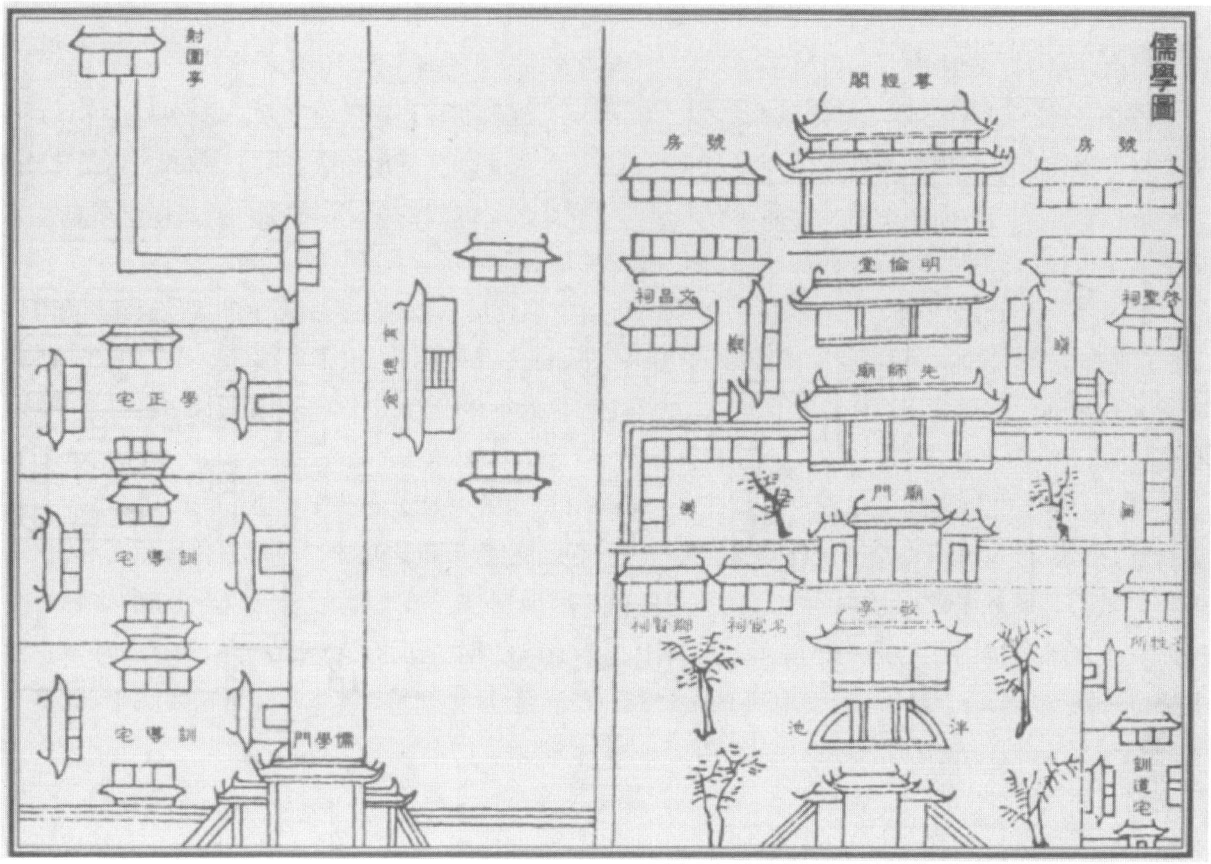

图二 《嘉靖郑州志·舆图·儒学图》

前应有宽阔的月台。两旁东西庑20余间，为供奉孔门弟子72贤人等之所。以先师庙（大成殿）为核心的第二进院落为廊院式院落，其余为合院式院落，显示了庙学明代高等级建筑等级的特征。先师庙后为明伦堂，面阔3间，歇山式建筑，堂左右为进德斋、修业斋二斋及居仁、由义二门，斋房左侧有启圣祠，右侧院落为文昌祠。最后为尊经阁，面阔3间，重檐歇山式建筑；阁之两侧为号房各8间，为诸生就寝之所。中轴线建筑两侧对称布局两路建筑，训导宅、宰牲所于泮池左侧，乡贤祠、名宦祠并位于泮池右侧，庙门（戟门）之右前方，启圣祠、文昌祠分别位于明伦堂前两斋之两侧，号房于尊经阁两侧，在嘉靖十年（1531年）以后，出现启圣祠。第三进院落两斋之后左为启圣祠，右为文昌祠；启圣祠位于庙之左路，未按明嘉靖时期礼制改革的规定形成以崇圣祠为中心的一进院落，并一直沿用至清末。神库、神厨、浴室等辅助建筑齐备。东门外设奎楼一座。左路区由三路建筑组成，“前庙后学”，功能区明显，且处置灵活，布局紧凑。

右路以儒学门为副中轴线，为一通道，分为左右两个次区域，左侧院落依次为训导宅合院10间、训导宅合院10间、学正宅合院10间和射圃亭合院6间，右侧围育德仓合院9间等，为出入文庙更为经常的教官提供交通方便，将官廨设于庙学两侧的前端。射圃元代一度“射息而圃废”。明代在诏郡、县兴学置师的同时，要求讲习“六艺”，射圃又成为学宫不可或缺的组成部分。射圃置庙右后，似乎因地而设。学正一训导三，符合明代学校制度之规定。

总之，诸多政治因素促进了文庙发展与完善，明代郑州文庙形成了较为完备的空间制度。

三、清代建筑平面与规制

郑州志载，明末郑州地区兵燹频仍，民房官舍尽成焦土。

清代文庙的变化发生在康熙朝至乾隆之间，由于国力恢复，经济社会发展，文庙也更受到重视。这一时期，郑州文庙建筑数量、建筑形制和等级得到提高。特别是，为营造儒家文化空间氛围，在戟门之前的前导区，增加万仞宫墙、礼门义路、牌坊等建筑。

《康熙郑州志》对郑州文庙的记载："顺治六年（1649年）知州王登联，十五年（1658年）知州刘永清，学正戚若鳃、刘绅，训导李枢协力重修，庙貌巍然"①。康熙三十二年（1693年），文庙尚有"大成殿七楹、东西两庑二十楹，戟门三楹、东角门一间、西角门一间，泮池半规、棂星门一座、启圣祠三楹、名宦祠三楹、乡贤祠三楹、土地祠三楹，金声玉振坊废"；"儒学，明伦堂五楹、敬一亭三楹、尊经阁五楹及城东南新奎楼一座，居仁门、由义门、祭器库、乐器库、神厨、育德仓、义仓、射圃厅、宰杀厅、进德斋、修业斋、存诚斋废。"②

康熙三十九年（1700年），"(知州毛国瑞）再修于康熙三十九年（1700年），规模壮丽，丹获晶莹，嗣历三十余载，风雨剥落，渐多倾圮。清圣祖康熙五十年（1711年）重修。此后数十年又因破坏严重，风雨侵蚀，部分建筑相继坍塌。"③

雍正八年（1730年），"(学正李洛）修补崇圣宫神龛一座，格扇四，东西两配，并名宦牌位一座，悉整修如式"，雍正十一年（1733年）修缮"黉门至西庑，土地祠、明伦堂"墙垣。④

乾隆三年（1738年），知州张钺重修。"岁戊午（1738年），余承乏兹郡，首谒学宫，乃见榱桷倾颓，廊庑不饰，尊经之阁风雨飘摇，习射之亭榛芜蓊翳，不禁怦然动，悚然惧，即欲整理，而工钜用烦，力有未逮也。期月后，举州之事渐有次第，得闲款之不关于正者六百余金，乃命匠克期偕司铎及庠士诚干者，各董其事。坏者葺之，废者兴之，向所缺者增建之，内外周匝，黝垩而丹碧焉。"⑤"乾隆三年（1738年），知州张钺详动閒款重修。大成殿后檐、正殿神龛、两庑神龛、敬一亭、尊经阁、名宦祠、乡贤祠，俱各修整，并重建明伦堂东西两斋房六间、射圃亭三间，至今巍焕可观。"⑥乾隆三年（1738年）知州张钺修缮殿宇廊庑，"敝者易，圮者举，数旬殿庑复巍然。其诸祠宇、堂斋，文昌阁，射圃厅，望皆丹碧垩黝，辉煌夺目。"⑦

据撰于乾隆十三年（1748年）的《乾隆郑州志·各图·学宫》载："太和元气照壁，金声坊，玉振坊，棂星门一座、泮池半规、戟门三楹、大成殿七楹、东西两庑二十楹，明伦堂五楹、东西斋房六楹、敬一亭三楹、尊经阁五楹，东角门一间、名宦祠三楹、启圣祠三楹，西角门一间，乡贤祠三楹、训导宅、土地祠三楹、射圃亭。"

---

① 《康熙郑州志·学校志·先师庙》，中州古籍出版社，2002年，第102页。
② 《康熙郑州志·学校志·先师庙》，中州古籍出版社，2002年，第102页。
③ 《郑州文庙·郑州文庙碑碣·文庙重修记》，科学出版社，2015年，第160页。
④ 《郑州文庙·郑州文庙碑碣·文庙重修记》，科学出版社，2015年，第160页。
⑤ 《郑州文庙·郑州文庙碑碣·文庙重修记》，科学出版社，2015年，第160页。
⑥ 《乾隆郑州志·建置志·学宫》，中州古籍出版社，2005年，第24页。
⑦ 《郑州文庙·郑州文庙碑碣·文庙重修记》，科学出版社，2015年，第160页。

“光绪二十二年（1896 年），老槐生火。大成殿灾事上闻，部议重修。爰按亩捐款，土木大兴，岁两度始克告成。”①，此大成殿为今大成殿。“光绪二十四年（1898 年），知州汤似慈建东院官厅三间，名宦祠三间”②。

据《康熙郑州志·舆图·先师庙》《乾隆郑州志·图·学宫》与《民国郑县志·图·孔庙》（图三），文庙，“庙学合一”“前庙后学”，六进院落，殿宇廊亭 70 余间，占地 35 余亩，建置完备，处置灵活，布局紧凑。

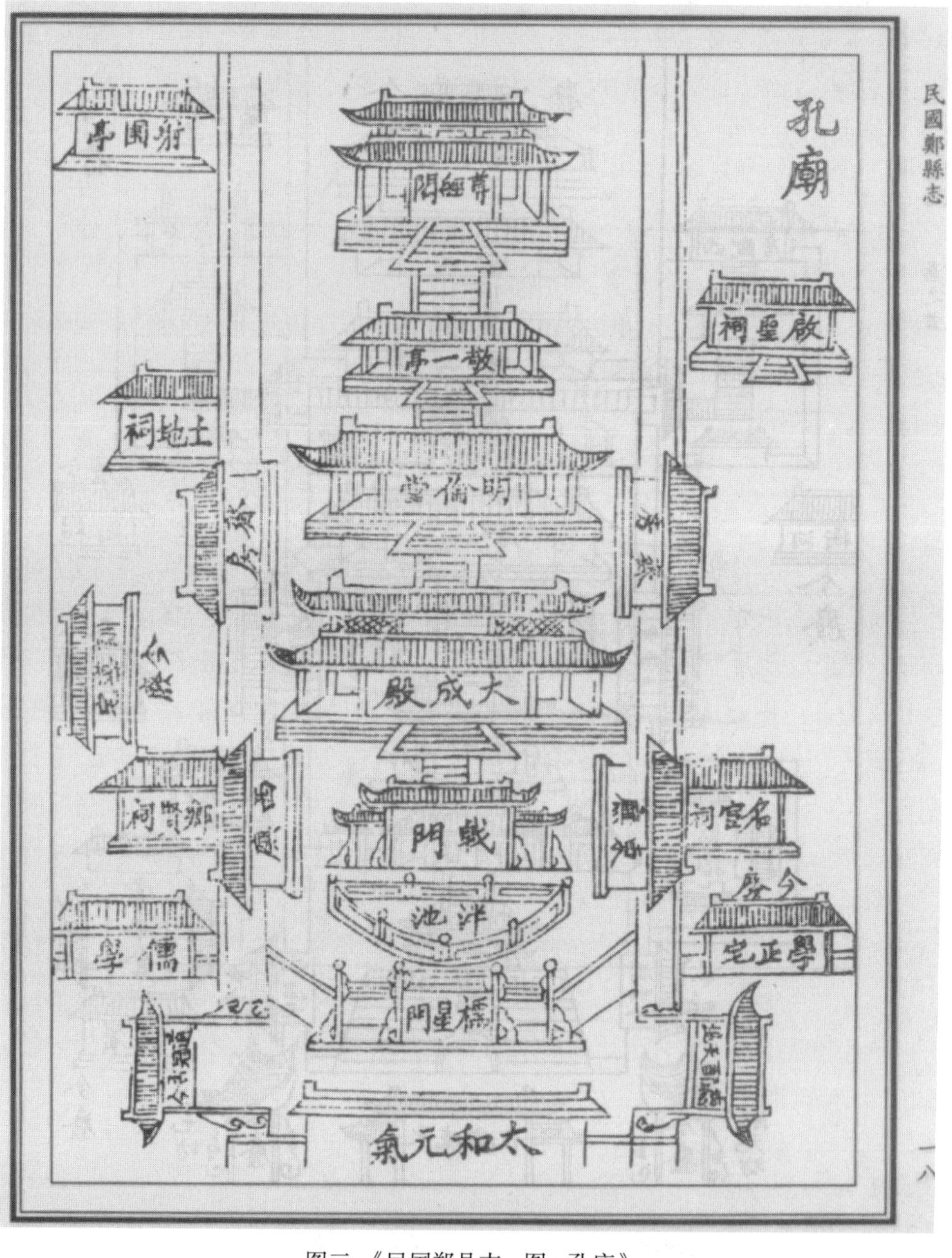

图三 《民国郑县志·图·孔庙》

① 《民国郑县志·艺文志·记·重修大成殿记》，中州古籍出版社，2005 年，第 585 页。
② 《民国郑县志·建置志·黉宫》，中州古籍出版社，2005 年，第 62 页。

从以上资料可知，清代郑州文庙沿袭前代基址，建筑平面形制为“庙学合一”“前庙后学”。由前导区、祭祀区、教学区及辅助区组成。整个文庙沿南北轴线组成“前导”与主体两部分，“前导”以内并三院，主次并列式，次要建筑异于主要建筑灵活布置。前导部分设置了太和元气坊（照壁）、牌坊和棂星门，棂星门为三间四柱出头式石坊。棂星门前有一座琉璃照壁，迎门是比喻孔门之道如同天地循环往复、永存不朽的“太和元气”4个大字，背面是“鲤鱼跃龙门”浮雕。东西有牌坊各一座，为两柱一楼木构牌楼，左牌坊额题“德配天地”，右牌坊额题“道冠古今”。在棂星门与照壁之间形成了一个庙前广场，是文庙的前区。棂星门内并三院，左路门额曰“学正宅”，右路门额曰“儒学”。自棂星门顺甬道而北建有一座架着石桥的半圆形水池，称为泮池。泮池之后是文庙的第二道大门戟门。戟门为三间四柱三楼歇山式木构牌楼。大成门内是核心建筑大成殿。为面阔七间的重檐歇山式建筑。大成门与大成殿之间东西两侧的两庑20间，庑中供奉着历代诸贤、先儒的图像。大成殿院落为合院式院落，廊院遗制消失。大成殿后为明伦堂五间，左右斋房六间，再后为敬一亭三间，最后为尊经阁五间。大成殿7间，明伦堂5间，属府州县学较大者。敬一亭移至明伦堂、尊经阁之间，符合这一时期文庙规制。东路有学正宅三间、名宦祠三间、启圣祠三间和斋房等；西院有乡贤祠三间、训导宅三间、土地祠三间、射圃厅三间及斋房等，乡贤祠、名宦祠并位于东西两庑之后，而非戟门两侧。神库、神厨、浴室等辅助建筑齐备。文昌祠易为土地祠，在州学东南方位，城东南巽隅，设奎楼一座。建奎楼，以祈求郑州文人辈出、文风昌盛。这种建筑，将圣域氛围扩展到所在主要街区，形成“即东门者亦达庙学”之印象。

清代郑州文庙，注重空间营造，前导区得到充分发展。祭祀区庄严肃穆，突出祭祀功能。教学区域包括明伦堂、尊经阁、学正训导宅、宅房等文教建筑及设施，为最具实用性的建筑空间。

经过元明的发展，清代建筑平面形制发生了较大变化，既有整个庙和学布局的变化，又有部分建筑结构的调整。规模较前代缩小，仅保留了明代的左路区域。“前庙后学”，功能区明显，且处置灵活，布局紧凑。清代沿袭前代形制，部分建筑形制调整更合规制。各项建筑的种类、大小、数量亦逐渐形成定制，建筑平面形制已经定型，已经形成成熟的建筑平面形制。儒学的变化，适应了新的发展环境，各项祭祀、教学及辅助建筑逐步完善。

郑州文庙元代延续前朝建筑模式，明代形成较为完备的建筑群空间制度，清代在建筑礼制上作了新的统一规范。元明清时期，作为地方文庙的郑州文庙，形成了成熟的平面形制特征，具有一套独特的建筑文化表达。

①“居中为尊”，将棂星门、泮池、戟门、大成殿等主要建筑置于中轴线之上，次要建筑对称布置于中轴线两侧，以“前为尊”，建筑布局“前庙后学”，形成以大成殿为核心的文庙建筑群和以明伦堂为核心的儒学建筑群。

② 以左为尊，例如学正宅为庙左，训导宅位于庙右侧；名宦、乡贤二祠，以名宦祠居于左侧为尊，乡贤祠居于右侧为次。

③“前庙后学”，以纵长方形或其近似形状的总平面形态营造对称性的建筑院落以尽量营造较长的中轴线，追求建筑群庄严肃穆的空间氛围。

④ 整体遵从文庙基本规制。结合堪舆，建筑布置功能组织之外兼顾情趣。

Study on Architectural Layout and Evolution of Confucian Temple in Zhengzhou

ZHANG Yugong
(Zhengzhou Museum, Zhengzhou, 450004)

Abstract: Confucian temple is an important architectural type in ancient China which integrates sacrifice and education, and it is the material space carrier of the education system with Confucianism as the official school. In the Ming and Qing Dynasties, Confucian temples forming a complete educational system at all levels reached their peak. This paper takes the Confucian Temple of Zhengzhou in Yuan, Ming and Qing Dynasties as the object, combining the research of local chronicles and the investigation of existing buildings, the architectural plan and regulatory evolution of the temple are analyzed.

Key words: Yuan, Ming and Qing Dynasties, unity of temple and learning, building plan and regulation, evolution

河南古遗存牌坊建筑调查研究

甄学军

（河南省文物建筑保护研究院，郑州，450002）

摘　要：石牌坊是我国古代建筑中特有的建筑类型，据研究应溯源于古代里坊之坊门，与木牌楼的作用相同。到了宋代，商业繁盛，封闭的里坊改为便利的街市，坊门仅具路标的意义。至明清石牌坊的数量大增，成为街市、商行、宗教、苑囿、陵墓及纪念地前必备之物。限于材料，石牌坊虽然不及木牌楼结构之精巧，但因其自重甚大，不畏水平外力，在结构处理上反独见其长。古代工匠因材制宜，在石牌坊建造上产生不少杰作，从某种意义上可以说明清石牌坊代表了当时石构建筑的最高水平。

关键词：河南；石牌坊；艺术构造

一、豫东地区石牌坊

仅有开封龙亭石牌坊，位于龙亭东侧台基之上，建于民国初年。为单间二柱柱出头式，两柱立于方形柱础之上，不用夹杆石，仅以柱外侧石质栏杆相嵌峙。柱间施单额枋一根，额枋之上左右两端置日、月板。柱上顶各置一颗下有须弥座的火焰宝珠。柱内侧镌刻康有为手书的对联："中天台观高寒但见白日悠悠黄河滚滚"，"东京梦华销尽徒叹城郭犹是人民已非"。南柱背面另有民国十四年（1925 年）游人题记。康有为手书的对联，当为石牌坊增色不少。

二、豫西地区石牌坊

仅存于洛阳、三门峡等地。其中洛阳关林四坊，包括庙前双石牌坊，位于关林大门前东西两侧，建于清乾隆五十六年（1791 年）。两坊形制相同，以东侧坊为例，系三间四柱柱出头式，立于砖石结构的台基之上。柱下部纵深向使用抱鼓石状夹杆石并锁以铁箍。明间由雀替、花板、额枋构成。次间构件同明间。额枋上部置日、月板，四柱柱头雕出蹲狮。花板正面明间刻"刚建正中"，两次间分别刻"乃神""乃圣"；背面明间刻"博厚高明"，两次间刻"允文""允武"。石牌坊高大简朴，凸显关林建筑门前之庄严。"汉寿亭侯墓"石牌坊，位于关羽墓冢之前，建于明万历三十二年（1604 年）。石牌坊坐北朝南，为三间四柱柱出头式。明间由雀替、花板、额枋构成。次间构件同明间。柱身下部前后向使用抱鼓石状夹杆石。柱头之上各雕一异兽。明间花板正中阴刻题额"汉寿亭侯墓"，为饮差太监胡滨书。石牌坊四柱各面分别以楷、行、隶、篆体镌刻明、清、民国年间名人咏联。在"汉寿亭侯墓"坊之后，还有"中央宛在"坊。系清康熙五十五年（1716 年）高镐在明代石香案原位之上加建而成。为单间二柱柱出头式。柱身下段前后使用抱鼓石状夹杆石，上端置宝瓶。两柱之间安装额枋、花板，花板之表镌刻"中央宛在"4 个大字，首刻小字"康熙五十五年岁次丙申孟冬谷旦"，末署"三韩弟子高镐熏沐敬书"。两柱正面题联"千秋志气光南洛，万古精灵暎北邙”。该坊雕工严道，造型小巧简洁。

偃师牛心山石牌坊，位于大口乡寨湾村牛心山上。为四柱三间三楼柱不出头式，清代建筑。四根石柱支撑双层飞檐，有额枋。坊身有各种浮雕图案，柱上有楹联，额枋上有“乾隆二十七年（1762年）菊月谷旦建”的题款。附近立有明、清、民国年间碑刻46通。

三门峡陕州城旧址石牌坊，位于市区西郊崖底乡三里桥村西，属于原陕州城旧址范围内。石牌坊作四柱三间三楼柱不出头式，明代建筑。额枋等处满雕龙凤、狮子、麒麟、人物、花卉等图案。“文革”中遭部分拆除破坏，但构件尚存。

三、豫南地区石牌坊

著名的有社旗山陕会馆三石牌坊。位于会馆大拜殿之前，均建于清乾隆年间。正中石牌坊为三间四柱柱出头式，四石柱立于须弥座之上。柱下段前后使用抱鼓石状夹杆石并锁以铁箍。夹杆石上圆雕有八个动物形象并浮雕各种动植物图案。明间、次间上部置额枋、花板、平板枋等构件。明间花板正面镌刻“孟氏难言追浩然”。平板枋正中各有一透雕的人物故事。平板枋上端与柱头相对应之部位各置一雕刻精美的高浮雕加透雕的圆形柱头。石牌坊各构件表面分别用浮雕、透雕、高浮雕加透雕的技法雕刻各种图案，内容有金龙缠五柱、文武狮子、八爱图、赵颜求寿等。坊下有“九龙口”斜铺大块云龙雕石。左右两座石牌坊均作单间二柱柱出头式，不用夹杆石，仅以柱外侧石质栏杆相嵌峙。两柱上部依次安置小额枋、花板、大额枋和平板枋。两坊构件表面雕刻各种精美图案。平板枋两端与柱头相对应部位各置一异兽。社旗山陕会馆三石牌坊，结构小巧严谨，雕刻技法异常复杂、精湛，是清代石雕艺术的精华。

还有南阳武侯祠两石牌坊。其一是“汉昭烈皇帝三顾处”坊，位于武侯祠大门之前，建于清道光十一年（1831年）。坊为单间二柱柱出头式。两柱立于青石板基座之上，前后及柱外侧均有抱鼓石状夹杆石。柱间上部依次置雀替、额枋、花板、平板枋等构件。雀替透雕卷草纹；额枋正面及背面高浮雕二龙戏珠、双凤朝阳；平板枋之表面为人物故事图案，其上部正中置云龙、日月图形，两端各置一汉白玉异兽；花板正面及背面分别镌刻“汉昭烈帝三顾处”、“真神人”。整座石牌坊比例适度，颇具匠心。其二是“三代遗才”坊，位于祠内大殿之前，建于清康熙二年（1663年），坊为三间四柱柱出头式。整座石牌坊立于高台基之上。四石柱在其前后及边柱外侧使用夹杆石。明间上部由雀替、额枋、花板、平板枋构成。次间与之相似唯省去雀替。明间花板正面镌刻“三代遗才”，背刻“韬略宗师”。明柱内侧题益阳龚浩撰并书之对联一副：“遗世仰高风抱膝长吟出处各存千载志，偏安恢汉祚躬尽瘁日月同悬二表文。”平板枋雕山水、松柏、武士图像，上部正中置云龙、日月图案。四柱头之上的平板枋顶端各置一汉白玉质异兽。整座石牌坊构造简明，风格清新。

淅川著名古刹香严寺山门前有“敕赐显通禅寺”坊，青石结构，为三间四柱无楼柱出头式。花板正面题刻“敕赐显通禅寺”，背面题刻“大明唐府重建”“嘉靖己亥年孟春立”。由此可知，该坊重建于嘉靖十八年（1539年）。横额四周饰有浮雕卷云纹。石柱下有覆盆柱础，石柱根部前后有雕刻着卷云纹的抱鼓石，坚实稳固，历经400余年而巍然屹立。

还有信阳息县城内西大街“黄家栋”石牌坊，为省级文物保护单位。建于明代万历元年（1578

年），为四柱三间三楼柱不出头式，庑殿顶。明间额枋刻有“监察御史黄家栋”7个大字。其上下雕刻狮子滚绣球、二龙戏珠等图案。有很高的艺术价值。可惜遭人为破坏，只剩部分构件。

四、豫北地区石牌坊

豫北地区所存石牌坊较多，简单作如下叙述。最著名的莫过于浚县恩荣坊了。该坊位于浚县卫贤乡南大街，现已迁建于大伾山前。为一过街式石构牌坊，明万历四十五年（1617年）赐进士第承德郎主事孟楠所建。石牌坊为三间四柱五楼柱不出头式，三重檐庑殿顶。明间上部由额枋、龙门坊、大小花板、高拱柱、大额枋、斗栱、檐楼构成。次间以大、中、小额枋、斗栱、檐楼及上层斗栱檐楼组成。明间上花板阴刻楷书“龙章宠赐”4字，末书“万历四十五年春”。中花板镌刻“敕封承德郎南京工部主事孟含霓”。下花板刻“赐进士第承德郎工部主事孟楠”。明楼正中悬挂一石匾，镌刻“恩荣”。在各构件表面分别用浮雕、高浮雅、透雕技法，雕出各种图案，如二龙戏珠、竹林七贤、八仙庆寿、一门三进士、天神下凡、青竹牡丹等。抱鼓石上圆雕猛狮24只，姿态各异。这些雕刻工艺精湛，造型生动。整座石牌坊形制高大，雍容华贵，气势恢宏。

卫辉望京楼如意坊，位于卫辉城内东北角望京楼上。建于明万历年间。石牌坊作三间四柱三楼柱不出头式，庑殿顶。明间由明柱、夹杆石、雀替、小额枋、花板、平板枋、斗栱、檐楼组成。次间构件同明间。花板、额枋表面分别雕出二龙戏珠、十长老祝寿图及亭台楼阁图案。石牌坊柱身南北各镌刻对联。南面中间为“画栋耸青霄相依凭明，雕檐接碧汉会合风云”，两侧为“云楼壮万国雄观，宝殿建千年胜概”；北面中间为“高阁端严沐九天雨露，崇台镇肃瞻万象光辉”，两侧为“南连地脉嵩衡秀，北观天枢斗极辉”。极言望京楼之气势雄伟。石牌坊造型紧凑、精巧，为小型石牌坊之上品。

卫辉比干庙“殷太师比干墓”石牌坊，为单间二柱柱出头式。石牌坊立于青石基座之上，柱根间镶嵌地栿一根，柱身下段南北向使用夹杆石夹固，夹杆石上圆雕蹲狮并在鼓面刻出动植物图案。柱头上端雕出蹲狮。柱间上部自下而上依次叠置小额枋、花板、大额枋。大额枋之上中部置一火焰宝珠形饰物。东西两端各置日、月板。该坊比例适度，小巧玲珑，造型匠心独具。

新乡明潞王坟三石牌坊，均建于明万历年间。其中“潞藩佳城”坊，位于潞王坟南端，为该墓之起点。坊作三间四柱柱出头式，无楼。明间上部由雀替、小额枋、花板、大额枋构成。次间构件同明间。明间额枋上部正中及各柱柱头分别置一带须弥座的盘龙承火焰宝珠、蹲狮等。柱身南北向使用抱鼓石状夹杆石，角侧明柱、边柱下端立一须弥座。明间花板正反面均镌刻径尺楷书“潞蕃佳城”4个大字。各柱四面及大、小额枋表面浮雕二龙戏珠图案。坊东、西立华表一对。此坊造型宏阔气魄，为柱出头无楼石牌坊中之上乘佳作。“维岳降灵”坊，位于潞王墓祠之内，为潞王坟中轴线上的第三进建筑。石牌坊立于高台基之上，为三间四柱三楼柱不出头式，庑殿顶。整座石牌坊身仿传统的木构建筑雕刻而成。明间由夹柱石、门枕石、地栿、抱框、中槛及门簪、连楹小额枋、花板、大额枋、概括的斗栱形象及檐楼构成。次间构件同明间，唯尺寸不相同。明间花板南北面镌刻“维岳降灵”4字，明柱南面刻对联“龙卧太行绵五緤，风栖毖水灌银潢”。柱身及各枋表面均浮雕各种龙形图案；边柱为升龙，各枋为二龙戏珠。明楼正脊中部雕二盘龙，分别面向南北上捧火珠。

抱鼓石上各蹲一狮或加一幼狮，形态各异，活灵活现。鼓身饰以各种精美图案。此坊气势雄伟，雕工精细，是明代大型雕刻艺术中不可多得的瑰宝。墓前石牌坊，是墓区第四个院落的门户。石牌坊作三间六柱两楼式。明间为无楼柱出头式，在两柱之间做出地栿、门枕石、抱框、中槛、门簪、连楹形象，并在柱身下段用夹杆石夹固。两次间为仿木构两柱单楼柱不出头式悬山顶建筑。次间两柱立于高大的须弥座之上，柱身上端刻出单额枋形象，额枋之上做出概括之斗栱形象。该坊造型奇特，为国内罕见。

新乡“七世同居”坊，位于新乡市平原路东段饮马口村南端，系清道光四年（1824年）奉旨“旌表”所建。为一座石构过街式牌坊。石牌坊为三间四柱五楼柱不出头式，庑殿顶，无脊兽。坊身明间、次间均由额枋、花板、斗栱、檐楼构成。四柱前后左右皆使用夹杆石将柱身下段夹峙（前后作抱鼓石状）。斗栱纵深向出耍头承托挑檐枋。明楼前后檐下嵌青石匾，表面阴刻“圣旨”二字。明楼上花板题“旌表例授承德郎军功加正六品衔”，下花板题“候选布政司经历赵珂七世同居坊”。石牌坊各构件表面分别用浮雕、高浮雕、透雕的技法雕飞禽走兽、山石木草、二龙戏球、狮子滚绣球及各类神话故事数十幅。夹杆石表面除浅浮雕动植物图案外，另有变态各异的圆雕狮子24只。石牌坊主楼与次楼高低参差，错落有致，配以精美的雕刻图案，展现浓郁的民族风格。

此外，安阳汤阴羑里城有著名的“演易坊”，建于明代，石牌坊为三间四柱无楼柱出头式，与文王的事迹联系起来，有一定的历史和文物价值。安阳县北郭乡李北郭村有清代旌表王氏贞节石牌坊，为四柱三间柱出头式，坊上有雕刻精美的花纹装饰。浚县钜桥乡郭小屯村存有明代三间四柱无楼柱出头式石牌坊，结构简单，无花纹装饰，朴素无华。封丘陈固乡东仲宫村有一座清乾隆十二年（1747年）所立周氏、任氏节孝石牌坊，为三间四柱柱出头式。坊额上镌刻“圣旨恩荣”四字，坊身遍龙纹等图案。距其不远的东守宫村有清乾隆三十二年（1767年）所建的申氏石牌坊，为四柱三间三楼柱不出头式，明间坊额刻“敕褒已故处士高永明妻申氏节孝之坊”十六字题铭，坊身雕刻花卉等图案。

五、豫中地区石牌坊

河南中部现存石牌坊有登封少林寺三石牌坊。其中两座为少林寺山门前东、西两侧石牌坊。东侧石牌坊建于明嘉靖二十二年（1543年），西侧石牌坊建于明嘉靖三十四年（1555年）。两坊对称建造，结构相同。以西侧石牌坊为例，为两柱一楼柱不出头式，庑殿顶。两柱立于长方形基座之上，并在柱根间施地栿，纵深向使用抱鼓石状夹杆石，两柱间上部构造由额枋、花板、平板枋、檐楼构成。额枋表面浮雕双凤朝阳、狮子戏绣球。花板正面镌刻“嵩少禅林”，背面刻“大乘胜地”。两柱正背面刻有对联，正面为“双双五并碧澄冷浸千秋月，六六玄峰翠耸光连万壑雪”；背面为“心传古洞严冬雪拥神光膝，面接高峰静夜风闻子晋笙”。东侧石牌坊花板正面阴刻“祖源谛本”，背面刻“践陀开创”。两柱正面刻对联“心传言外十方法孝是初元，地在天中四海名山为第一”。两石牌坊苍秀古拙，渲染佛门净地。第三座是“默玄处”石牌坊，位于五乳峰达摩洞前，建于明万历三十二年（1604年）。石牌坊作两柱一楼柱不出头式，庑殿顶。柱身下段南北向使用抱鼓石状夹杆石。两柱上部构架依次由额枋、花板、平板枋、斗栱、檐楼构成。额枋正面饰以二龙戏珠，背面饰双龙朝阳。平板枋正面饰几何图案，背面浮雕仰莲。花板正面中部镌刻“默玄处”，首书“钦差提督河南矿税带管陕西税务乾清宫近侍内承运库署库事御用监太监湖滨题并书”，末题“万历甲辰孟夏吉立”。花板背面题额“东来肇迹”，首书“万历甲辰年孟夏吉日立”，末题“燕都近溪题并书”。石牌坊紧凑，小巧而古朴，与达摩洞很好地融为一体。

巩义文魁坊，位于巩义芝田镇蔡庄村小学北，明万历二十八年（1600年）所建，为两柱一楼柱不出头式，庑殿顶。须弥式座上雕莲花，柱前后外三侧均有抱鼓状夹杆石，鼓面雕牡丹、卧羊和其他图案。楼檐置斗栱，龙首昂嘴，正中置一竖匾，上刻“圣旨”2字。下为横枋，枋上雕龙凤及卷草花卉。枋下有上花板，楷书“文魁坊”3字，下花板雕有“万历丁酉科选贡御赐进士赵景星”。再下又一横枋，高浮雕狮子滚绣球，中间雕一花篮，篮中置绣球，一狮仰首，一狮低头，口含彩带。两狮后面还有二狮，奔腾跳跃，生动异常。该坊造型雄伟，雕刻洒脱豪放，可谓上乘佳作。

巩义还存有一些清代和民国初年的节孝石牌坊。其中有康店镇裴峪村焦家祠堂内的魏氏石牌坊，为四柱三间三楼柱不出头式，庑殿顶，建于清嘉庆年间。楼檐下置斗栱，正中竖匾刻“圣旨”2字。横枋上刻八仙图，枋下花板上刻“壶仪闺范”4字，并刻有“旌表已故太学生焦正儒妻魏氏节孝坊”，还有一些孝子图。次间携刻有戏剧故事、游龙、花卉等。另有郑氏石牌坊，位于站街镇仓西村，清道光二十九年（1849年）奉旨旌表郑氏节孝而建，四柱三间三楼柱不出头式。楼檐下置斗栱，额枋下有花板，雕二十四孝故事、八仙庆寿等图案30余幅。孟氏石牌坊，位于南河渡镇石板沟村，清道光三十年（1850年）为旌表孟氏节孝而建。四柱三间三楼柱不出头式，庑殿顶。楼槽下置斗栱，额枋下有花板，刻二十四孝、八仙庆寿等图案。康氏石牌坊，亦位于南河渡镇石板沟村。清光绪十年（1884年）为旌表康氏节孝而建。四柱三间三楼柱不出式，庑殿顶。檐楼下置斗栱，额枋及花板雕刻有二十四孝图、八仙庆寿图及人物花卉图案等。王氏节孝坊，位于康店镇康店村，民国五年（1916年）为表彰王氏节孝而建、王氏系康百万之子康道兴的妻子，四柱三间三楼柱不出头式，庑殿顶，额枋及花板上镌刻二十四孝图、八仙庆寿图、文人四爱图等30余幅。

禹州火龙乡龙池村有李氏节孝坊，为四柱三间三楼柱不出头式石牌坊，庑殿顶，建于清乾隆十九年（1754年）。正脊石雕狮驮宝瓶。楼下置七踩斗栱，上层额枋刻“钦旌贞节”4字，下层横枋刻“旌表儒士周国才妻李氏节孝坊”13字。枋柱前立两对石狮。石牌坊上下镌刻各种神话故事、人物、鸟兽、花草、虫鱼，题材丰富，雕刻玲珑剔透，俗称花牌坊，有很高艺术价值。

此外，郏县茨芭乡苏坟寺村三苏坟园内有一座“青山玉瘗”石牌坊，为园内第二进建筑，明成化三年（1467年）建，清代曾维修过，石牌坊作单间二柱单楼柱出头式，悬山顶。坊楣正中镌刻“青山玉瘗”4字，落款为清道光四年（1824年），坊柱阴刻苏东坡诗句“是处青山可埋骨，他年夜雨独伤神”。坊楣背面是郏邑正德年间进士、浙江右布政使王尚《祭三苏先生文》。有一定历史价值。郏县长桥镇窦堂村有孝子石牌坊，建于清乾隆十七年（1752年），为四柱三间三楼柱不出头式。坊刻“圣旨”2字，上梁雕刻“上八仙人图”，其下刻“孝子坊”3字；中梁雕有“下八仙人图”；下梁透雕“二龙戏珠”图案。门柱中间刻有“皇清钦孝子太学生冯赞”字样，立柱两侧各有石狮两对。长葛增福庙乔黄村有胡氏节孝坊。为四柱三间柱出头式石牌坊，清乾隆二十七年（1762年）建。上刻“圣旨”二字，并镌刻各种人物。1966年遭部分破坏。巩义芝田镇官庄村西有明代赵春亭墓，死后赠文林郎。其墓前有石刻12件和石牌坊1座。额坊题“明敕赠文林郎春亭赵公之茔”，石牌坊雕刻相当精美。

综上所述，大致勾画出河南石牌坊的轮廓。依其所在的地点、适用范围和功能之差别，可以看出石牌坊多种差异。一是有些位于街市之起点或中段或道路交汇处，常在坊额勒铭作记，昭示公众，为赞颂某族、某人之功德，也兼具丰富街市景观之作用。因地处交通要道，故其石牌坊的跨度、体量较大，坊下可行车马，俗称“跨街楼”。如浚县“恩荣”坊、新乡“七世同居”坊、息县“黄家栋”石牌坊、新郑诸多的“高拱”石牌坊等。二是位于历史人物活动纪念地之前，为纪念性石牌坊，常地处建筑前，作为纪念地建筑群的序幕。如南阳武侯祠前“汉昭烈皇帝三顾处”石牌坊和祠内“三代遗才”石牌坊，汤阴羑里城前的“演易坊”，登封少林寺达摩洞前“默玄处”石牌坊等。三是位于商行会馆建筑群内的石牌坊，一般地处主体建筑之前，体量较小，作为建筑序列高潮的前奏并起烘托、丰富主体建筑之作用。如社旗山陕会馆内的三座石牌坊。四是位于祠庙前及祠庙内中轴线上的石牌坊，其地处祠庙前部，作为建筑群之序幕，起导引作用，也烘托门前之气氛。如洛阳关林前东西两石牌坊、新乡潞王坟“潞藩佳城”石牌坊、巩义焦家祠堂的魏氏节孝坊和全省各地的节孝坊等。其中地处祠庙内某进建筑之门庭，石牌坊左右侧还连以院墙，如新乡潞王坟内两石牌坊，甚至还存有带门轴卯孔的连楹及门枕石、海窝等装修痕迹，为名副其实之门庭建筑，它们在使用功能上还保留中国宋代以前里坊制坊门之遗风。而南阳武侯祠“三代遗才”坊和郏县三苏坟内石牌坊，则作为祠庙内中轴线上分割空间层次的一种手段，具导引和丰高视觉空间层次和活跃建筑气氛的作用。五是位于文庙之前的石牌坊，属于儒学类的门庭式建筑。如新蔡文庙前所立的三间六柱柱出头式石牌坊，就是其中的一例。六是位于寺院建筑群之前的石牌坊，属于佛教类的导引性建筑，兼有烘托山门的作用。如登封少林寺山门前双石牌坊及淅川香严寺前“敕赐显通禅寺”石牌坊等。前述登封少林寺达摩洞前石牌坊，兼可归入此类。七是位于墓冢之前者，为标志坊，兼具歌功颂德之功用。其造型凝重古朴，可增添墓地庄严肃穆之气氛。如新乡潞王坟墓前石牌坊、卫辉比干庙“殷太师墓”石牌坊、巩义“明敕赠文林郎春亭赵公之茔”石牌坊、洛阳关林“汉寿亭侯墓”石牌坊及“中央宛在”石牌坊等。八是位于苑囿之中，为园林建筑之一种。如卫辉望京楼如意坊，这些石牌坊一方面以景点面貌出现，起到点缀景观的作用；另一方面，又具得景之妙用，由柱身、横枋构成的方形空间恰起到框景的作用。同时，各园林建筑之间巧妙的因借关系产生的变幻多彩的视觉效果，使得石牌坊这一建筑类型在园林建筑中之作用愈见彰显。

参考文献

［1］ 宿白：《隋唐长安城和洛阳城》，《考古》1978年6期。

［2］《唐会要》卷八六《街巷》。

［3］ 张家泰：《大金承安重修中岳庙图碑试析》，《中原文物》1983年1期。

［4］ 杨焕成：《河南古建筑概述》，《中原文物》1989年3期。

［5］ 杨焕成：《济源古建筑调查记》，《中州建设》1984年4期。

［6］ 杨宝顺等：《新乡明潞简王墓调查简报》，《河南文博通讯》1978年3期。

［7］ 陈爱兰等：《河南文物》，文心出版社，2008年。

Investigation and Research on Ancient Memorial Archway Architecture in Henan

ZHEN Xuejun

(Henan Provincial Architectural Heritage Protection and Research Institute, Zhengzhou, 450002)

Abstract: Stone memorial archway is a unique architectural type in ancient Chinese architecture. According to the research, it should be traced back to the gate of ancient *Fang*, which plays the same role as wooden tablet building. In the Song Dynasty, commerce flourished, and the closed district named *Li* and *Fang* was transformed into a convenient street market, with the gate only serving as a signpost. During the Ming and Qing Dynasties, stone memorial archways increased in number and became necessary before markets, businesses, religions, gardens and parks, mausoleums and memorial sites. Limited by materials, stone archway is not as exquisite as wooden archway, but because of its great self-weight and not restricted by external force, it has its own advantages in structural treatment. In a sense, stone archways in Ming and Qing Dynasties represent the highest level of stone architecture at that time.

Key words: Henan, stone archway, artistic structure

文物建筑保护

关于新时期文化遗产保护利用工作的思考

郭水涛

（河南省文物建筑保护研究院，郑州，450002）

摘　要：近年来，从中央到地方都越来越重视文化遗产在建设中国特色社会主义、实现民族复兴中的重大作用。习近平总书记的重要文章《建设中国特色中国风格中国气派的考古学，更好认识源远流长博大精深的中华文明》明确指出“要搞好历史文化遗产保护工作”。文化遗产的保护利用是坚定文化自信的重要手段。2021 年是“十四五”开局之年，本文结合河南省文化遗产保护利用现状和近期热点，从 5 个方面阐述新时期文化遗产保护利用的着力点，希望对提升文化遗产保护利用起到积极作用。

关键词：文化遗产；保护利用；新时期

党的十八大以来，以习近平同志为核心的党中央，高度重视文化遗产的历史意义与作用，将其作为新时期治国理政新理念、新思想、新战略的组成部分。在习近平新时代中国特色社会主义思想中，关于文化遗产的思想理论占有重要位置。2020 年，习近平总书记的重要文章《建设中国特色中国风格中国气派的考古学，更好认识源远流长博大精深的中华文明》明确指出“要搞好历史文化遗产保护工作。考古遗迹和历史文物是历史的见证，必须保护好、利用好”。今年是“十四五”开局之年，如何在新时期做好文化遗产的保护利用是每一位文博人应当思考的。

河南是中华民族和华夏文明的重要发祥地，历史底蕴深厚，文化遗产丰富。全省现有世界文化遗产 5 处（洛阳龙门石窟、安阳殷墟、登封“天地之中”历史建筑群、中国大运河河南段、丝绸之路河南段）、全国重点文物保护单位 419 处（前八批）、省级文物保护单位 1155 处，中国八大古都河南有郑州、开封、洛阳、安阳 4 个。一部河南史，半部中国史，河南以其丰富的文物古迹被誉为露天的“中国历史博物馆”。过去几十年，在几代文博人的坚持和不懈努力下，河南的文化遗产保护利用工作取得了辉煌的成绩。在保护层面，积极实施文物保护工程，改善了大批文物保护单位的保存状况，以古遗址的保护为例，近年来大力推进大遗址保护和国家考古遗址公园建设工作，2018 年挂牌数、立项数均居国家首位；利用层面，推进展示利用、文旅融合，2019 年我省接待游客游近 10 亿人次，旅游收入 7700 多亿元，文化遗产作为我省景区的主要组成部分，对经济发展贡献巨大。在新的时期，我们在巩固过往成绩的同时，更应注意新形式和新情况。

从发展机遇看，在国家层面，党中央、国务院高度重视文化遗产的保护利用，围绕文化遗产工作体制改革和产业发展出台了一系列政策措施，我国文化遗产工作迎来历史上最好的发展时期。

党的十九大报告指出，“文化是一个国家、一个民族的灵魂。文化兴国运兴，文化强民族强。没有高度的文化自信，没有文化的繁荣兴盛，就没有中华民族伟大复兴。要坚持中国特色社会主义文化发展道路，激发全民族文化创新创造活力，建设社会主义文化强国。”我国已是世界第二大经济体，在经济文化一体化已成为当今世界发展趋势的当下，文化越来越成为民族凝力和创造力的重要源泉，成为国家发展和民族振兴的支撑力量，成为国家软实力和综合国力竞争的重要因素，成为衡量社会文明程度和人民生活质量的显著标志。就省级层面来看，我省已成为经济大省，GDP 长期位于全国前五，省委、省政府把文化强省建设作为河南发展的重大战略，制定出台了一系列支持政策。作为中华文明发源地，文化自信看河南，黄河文化、中原文化必当扛起文化强国、文化强省的大旗。文化遗产作为文化的重要载体，在新的时期其保护利用工作必将达到一个更高的水平，这也是我省贯彻落实党中央精神，实现中原崛起、提升河南影响力的重要抓手。

从发展前景上看，我省在文化遗产的保护利用工作上仍有较大提升空间，前景广阔。保护层面，过去我们侧重古建筑、古遗址的保护，对其他类别文化遗产关注不足，一些非重点和偏远地区的文化遗产保护状况不容乐观，以石窟寺为例，我省注重龙门石窟等重点石窟寺的保护研究，但抓大放小问题较为突出，许多小型石窟寺保护研究水平低下，有的石窟寺保存状况堪忧；文化遗产的利用方面，我们与兄弟省份仍有一定差距。以文化遗产旅游业为例，2019 年同为以文化遗产景区为主的城市，洛阳旅游收入 1321.02 亿元，西安 3146.05 亿元，而开封宋城和杭州宋城的差异也有目共睹，这背后折射的不仅是经济水平发展的差异，也是对文化遗产开发利用的资本投入、科技投入、人才储备方面的差异。同时我们也应看到，随着国民经济持续快速增长，群众生活水平不断提高，我国将进入消费结构提升、文化活跃的“体验经济”时代，大众对文化体验消费需求的井喷式爆发，迫切需要消费高品质、多样化和个性化的文化产品和服务。我省人口众多，位置便利，具有巨大的内需消费群体，为文旅发展提供了广阔市场空间。我省传统的古遗址、古建筑、石窟寺等优势文化遗产资源经过开发利用必将成为国内外游客的重要选择，有着广阔的市场潜力。

在新的时期，如何发挥河南的资源优势，进一步做好文化遗产保护利用工作，我认为可从以下几个方面着手。

一、做好文化宣传与传播

以前我们讲文化遗产，往往注重“保护与研究”，局限在文博圈子之内，对利用与展示投入不足，限制了文化遗产事业的发展。新的时期，我们要充分认识到人民群众才是文化遗产的创造主体、传承主体。坚定文化自信，加强文化遗产的保护利用，就要加强文化遗产的传播宣传，走“群众路线”，引导广大人民群众特别是青少年认识中华文明起源和发展的历史脉络，认识中华文明取得的灿烂成就。2021 年春节和元宵，河南卫视《唐宫夜宴》和《芙蓉池》节目的爆火带动河南博物院成功“出圈”，从唐俑等一个侧面展示了河南的盛唐风采；而河南博物院文创产品“考古盲盒”则紧贴青少年潮流，销售火爆，激起了广大青少年对文物和考古的浓厚兴趣。可以肯定上述现象对河南的文化遗产保护利用产生的积极影响，究其原因，无外乎把宣传中原文化、黄河文化等与群众路线结合起来，关注人民群众诉求，让文化遗产“主动”走进群众，从而对文化遗产的保护利用产生“正反馈”。我们河南不仅有雍容大气的盛唐气象，也有璀璨繁荣的宋文化，更有代表中华文明起源的夏商文化，新的时期，采用创新手段，结合实际强化宣发，将会在促进文旅融合、提高社会对文化遗产的保护意识等方面对我省文化遗产的保护利用产生积极影响。

二、加强科技联合

科学技术是第一生产力，在文化遗产的保护利用中更是如此。保护利用文化遗产，从来都不是一两个学科的范围。以我国文化遗产中的重要类别石窟寺的保护利用为例，首先石窟寺保护就是一个系统工程，涉及物理、化学、材料、地质等诸多学科，我们在应对岩体风化、渗水、结构失稳等病害的关键保护技术尚未取得突破，与石窟寺保护涉及多学科交杂有一定关系；其次从石窟寺的展示利用来说，就涉及文学、历史、艺术、宗教等诸多领域，如何向公众展示说明文化遗产的丰富内涵，在一定程度上也影响石窟寺的保护。目前我省石窟寺的保护利用存在学科联系不紧密，多学科综合型人才缺失等问题，这在其他类型文化遗产的保护利用中也或多或少存在。新的时期，全面推进科技领域跨学科互通互联，探索联合培养人才体系，将进一步强化科技在文化遗产保护利用中的支撑作用，同时也将拓宽文博行业人才进入途径，有效解决行业人才不足、科技水平不高等痛点问题。

三、加强数字化技术应用

5G 时代已然来临，数字技术的运用对文化遗产的保护利用越来越重要。在保护方面，数字化技术已从过去单一的扫描、保存数据向数字修复、智能监测、建立数字保护系统等方向转变。以石窟寺保护为例，2021 年春节晚会，漂泊海外近一个世纪的天龙山佛首在春晚舞台上首次和全国人民见面，而在 2020 年，我省龙门石窟就采用数字复原技术，将龙门西山奉先寺一件按 1∶1 比例 3D 打印的佛首安放在北壁一尊等身立佛的残像上，佛首和残像的两个断面完全吻合，开启了龙门石窟流散文物“数字回归”之路，也是国内流散石质造像文物首次实现“数字回归”。在展示利用方面，数字化技术以采集数据为基础，从声音、图像等方面展示文化遗产，是实现文化遗产“活”起来的重要方式。还以 2021 年河南春晚《唐宫夜宴》为例，节目之所以火爆，与采用虚拟增强（AR）技术，将河南博物院馆藏文物、古画结合起来，给观众营造栩栩如生、身临其境的观看体检密切相关。新的时期，文化遗产的保护利用事业也应紧抓国家 5G、物联网建设等契机，积极响应“十四五”规划中数字中国建设，在数字化修复展示、线上数字化博物馆、云展览等诸多方面全面加强数字化技术应用，将文化遗产保护好，把文化遗产“精神”的价值展示出来，使文化遗产能够体现其各方面的功能。

四、推动文化遗产与资本结合

资本是现代文化发展的血液，没有资本就推动不了文化遗产保护利用各项事业的发展。从研究、保护工程的实施到文旅融合、数字化建设、人才培养等方方面面，无一不需资本投入。长期以来受经济发展水平和人口因素制约，我省在文化遗产投入严重不足，实现由文化资源大省到文化强省跨越，尤其需要探索引进资本的途径，取人之财，为我所用，改善我省文遗产业的资本结构，使闲置的文遗资源与优质的资本相结合，形成强大的竞争力，从而进一步增强中原文化、黄河文化的影响力。推动资本进入，一是需要重新确定国有资本对文化事业、文化产业的投资范围，推动国有资本投资机制的改革和转变，探索公共财政支持公共文化服务事业发展的新型投资机制。二是需要进一步拓宽投融资渠道，降低投资准入门槛，扩大市场准入，鼓励各类社会资本对文遗产业进行投资经营。三是需要加大直接融资比例，疏通间接融资渠道，强化资本市场和银行对文遗产业发展的支持力度。四是需要鼓励国内外社会法人和各界人士捐资兴建各类非营利的公益性文化项目等。通过建立新型的投融资机制，实行投资主体多元化的投融资模式，为推动我省文化遗产的保护利用注入新的活力。

正如习近平总书记所说，历史文化遗产不仅生动述说着过去，也深刻影响着当下和未来；不仅属于我们，也属于子孙后代。保护好、传承好历史文化遗产是对历史负责、对人民负责。文化遗产的保护利用从来都是“路漫漫其修远兮”，新的时期，相信我们从上述几个方面，结合新形势、新政策，采用新技术、新手段，巩固基础，开拓进取，定能把我省文化遗产的保护利用工作带入新的台阶。

Considerations on the Protection and Utilization of Cultural Heritage in the New Period

GUO Shuitao

(Henan Provincial Architectural Heritage Protection and Research Institute, Zhengzhou, 450002)

Abstract: In recent years, all levels of society are paying more and more attention to the cultural heritage in the construction of socialism with Chinese characteristics, the realization of national rejuvenation of the important role. Present Xi Jinping's important article “Construction of Archaeology with Chinese Characteristics and Chinese Style, a Better Understanding of the Long-standing, Broad and Profound Chinese Civilization” clearly points out that “we should do a good job in the protection of historical and cultural heritage”. The protection and utilization of cultural heritage is an important means to strengthen cultural confidence. 2021 is the beginning year of the 14th Five-Year Plan. Combined with the current situation and recent hot spots of the protection and utilization of cultural heritage in Henan Province, this paper expounds the focal points of the protection and utilization of cultural heritage in the new period from five aspects, hoping to play a positive role in promoting the protection and utilization of cultural heritage.

Key words: cultural heritage, protection and utilization, new period

河南工业建筑遗产调查与保护再利用策略研究

郑东军[1]　蒋　晖[1]

（1. 郑州大学建筑学院，河南省郑州市，450000）

摘　要：工业建筑遗产是一个地区在特定时期工业发展的遗存和继承者，有着重要的历史、经济、文化等价值。本文通过对河南省内工业建筑遗产现状调研的基础上，从分布、类型、价值以及保护再利用的情况等方式进行分析和举例，结合案例和梯度保护措施，提出河南工业建筑遗产保护与再利用的相关策略，以期为河南工业建筑遗产的保护和再利用实践有所参考。

关键词：河南工业建筑遗产；工业遗产保护；梯度保护；保护与再利用策略

河南是文物大省，工业建筑遗产是重要的组成。随着城市化的迅猛发展和产业结构调整，不少老企业面临关、停、并、转，河南省内工业建筑遗产保护和再利用的问题已日益受到关注，出现了不少保护和再利用的相关实践案例，但就河南工业遗产的现存数量而言，仍有大量工作要做。目前已开展的相关研究工作，多是针对郑州市、洛阳市、焦作市、平顶山市等中华人民共和国成立时期的新兴工业城市的研究，缺少对河南省内工业建筑遗产的宏观梳理。同时，也缺乏针对河南工业建筑遗产的现状分布和类型特征，进行整体的、系统化调研、定性、定量的评价。这正是本文作为宏观的基础性研究工作的出发点和目的。

一、河南工业发展沿革

河南省工业的发展大致可分为以下四个阶段：

（一）传统社会手工业的存续

河南省的工业起源于农村中的手工业和副业，主要以轻工业为主，包括手工刺绣作坊、烟丝作坊、制鞋、制帽作坊等。河南省内最早的制烟丝作坊是清乾隆十年（1746 年）福建烟商林清泰在开封北书店街创办的“林清泰烟店”。鸦片战争前，河南省内以自然经济为主体，自种、自纺、自织的家庭手工业是最普遍的工业形式。由坚固的自然经济与薄弱的商品经济所造就的工业及商品意识薄弱，导致了这一时期的河南在全国范围内的经济发展处于落后地位。

（二）近代工业的萌芽

19 世纪下半期，中国外患严重，外国列强发动的一系列侵华战争使中国经济结构开始逐步分解，这一分解在空间分布上呈不均衡的状态。在铁路开通前，受西方近代工业影响较多的集中在各通商口岸地区，以江南、沿海地带为主。这一时期的河南始终处于军事、经济旋涡的边缘，并没有受到直接冲击，保持着自然经济结构。

在洋务运动进入尾声的1899年，河南省内出现了第一家近代企业——河南机器局，是河南第一家军器制造厂。19世纪末至20世纪初，河南省内相继修建京广、道清、陇海三条铁路，缩短了河南同沿海、沿江各口岸间的距离，打破河南长久以来的封闭状态，将河南与外界联系起来。同时，沿海地带已初步发展起来的近代工业也随之进入河南，使河南在近代中国具有了新的重要意义。

（三）民族工业的繁荣

铁路的开通不仅将近代工业引入河南，同时西方列强也将掠夺的手伸向了河南。当英福公司在河南大肆扩大矿区范围时，引起了众多爱国人士的反对，刺激了民族工业的产生。为抵抗英福公司，河南相继出现了凭心煤矿、商办豫泰煤矿、明德煤矿等众多民族工业。

在轻工业方面，为抵御西方资本主义在河南倾销的烟草及纺织物，相继创办了多家民族工业。如纺织业方面的成兴纱厂、广益纱厂、华新纱厂等；烟草业的华城卷烟厂、聚丰烟厂、大同烟厂等；食品业的芳林酒精厂、大新面粉公司等。

同时，这一时期河南在军工方面也有所建树，成立了全国四大兵工厂之一的巩义兵工厂。成为当时同沈阳兵工厂、上海兵工厂、汉阳兵工厂并列的全国四大兵工厂之一。巩县兵工厂无论在规模和经济实力上，还是在技术基础上，都在河南近代工业企业中首屈一指，现有遗存和建筑为省文物保护单位（表一）。

表一　1949年前河南省工业总产值及构成[①]

产业	产值（万元）	占工业总产值比重（%）
食品工业	5968	26.1
机械工业	3249	14.2
纺织工业	2625	11.5
建材工业	2112	9.2
森林工业	1202	5.3
煤炭工业	947	4.1
化学工业	45	0.2
造纸工业	52	0.2
电力工业	24	0.1
冶金工业	4	0.02
其他	6666	29.1

资料来源：郭予庆、杨松林、冯宛平、韩建青：《河南经济发展史》，1988年

（四）新中国成立后的工业发展

“五年计划”是河南省工业发展的黄金时期，作为全国“一五”“二五”时期仅有的省内拥有超过10个工业项目的省份之一，其中有7项坐落在洛阳市，包括第一拖拉机制造厂、洛阳轴承厂、

① 郭予庆、杨松林、冯宛平、韩建青：《河南经济发展史》，河南人民出版社，1988年。

洛阳矿山机器厂、洛阳铜加工厂等，以及开封市的机械厂、化肥厂、火电厂，平顶山市的二矿、三矿等矿区。确立了洛阳市、平顶山市、焦作市、信阳市、开封市、南阳市巩义市和郑州市等新兴工业城市。同时，河南作为小三线建设地区，从豫西南的伏牛山到豫西北的太行山，形成了以“531”为代表的县级河南特色的三线工业遗产。

二、河南工业建筑遗产分布与特征

工业遗产的概念是本课题对研究对象的从属性和区位的一种界定，其定义可基于《下塔吉尔宪章》[①]中对于工业遗产的定义来确定：具有历史学、社会学、建筑学和科技、审美价值的工业文化遗存。

通过现场调研和查阅文献的工作开展，我们将 2019 年 6 月至 2020 年 10 月第一批调查的河南工业遗产大致分为 7 类如表中所示（表二）。

表二　河南工业分类[②]

冶金工业	煤炭工业	机械制造	食品工业	纺织工业	日化工业	电力工业	合计
118	102	98	78	126	70	40	632

从表中可以看出，纺织业、冶金业和煤炭业在河南工业中所占比例最重，这与河南悠久的手工业历史和丰富的自然资源有着重要的关系。

（1）纺织业与煤炭业在近代工业出现前已在河南省内拥有悠久的历史，省内多处设有手工煤厂与纺织作坊。在传统工业与手工业在现代工业产生后逐步转换为半自动、全自动机器生产工厂，代替了原有的手工业制造，既提升了生产效率，同时保证了生产质量。原有县、村内较多的手工作坊等也合并为小的生产车间。后经道清、京汉、陇海铁路的相继建成，更加促进了河南省内工业的发展。

（2）拥有悠久冶金、烧窑以及农耕历史的河南，在机械制造业、食品业和日化业方面不仅满足省内生产、生活的需要，同时通过铁路、陆路等交通方式，满足国内其他地区的生产、生活所需。

（3）拥有丰富矿产资源与有色金属资源的自然优势也是带动河南工业发展的因素之一。鸦片战争后西方侵略者将矿产开进河南，也将大规模的机械生产带进了河南，加速了河南工业发展的进程。中华人民共和国成立后为满足生产需要，省内多个城市成为新兴工业城市，是国家“一五”“二五”重点规划的工业城市。

三、河南工业遗产的评价体系

工业建筑遗产的价值判断是保护与再利用的基础工作，但价值的评判标准并不是一成不变的。

① 季宏：《近代工业遗产的完整性探析——从〈下塔吉尔宪章〉与〈都柏林原则〉谈起》,《新建筑》2019 年 1 期，第 92～95 页。

② 郑东军、蒋晖：《河南县级工业遗产现状调研与再利用对策研究》//中冶建筑研究总院有限公司：《2020 年工业建筑学术交流会论文集（中册）》，工业建筑杂志社，2020 年。

根据之前众多学者对不同地区的工业遗产价值构成体系的分析，基于《下塔吉尔宪章》与《无锡建议》，我们将河南工业遗产的价值评价体系分为工业遗产价值评价与保护再利用价值评价两个方面进行延伸（图一）。

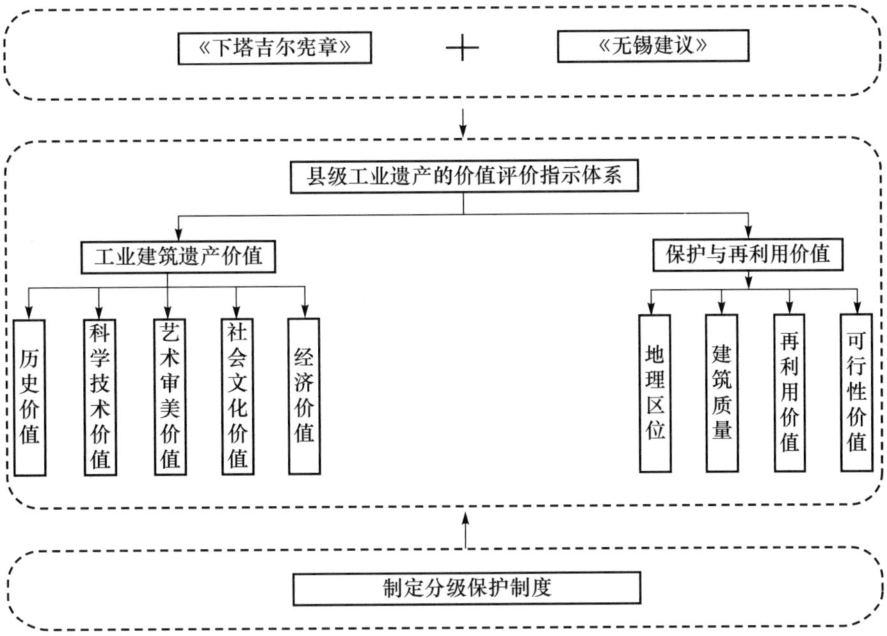

图一 工业遗产评价体系（作者自绘）

（一）工业建筑遗产价值评价

在工业建筑遗产价值评价方面，主要分为以下 5 个方面：

（1）历史价值：即建设年代，建设时间越久远则历史价值更高，其可反映当时的社会生产水平，记录该地区的发展历程；或在历史上发挥了重要作用，与某位重要的历史人物有所关联。

（2）科学技术价值：即生产工艺或生产流程是否具有先进性或独特性，可作为该区域在某一时期的开创性生产，或特殊性地位。

（3）艺术审美价值：即工业建筑遗产或厂区内的构筑物、设备设施等具有独特的形式、体量，能够反映某一历史时期的建筑风格、特征或流派，能够体现工业建筑美学。

（4）社会文化价值：即企业文化，能够反映时代特征，见证当时的社会情感与生产生活等，记录了几代人的青葱岁月。

（5）经济价值：即工业建筑遗产保存相对完好，结构与空间的可利用性较高，若对其进行再利用保护与改造，可在其内部进行灵活的划分，避免资源的浪费。

（二）保护与再利用价值评价

在保护与再利用的价值评价方面，主要分为以下 4 个方面：

（1）所在区位：工业遗产所在区位及周边环境，对于工业遗产改造再利用的难易程度有一定的影响。所在区位越好，则工业遗产的再利用效果则越好，反之亦然。其对整个片区的影响效果亦是如此。同时，工业遗产所处位置的可达性，也是影响其保护与再利用效果的重要因素之一。

（2）建筑质量：工业建筑在生产的过程中会受到不同程度的损伤，加之其建设时间久远、年久失修等因素，工业建筑的完好程度与结构安全性等问题也是影响其再利用的重要条件。

（3）再利用价值：部分工业遗产因其独特的建筑体量或构造形式，不具备一定的再利用价值，这种情况下，则应对其进行部分保留。对于厂区内的景观，针对保存效果较好，能够反映当时厂区规划设计的，具有很好再利用价值的进行保留。

（4）可行性价值：主要指是工业建筑遗产的维护可行性价值。

对每一项价值评价赋予不同的分值比重，可对工业遗产进行定性及定量的分析评价。

（三）梯度保护的策略分析

通过对河南工业遗产的调查梳理，选取省、市各级文物保护单位，和入选中国工业遗产保护名录中的工业遗产，以及已经进行改造再利用或继续保护的工业遗存进行价值平分，根据评分结果，对工业遗产进行等级划分。并依据《中华人民共和国文物保护法》《中华人民共和国文物保护实施条例》《关于加强对城市优秀近现代建筑规划保护工作的指导意见》的保护要求，针对不同等级的工业遗产进行分梯度的保护再利用措施。

通过调查分析，可将河南工业遗产的保护梯度划分为4级，分别为文物保护类、保护利用类、更新改造类和工业遗存类，并根据不同等级采取不同程度的保护与再利用措施。

（1）遗产价值评分在70～100分之间或已入选保护名录的工业遗产——文物保护类。该类遗产需按照文物保护的要求进行保护，保存建筑的完整性和原真性，保留文物的历史风貌，展现其生产过程中的物质与非物质文化遗产。

（2）遗产价值评分在50～70分之间且具有一定的历史价值的工业遗产——保护利用类。该类工业遗产具有一定的历史意义及地域工业特征，应尽量做到整体性保护，内部可做适应性再利用，但应尽量保存建筑的完整性与原真性。

（3）遗产价值评分为50分以下的为更新改造类。对于该类工业遗产可选取厂区内主要的工业建筑遗产或重要建筑遗存进行保护，能体现该工业的风貌特征及建筑形象。对于后期建设或不具有保留意义的构件进行拆除。

（4）对于不具备历史价值及保护再利用价值的工业遗存，可根据县域的发展进行改造再利用，以适应场地环境及区域发展为主，实现工业厂区的利用最大化。

四、保护再利用策略研究

（一）保护再利用策略

上文所述的价值评价体系与分梯度保护的策略，将河南工业建筑遗产分为四类，其中前三类具有保护与再利用价值。对不同价值等级的工业遗产，有针对性地提出不同的保护再利用策略。

（1）文物保护类的工业建筑遗产：该类遗产具有较高的历史价值，且通常具有法定的保护身份。对于该类遗产的保护，应尽量保证其完整性与原真性，可采用原址原样复建展示、博物馆陈列展示、红色教育基地等方式作为保护再利用的手法。这种方式可以最大程度的保留原工业建筑遗产的特色，并营造出当时生产时的氛围，给游览者提供一个身临其境的感受。不仅能够了解遗产背后的历史、文化价值，还能体会其中所蕴含的非物质文化价值。

（2）保护利用类的工业建筑遗产：该类遗产具有一定的历史价值，但还会取得法定的保护身份。对于这类遗产，我们需要将厂区内的工业建筑遗产及工业构筑物遗存进行分类保护与利用。对于修建时间较早的，参与过重大生产事件或具有较高价值的工业建筑遗产进行原样保护，尽量保留其原真性。而对于修建时间较晚，历史价值相对较低的，则可进行部分保留与再利用。对该类遗产进行保护与再利用方式一般为创意产业园模式、红色旅游区改造等。

（3）更新改造类的工业建筑遗产：该类遗产一般分为两种情况。一种为遗产本身价值有限，在对其进行保护再利用时，仅需保留其主体框架与结构形式，可对内部空间及功能进行置换。另一种则为遗产本身具有较高的历史价值，但在城市更新发展的过程中导致部分遗产已消失殆尽，留下的仅为当时生产所需的部分建筑物或构筑物。对于这类遗产，则需对其进行原样复原保护，尽量保留其完整性。

（二）工业遗产中的文保单位分析

在已公示的全国重点文物保护单位名录（共八批）、中国工业遗产保护名录（共四批）、河南省文物保护单位名录（共七批）以及郑州市公布的第一批近代建筑保护名录中，共有 38 个工业遗产，其中 14 个为古代工业遗址，24 个为近代工业建筑遗产（表三）。

表三　河南近现代工业遗产分类表（具有文物保护单位）①

类别	建设时期	名称
全国重点文物保护单位	1913 年	开封兴隆庄火车站
	1914 年	洛阳西兵工营
	1929 年	信阳新县鄂豫皖边区兵工厂
	1950 年	洛阳涧西苏氏建筑群（历史街区）
	1953 年	郑州市第二砂轮厂
	1958 年	驻马店嵖岈山卫星人民公社
中国工业遗产保护名录	1898 年	京汉铁路
	1902 年	英福煤矿公司（河南省文保单位）
	1903 年	郑州黄河铁路桥（省、市优秀近代建筑）
	1921 年	陇秦豫海铁路（陇海铁路）
	1921 年	卫辉华新纱厂
	1922 年	巩县孝义兵工厂（河南省文保单位）
	1927 年	英美烟公司许昌分公司
	1955 年	洛阳第一拖拉机制造厂
	1957 年	三门峡水利枢纽
	1958 年	洛阳耐火材料厂
	20 世纪 50 年代	洛阳铜加工厂

① 《河南省志》，河南人民出版社，1992 年；河南多市、县、地方史志和企业志。

续表

类别	建设时期	名称
河南省文物保护单位名录	1902 年	英福煤矿公司（工业遗产保护名录）
	1903 年	黄河第一铁路桥（工业遗产保护名录、市优秀建筑）
	1913 年	开封兴隆庄火车站（全国重点文物保护单位）
	1916 年	义马豫庆煤矿公司
	1920 年	民生煤矿
	1922 年	巩县孝义兵工厂（工业遗产保护名录）
	1929 年	遂平县河南省塑料机械股份有限公司
	1929 年	信阳新县鄂豫皖边区兵工厂
	1931 年	豫鄂皖省苏维埃石印科
	1931 年	兴隆庄火车站站舍
	1953 年	郑州市第二砂轮厂（全国重点文保单位）
	1958 年	驻马店嵖岈山卫星人民公社（全国重点文物保护单位）
	1970 年	清丰火车站
郑州市优秀近代建筑保护名录	1903 年	黄河第一铁路桥（工业遗产保护名录、省文保单位）
	1954 年	郑州国营棉纺厂
	1954 年	郑州国营第三棉纺厂办公楼、大门等
	20 世纪 50 年代	郑州铁路局北院办公楼
	20 世纪 50 年代	郑州国营棉纺厂一、三、四、五、六生活区大门
	1959 年	郑纺机武装部办公楼

注：河南工业遗产中的市、县级文保单位暂未列入

五、保护再利用案例分析

在已公示的河南重要工业遗产保护名录中，有 6 个已完成保护再利用改造或正在进行保护再利用的更新设计。这类已取得法定保护身份的工业遗产属于文物保护类，此类保护再利用更新设计一般为博物馆模式、创意产业园模式以及红色教育基地等（表四）。

表四　河南工业遗产再利用统计表

保护更新模式	名称	建造时间	再利用状况
博物馆模式	巩县兵工厂：为民国时期全国四大兵工厂之一，也是省内最早引入外资兴建的大型军工生产企业。将原有招待所改造为博物馆，展示兵工厂曾经的辉煌	1922 年	

续表

保护更新模式	名称	建造时间	再利用状况
博物馆模式	洛阳第一拖拉机厂：是“一五”时期的重点项目之一。该厂区内仍在进行生产，在厂区对面建有东方红农耕博物馆，展示“洛拖”的发展历史及重要的生产设备	1955年	
红色教育模式	鄂豫皖边区兵工厂：位于信阳市新县，原址保留了当时的生产车间，并对建筑结构及内部进行原样修缮。现作为爱国主义教育示范基地	1931年	
	“531”兵工厂：河南省内重点“三线”工程之一。现作为济源市“那些年小镇”文旅项目*	20世纪70年代	
创意产业园模式	郑州第二砂轮厂：拥有亚洲最大的包豪斯建筑群，是“一五”时期的重要项目。现作为郑州二砂文化创意园再次向公众开放	1953年	
构筑物原样保存展示	郑州国营棉纺厂一、三、四、五、六生活区大门：郑州国营棉纺厂是“一五”“二五”时期的重要项目，但生产厂房在城市建设中未得到及时的保护，现仅剩厂区大门保存较为完好	20世纪50年代	

* 桂平飞、黄华：《河南济源三线工业遗产保护与再利用探研——以“531”兵工厂为例》，《中外建筑》2020年9期，第110～112页。

在具有一定历史价值却还未赋予法定保护身份的工业建筑遗产进行保护更新案例中可以发现，这类工业遗产所蕴含的历史价值并不比文物保护类遗产低，因此常用的保护更新方式也与之相类似，如创意园模式、旅游教育模式等（表五）。

表五　已完成更新设计的工业遗产

保护更新模式	名称	建造时间	更新后
创意产业园模式	郑州煤矿机械厂：“二五”时期重要项目。现改为“芝麻街双创园”重新向市民开放	20 世纪 50 年代	
	滑县西纸厂：位于安阳市滑县道口镇内。现作为“城市客厅”重新利用	20 世纪 60 年代	
旅游教育模式	焦作矿山公园：总面积 0.9 平方公里，是一座以展示煤矿开采遗迹的景观公园	19 世纪末	
	鲁山秘洞：位于平顶山鲁山县，属于“三线”建设项目之一。现作为军事项目旅游景点进行开放展示	1968 年	

六、结　　语

本文通过对河南工业建筑遗产进行现状调研，挖掘其背后的文物价值与使用价值，将调研结果与价值评价体系相结合，根据其价值及定位提出分梯度保护的方式及策略，避免有价值的工业遗产在城市建设的进程中遭到破坏，造成文化与历史信息的丢失，也避免“一刀切”的保留方式造成城市中大面积的土地浪费。

同时，分析已改造完成的项目，将其保护更新策略进行分类。这种分梯度的评估与保护，既可避免一味地大拆大建，又能体现工业遗产本身的价值特色。通过探寻河南工业建筑遗产发展的方向与方式，并在不断探索河南工业建筑遗产的共性与特性中，建立河南工业建筑遗产保护体系，是实现可持续的保护与再利用工作的有效方式。

参 考 文 献

[1] 郑东军、蒋晖：《河南县级工业遗产现状调研与再利用对策研究》//中冶建筑研究总院有限公司：《2020年工业建筑学术交流会论文集（中册）》，工业建筑杂志社，2020年。

[2] 贾超：《广州工业建筑遗产研究》，华南理工大学博士论文，2017年。

[3] 桂平飞、黄华：《河南济源三线工业遗产保护与再利用探研——以“531”兵工厂为例》，《中外建筑》2020年9期，第110～112页。

[4] 王沛雨、黄华：《从“洛铜厂”到“洛铜场”——洛阳工业遗产适应性更新探研》，《建筑与文化》2020年6期，第181～184页。

[5] 汤俊霞、郑东军：《基于空间再生产理论的工业遗产保护与再利用研究——以郑州油脂化学厂为例》，《建筑与文化》2020年11期，第143～145页。

[6] 刘伯英、李匡：《北京工业遗产评价办法初探》，《建筑学报》2008年12期，第10～13页。

[7] 郭予庆、杨松林、冯宛平、韩建青：《河南经济发展史》，河南人民出版社，1988年。

[8] 季宏：《近代工业遗产的完整性探析——从〈下塔吉尔宪章〉与〈都柏林原则〉谈起》，《新建筑》2019年1期，第92～95页。

[9]《河南省志》，河南人民出版社，1992年。

[10] 河南多市、县、地方史志和企业志。

Research on Industrial Architectural Heritage Investigation and Conservation and Reuse Strategy in Henan

ZHENG Dongjun[1], JIANG Hui[1]

(1. School of Architecture, Zhengzhou University, Zhengzhou, 450000)

Abstract: Industrial architectural heritage is the legacy and successor of industrial development in a particular period of a region, which has important historical, economic, cultural and other values. Based on the investigation of the status quo of the industrial building heritages in Henan Province, this paper analyses the distribution, type, value and protect the situation of the reuse methods, combining with the case and gradient protection measures, furthermore, puts forward relevant protection and reuse strategy of Henan industrial building heritage for future reference.

Key words: industrial architectural heritage in Henan, preservation of industrial heritage, gradient protection, conservation and reuse strategies

黔东南水上粮仓营造技艺与保护策略初探

王祖远[1] 张文硕[1]

（1. 河南工业大学建筑学院，郑州，450001；郑州大学历史学院，郑州，450001）

摘　要：本文通过对黔东南地区雷山县大塘镇新桥村水上粮仓的实地考察调研、田野测绘、当地居民口述记录与整理等工作，梳理出该区域水上粮仓的空间分布关系、建筑类型特征、构造处理方式、粮仓日常使用等问题，为今后进一步研究水上粮仓这一独特建筑类型提供基础数据资料。将水上粮仓作为建成遗产，从物质与非物质文化遗产层面，以“原真性”和“整体性”保护为原则，探讨将其作为活态遗产进行动态发展保护的机制与措施。

关键词：粮仓建筑；营造技艺；活态遗产；动态保护机制

一、水上粮仓概况

在贵州黔东南地区广泛分布有营建于水面之上的粮仓，是一种独特的民间小型粮食仓储设施。目前仍保存这一独特仓储建筑形式的区域主要为黔东南州雷山、从江、榕江等县的苗族、侗族村寨，在黔南州亦有少量分布①，据考证，这种建造于水面之上的粮仓已有六百多年的历史②。此类粮仓通常营建在水面之上，仓体上部结构为穿斗式结构③，苗家人也将水上粮仓称之为“扎刚西”，用其储存粮食、杂物等。这种小巧精妙的储粮设施成为苗族农耕文化的独特载体，将当地历史、地域、气候、自然生态等因素巧妙结合，同时也是中华农耕文明在粮仓建筑类型上的映射。这其中又以位于雷山县新桥村的水上粮仓为最为典型，始建于百年之前，以其规模之大、单体仓房数量之多、设计之巧妙为全国仅有，构成了新桥苗寨古建筑群中的独特景观，亦是苗族古老农耕稻作文化的活化石。

新桥村原名“王家寨”，为雷山县大塘镇镇政府所在地④。村寨沿山而筑，环水而居，均系超短裙苗族，服饰风格独特，建筑因地制宜，民族风情浓郁。当地以传统种植业为主，主要出产玉米、水稻、小麦、红薯、油菜、茶叶等作物。以山地、丘陵为主的新桥村，台地高差变化明显，地势陡峭，交通并不便利，为了储存一年辛苦劳作之后收获的粮食，苗族人经过多年不断的改进、完善，使具有防火灾、防鼠患、防虫蚁等多种优点的水上粮仓逐渐成型并得以传承至今。

---

① 龙玉杰：《论苗乡之水上粮仓》，《城乡建设》2010 年 5 期，第 114 页。

② 潘年津：《雷山县的水上粮仓》，《中国粮食经济》2015 年 1 期，第 64 页。

③ 穿斗式木构架沿房屋进深方向立柱，柱子直接承受来自檩的重量，柱间不施梁而用若干穿枋相联系，以挑枋承托出檐，从而形成一组组构架。参见刘敦桢：《中国古代建筑史》（第二版），中国建筑工业出版社，1984 年，第 4～6 页；《中国建筑史》编写组：《中国建筑史》（第三版），中国建筑工业出版社，1993 年，第 174 页。

④ 黔东南苗族侗族自治州人民政府：《新桥村》(EB/OL), http://www.qdn.gov.cn/dmqdn/lswh/ctcl/201605/t20160518_3116156.html, 2016-05-18/2020-11-15.

二、水上粮仓的建筑类型研究

在雷山县大塘镇新桥村的规划营建活动中，大到村落形态肌理，小到村民用料取材，呈现出与周边自然环境紧密结合、相互依存的特点，村落栖居形态分布以等高线为基础，呈现出自然灵活、层次丰富的分布状态。村寨内的吊脚楼依山而建，节约用地而且灵活多变；寨中小路蜿蜒，时而平坦，时而陡峭，与吊脚楼一起构成了鳞次栉比且错落有致的居住空间格局。民居房屋的排布体现出亲缘之间房屋的联建关系，以及利用高差形成的小块空地种植农作物等情况，这些都映射出村民日常的生活方式和苗寨质朴的文化氛围。

（一）总体布局

水上粮仓位于新桥村聚落组团中心的地势最低处，周围被各类型居住建筑所环绕（图一）。村民将辛苦劳作后收获的粮食放置在水上粮仓内存放，显示出粮食是苗家人重要的实物财产，而水上粮仓这一建筑类型也成为苗家财产保全的重要物质载体。水上粮仓占地面积约 1700 平方米，呈东西向带形布局，主入口朝东。水塘深约 30 厘米，兼作村中养鱼养鸭、消防水池之用，还可有效避免鼠患，一举多得。池塘历史久远，据村民口述，其历史比新桥村更为久远。池塘被石板小径分为大小不等的 5 个小池塘，面积分别为：1 号池塘约 517 平方米；2 号池塘约 90 平方米；3 号池塘约 280 平方米；4 号池塘约 340 平方米；5 号池塘约 160 平方米。48 座排列有序的木结构粮仓坐落于

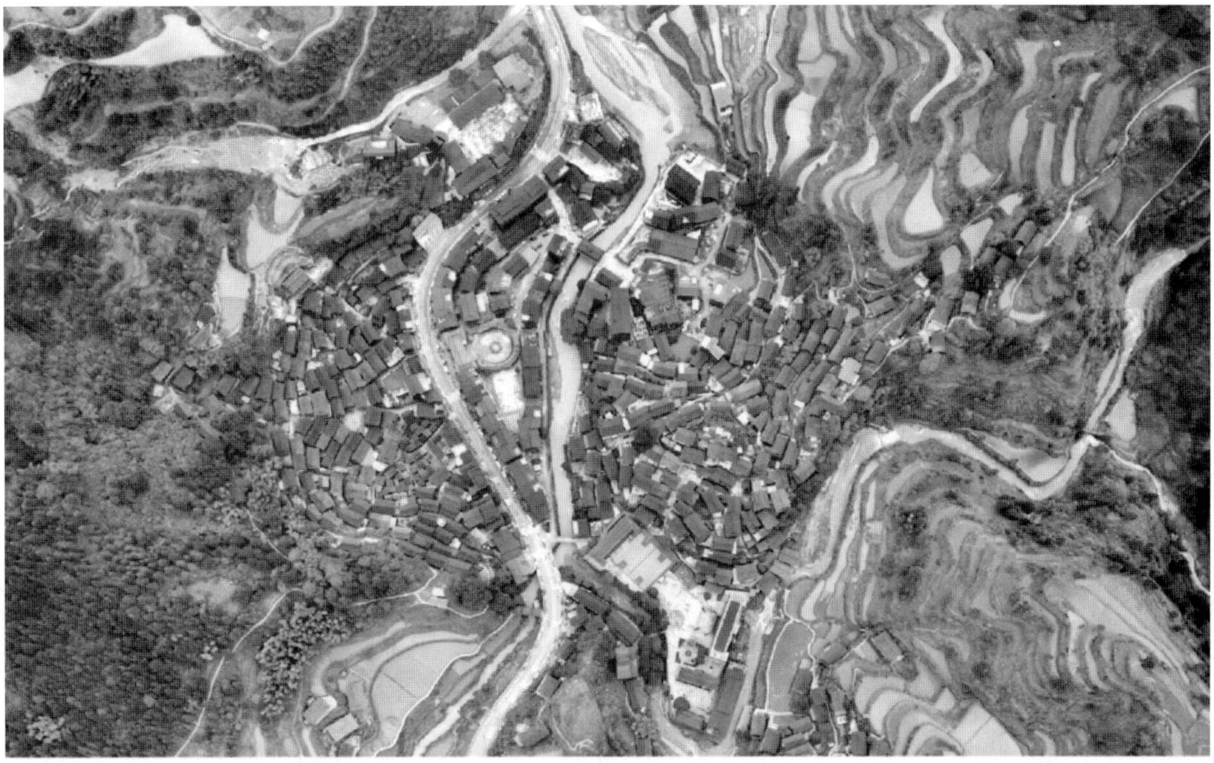

图一　新桥村整体环境卫星图

水面之上（表一），有学者将其分布关系归纳总结为“成组团分布于村寨内部”[①]。从视线分析上看，水塘内曲折蜿蜒的巷道，配合不同尺度仓体，展现出空间层次的多变与视觉体验的丰富（图二），几乎没有一条巷道可以从入口望到出口，人们的视线被起伏的地面与街巷转角所阻隔（图三）。巷道中的石板路面与木质粮仓本体在材料上形成对比，又彼此相互融合，展现出苗寨村落的古朴之气，营造出悠久静谧的生活氛围。

表一　水上粮仓空间节点分析表（来源：作者自绘）

分析内容	测绘图
村落街巷肌理	
水上粮仓分布	
水上粮仓鸟瞰图	

① 张权、钱云、周政旭：《黔东南苗族粮仓选址与营建研究》，《住区》2019 年 5 期，第 56 页。

续表

分析内容		测绘图	
		位置示意	模型照片
公共空间节点	街口	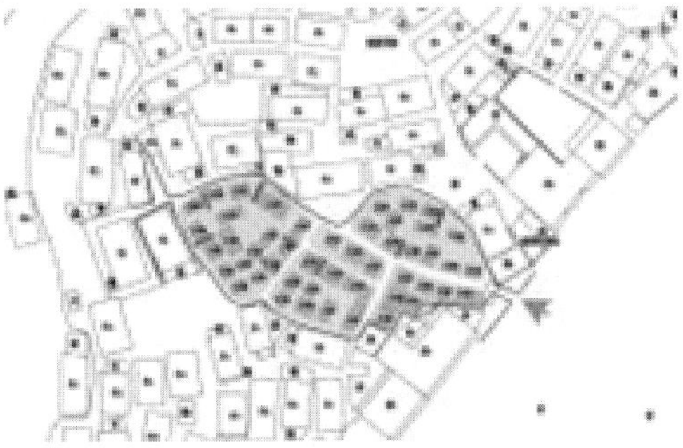	
	广场	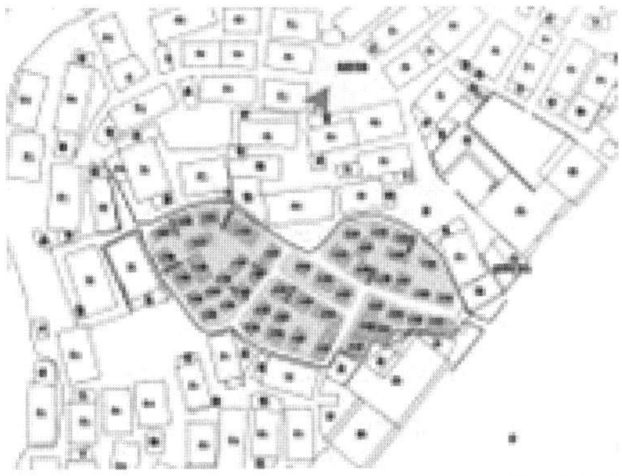	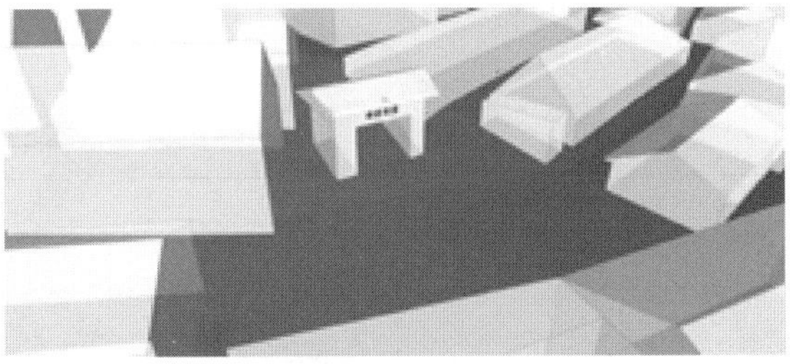
	转角处	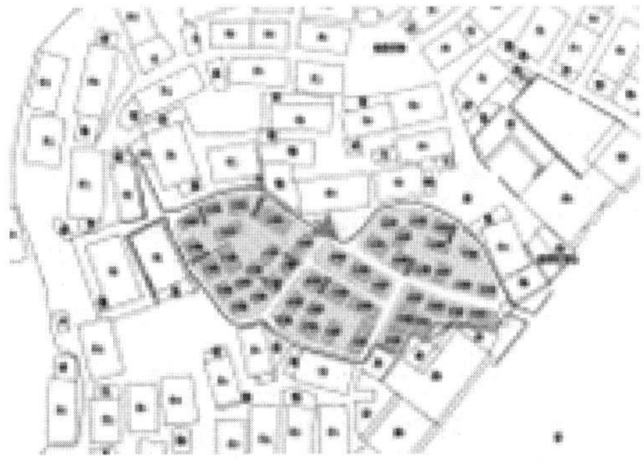	

图二　池塘中的延伸道路

图三　巷道与粮水上粮仓风貌

（二）水上粮仓的建筑类型特征

水塘之上的粮仓多为面阔二间、进深一间的格局（图四），营造材料就地取材，多采用当地所产的杉木进行建造，屋顶多采用杉木皮或小青瓦覆盖。通过对区域内仓型基本数据的测绘采集显示，单体粮仓高 3～5 米，由 4 根、6 根或 10 根直径约 30 厘米的杉木柱作支撑，粮仓底部木板距离水塘底部 1～2 米左右，设有横枋将木柱进行横纵向连接，柱下设青石作为柱础。每座粮仓地坪面积约 10～20 平方米，以实垛包装堆放方式进行储粮，可储粮 2000～5000 公斤，全部粮仓共可存粮约上百吨[①]，仓外设有可拆卸的木梯，供存取粮时人员上下之用。有些粮仓依附于周边小径可就近完成进出粮；有些则相对独立，需要依靠延伸道路通达其间。每座粮仓均由村民自建而成，归村民家庭所有，村民依据自家财力和需要进行调整，形式相近但规格尺寸又不尽相同（表二、表三）。依据水上粮仓平面与空间形态关系大致可将其分为 5 类：两开间粮仓、平台加立柱两开间粮仓、檐下加斜撑两开间粮仓、水陆结合粮仓、四开间粮仓（表四）。

表二　各单体水上粮仓尺寸统计表（来源：作者自绘）

测量尺寸示意图

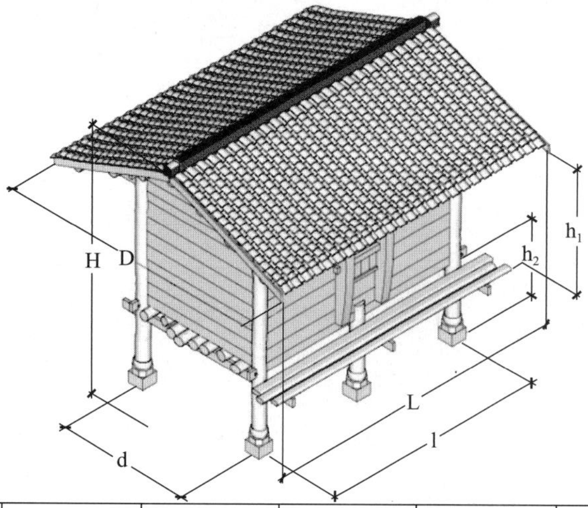

注：

面阔l

面阔+檐=L

进深d

进深+檐=D

总高度H

檐下高度h_1

架空高度h_2

分区	编号	l（mm）	L（mm）	d（mm）	D（mm）	H（mm）	h_1（mm）	h_2（mm）
1 区	1-01#	3900	5300	2000	3900	4780	2150	1780
	1-02#	3670	4500	1770	3120	4990	1920	1540
	1-03#	3800	5350	2000	3800	5040	2180	2030
	1-04#	3000	4200	1900	3660	3980	1580	1570
	1-05#	3100	4450	2400	4500	4720	1900	1520
	1-06#	3230	4910	2550	4250	4960	2150	1560
	1-07#	3075	3750	2450	4770	5075	2075	1440
	1-08#	3800	5300	3000	5000	4800	2100	1210
	1-09#	4200	5400	2700	5300	4630	1800	1260
	1-10#	3200	4900	2000	3600	5140	2520	1120

① 潘年津：《雷山县的水上粮仓》，《中国粮食经济》2015 年 1 期，第 64 页。

续表

分区	编号	l（mm）	L（mm）	d（mm）	D（mm）	H（mm）	h_1（mm）	h_2（mm）
1区	1-11#	3700	4900	2300	3700	4850	2250	1000
	1-12#	6150	8750	3800	6200	4100	1000	1350
	1-13#	2600	4050	1620	3000	4550	1800	1250
	1-14#	3020	4000	1600	3240	3600	1600	1300
	1-15#	3000	3950	1580	3260	3700	1580	1370
	1-16#	2700	3500	2400	4550	4500	2000	1450
	1-17#	2900	3600	1900	4200	3750	1700	1200
2区	2-01#	3420	4980	2375	3055	5201	2338	1848
	2-02#	4587	6007	2628	4048	5038	2280	1864
	2-03#	4259	4859	2234	4754	6386	3625	1779
3区	3-01#	7306	8106	2636	4236	4215	2120	1300
	3-02#	4015	5215	2140	3900	5052	2300	1569
	3-03#	5188	6788	2080	3953	3705	1980	1000
	3-04#	3610	5610	2030	4030	5835	2390	1620
	3-05#	3550	5050	2600	4120	4390	1900	1040
	3-06#	3040	3960	2330	4150	4250	2050	1250
	3-07#	3690	4890	1980	3980	5116	2067	2069
	3-08#	3800	5400	2617	4083	3484	1840	1704
	3-09#	2950	4650	2400	3900	4159	1906	1153
4区	4-01#	3410	4630	1950	3510	4600	2120	1670
	4-02#	3615	5015	2100	4200	4900	2100	1800
	4-03#	6600	7360	2400	4315	5015	2140	1450
	4-04#	3750	5450	2400	4350	4800	1900	2000
	4-05#	5050	8850	2390	3995	4544	2500	1600
	4-06#	4100	5380	2290	3590	5050	2370	1730
	4-07#	3300	4700	2330	3610	4241	1700	1300
	4-08#	3385	5275	2160	3865	4250	1830	1250
	4-09#	3320	4950	2330	3750	4230	2270	1300
	4-10#	3160	4380	2140	3540	4320	2170	1300
	4-11#	4370	5570	2410	4530	4460	1930	1430
	4-12#	3390	4890	2140	3480	4470	2170	1300
5区	5-01#	5580	6200	2680	4500	5120	2410	1300
	5-02#	3680	4700	2680	4530	4530	2080	1200
	5-03#	4180	5300	2620	4640	4940	2200	1180
	5-04#	4060	5160	2600	4600	4120	2200	1120
	5-05#	5050	5900	3360	4540	5510	2330	1230
	5-06#	4280	5880	2880	4080	3700	1900	1380
	5-07#	3640	4940	2680	4300	4650	2060	1440

表三　单体粮仓 5–01# 平、立、剖面图表（来源：作者自绘）

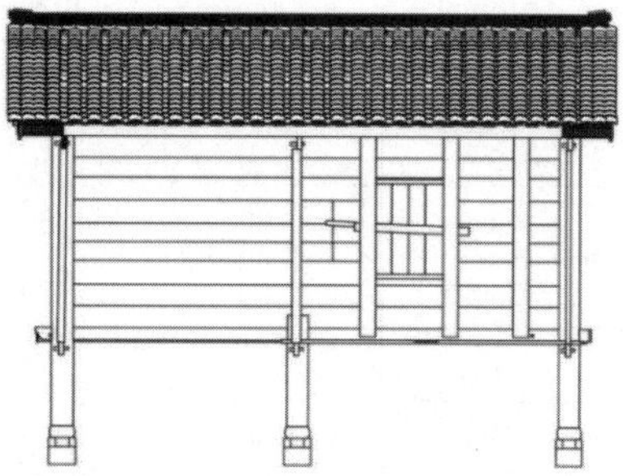	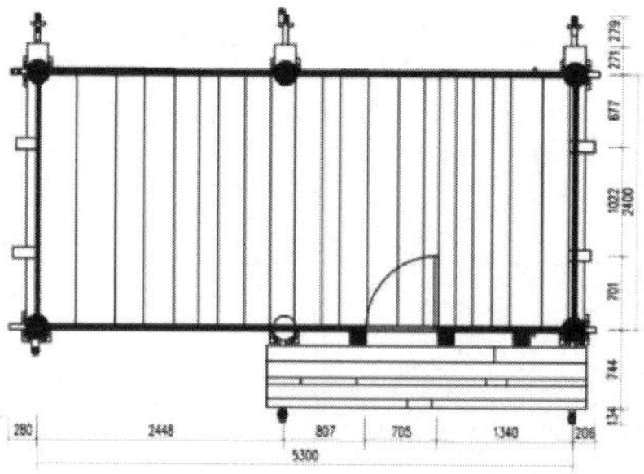	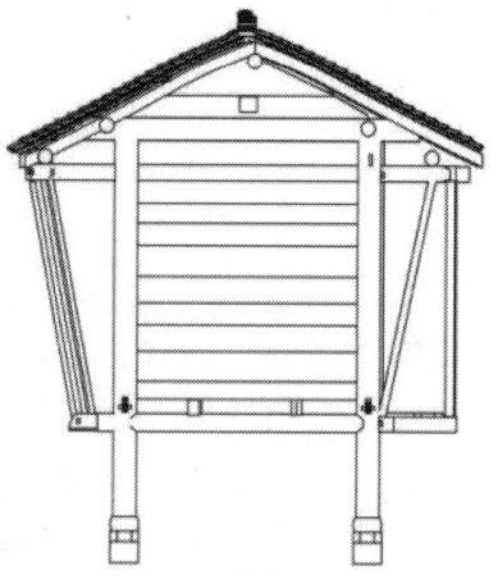
正立面图	平面图	侧立面图
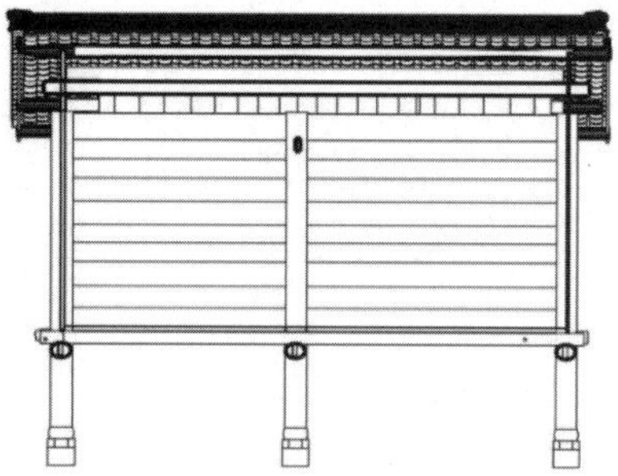	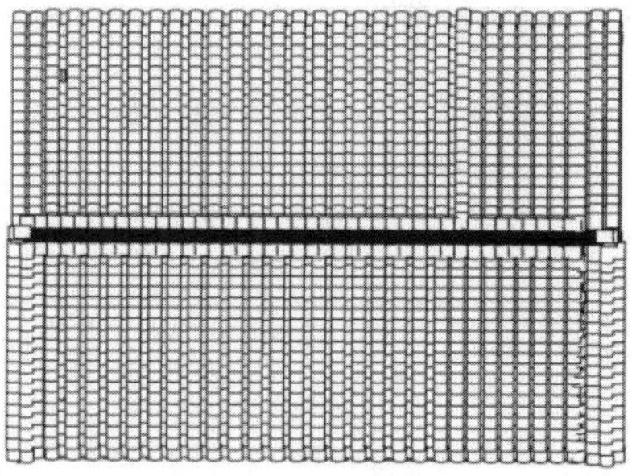	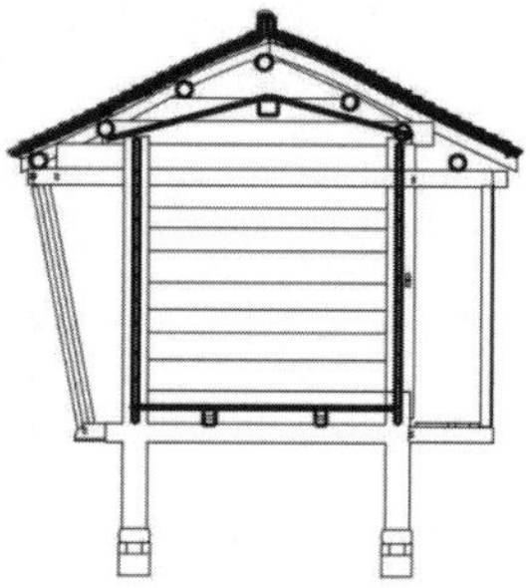
横剖面图	屋顶平面图	纵剖面图

表四　水上粮仓形制分型分类（来源：作者自绘）

分型分类	屋顶平面图	正立面图	右立面图	左立面图	平面图
两开间粮仓	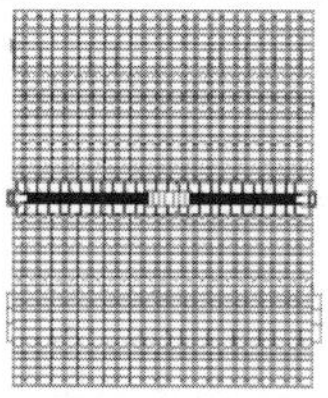	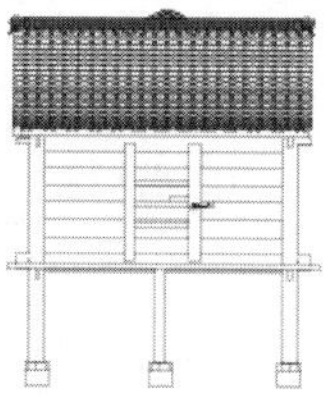		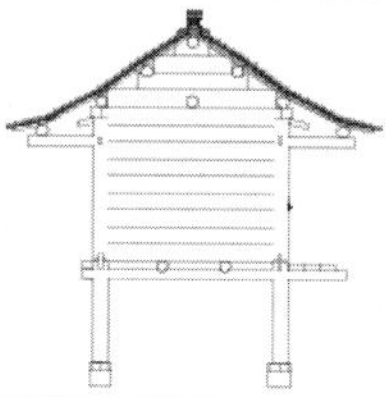	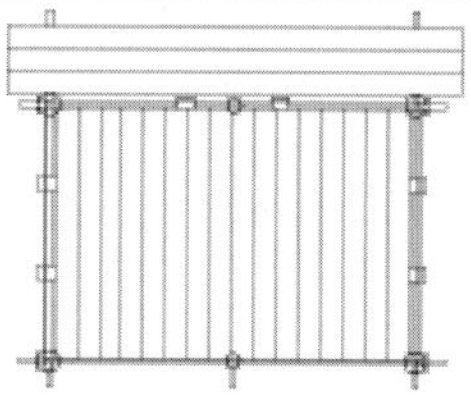
平台加立柱两开间粮仓	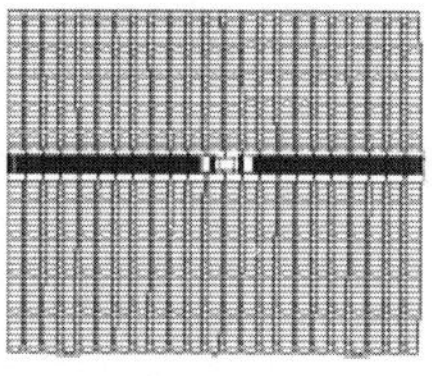	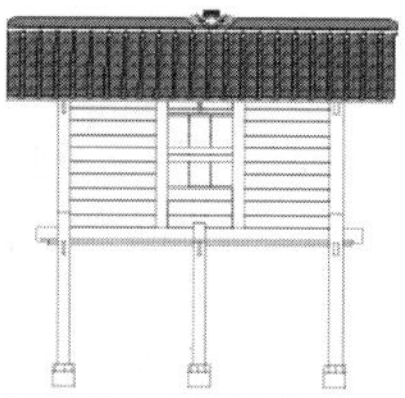	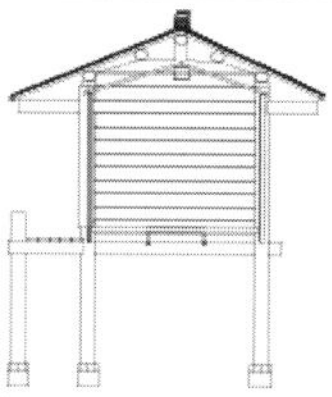	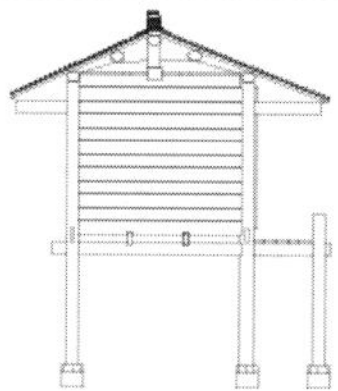	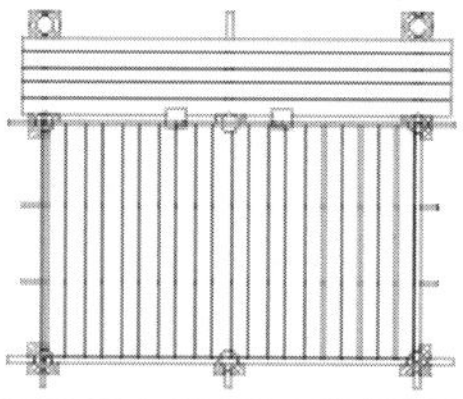
檐下加斜撑两开间粮仓	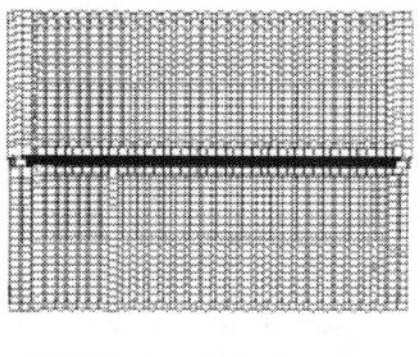	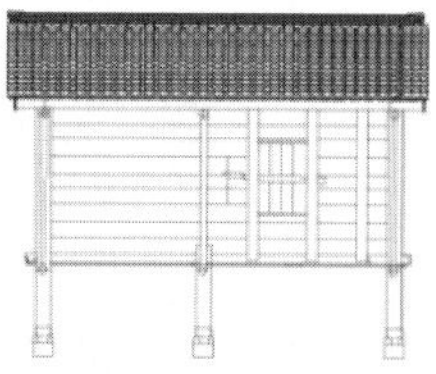	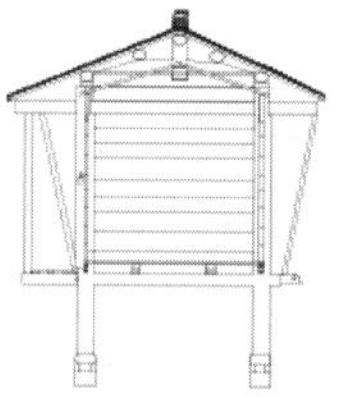	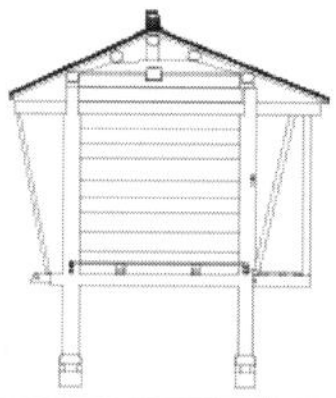	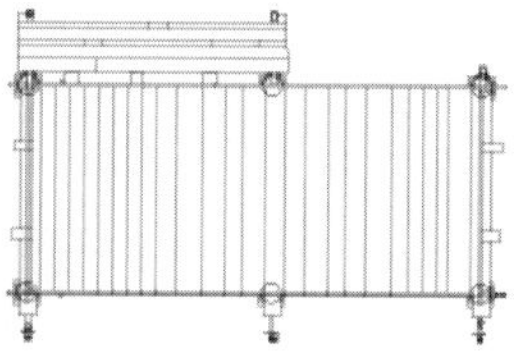
水陆结合粮仓	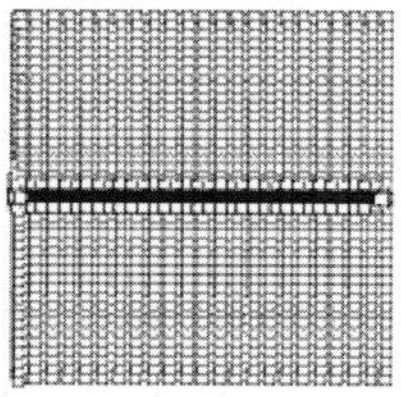	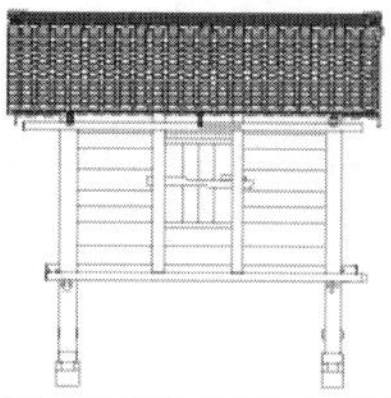	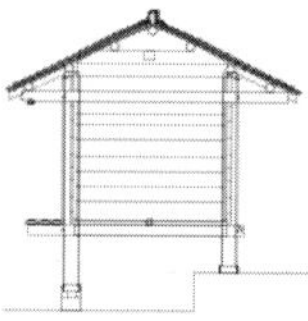	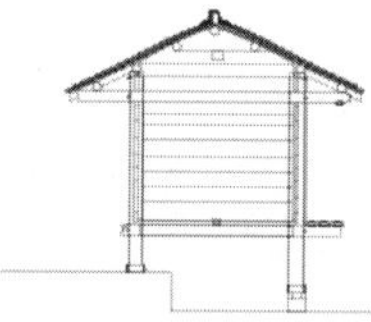	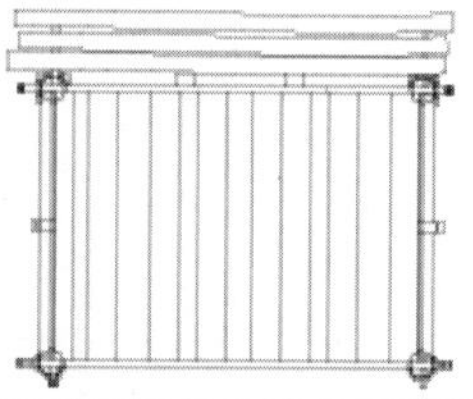

续表

分型分类	屋顶平面图	正立面图	右立面图	左立面图	平面图
四开间粮仓	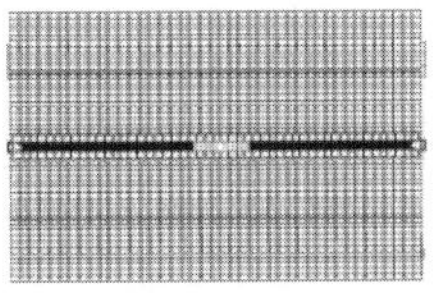	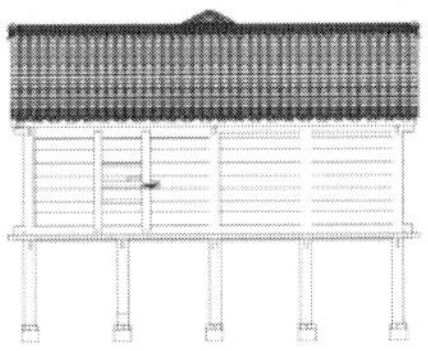		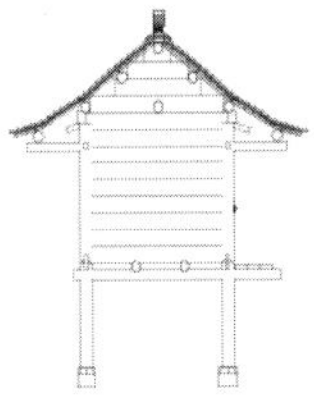	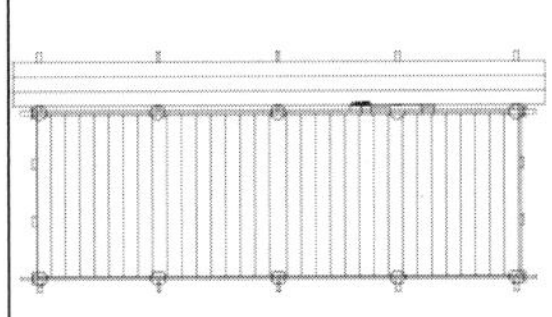

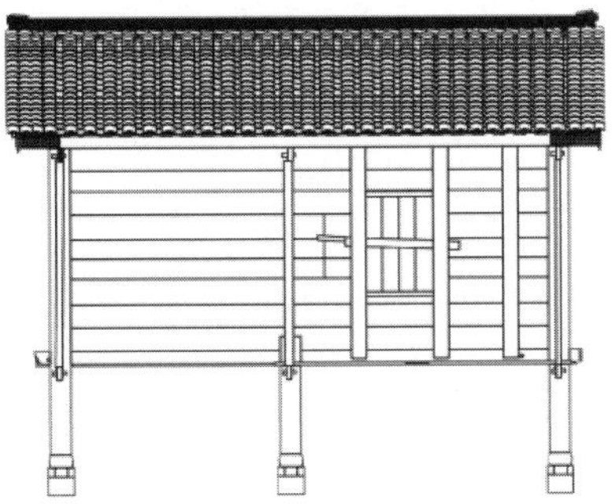

正立面图

侧立面图

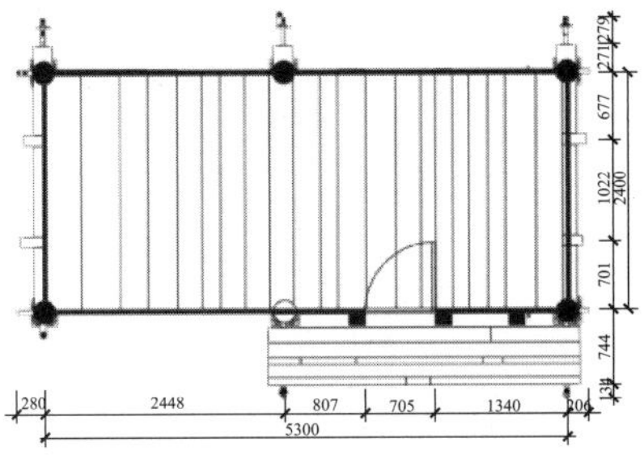

平面图

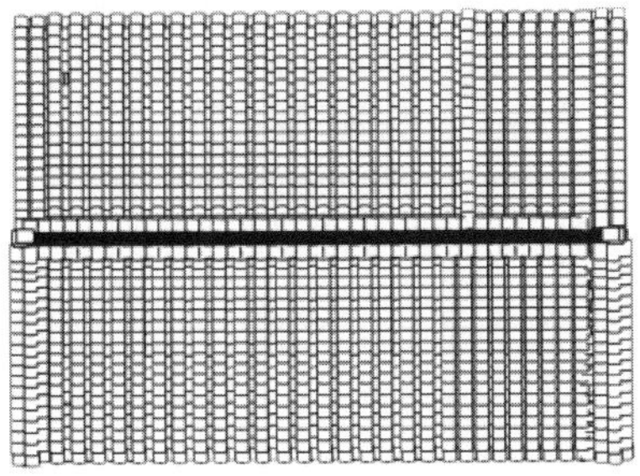

屋顶平面图

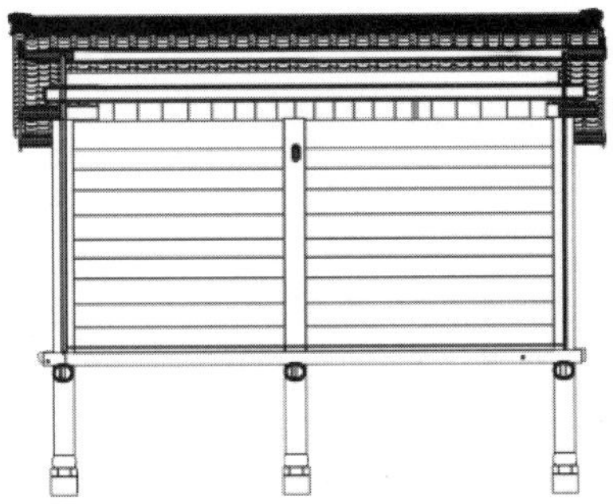

横剖面图

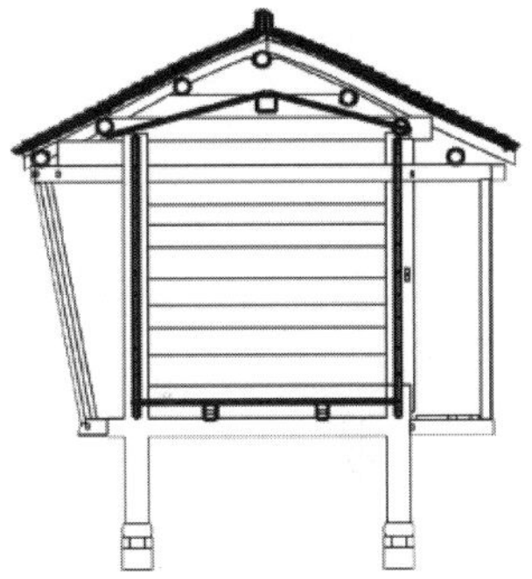

纵剖面图

图四　单体粮仓 5-01#

（三）水上粮仓的构造处理方式

水上粮仓与水塘之间的处理方式为架空结构，可归类为对干栏式建筑的继承与发展。干栏式建筑起源于中国古代“巢居”文化系统，常见于东南亚、马达加斯加、中国南方等地区①，呈现出凭空而起、上大下小、占天不占地的形式特点。水上粮仓在建造上采用榫卯结构来完成构件之间的连接（图五），基本不使用钉子，承重用的横梁直接横穿整体结构，再装以楼板和壁板，形成维护结构作为气候边界。虽然水上粮仓形式单纯、结构简单，但成熟的木架构体系与榫卯结构让其异常结实耐用。粮仓底部采用高出水塘底部约 40 厘米的青石作为柱础石，将立柱置放于石墩之上，然后用穿枋将立柱纵横连接，形成框架式穿斗结构；仓壁以多片横装杉木板上下拼接围合而成；横装板之间

① Wikipedia：《干栏式建筑》(EB/OL), https://zh.wikipedia.org/wiki/%E5%B9%B2%E6%AC%84%E5%BC%8F%E5%BB%BA%E7%AF%89

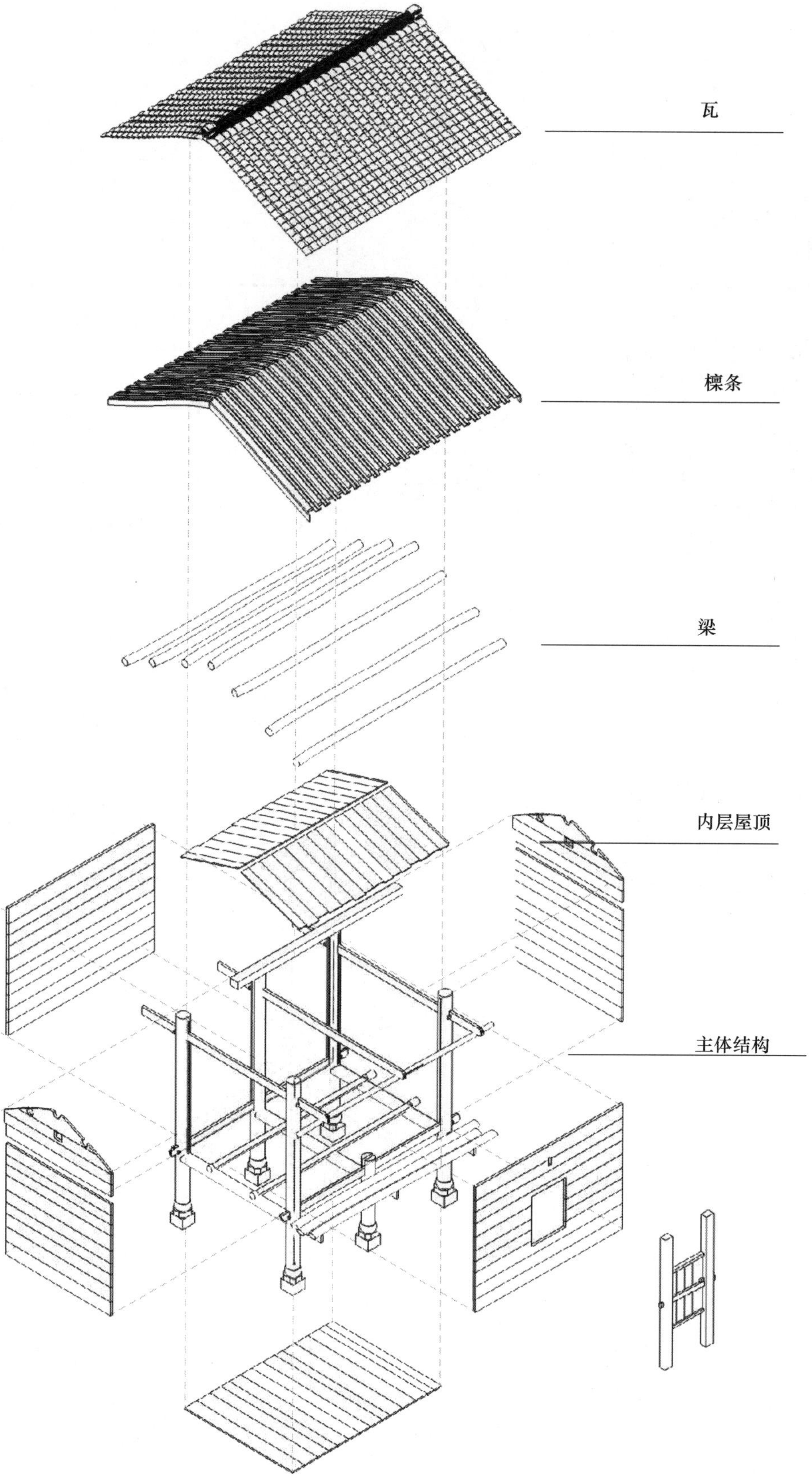

图五　水上粮仓爆炸式轴测图

不做企口，横板接触面对直刨平，使得彼此相接即可（图六）。经过这样的搭接处理后，使仓中即便有小颗粒谷物散落，也不易从板缝中溢出，同时又能保持一定的空气流通（图七）。粮仓底板位于距水面 0.7～1.7 米左右的位置，仓底部有足够的空间来保持良好的自然通风，从而带走一部分湿气。粮仓顶部做成两面坡式硬山屋顶，旧时采用杉木皮覆盖屋顶，现由于经济宽裕改而采用小青瓦盖顶。两坡面于正脊成对称分布，与水平面夹角约 30°，较大倾角的屋面，在雨季时能够及时地将雨水排泄，而不致杉木皮浸泡朽化。横穿枋在仓门檐口下方形成 1 米左右的出挑，其上铺设木板，作为存取粮食进出的平台，存取粮食时需借助木梯踏步攀爬而上，由于杉木的顺纹抗压强度较高，榫卯结构又具有较强的稳定性，因此，这些水上粮仓历经百年风雨仍牢固如初。

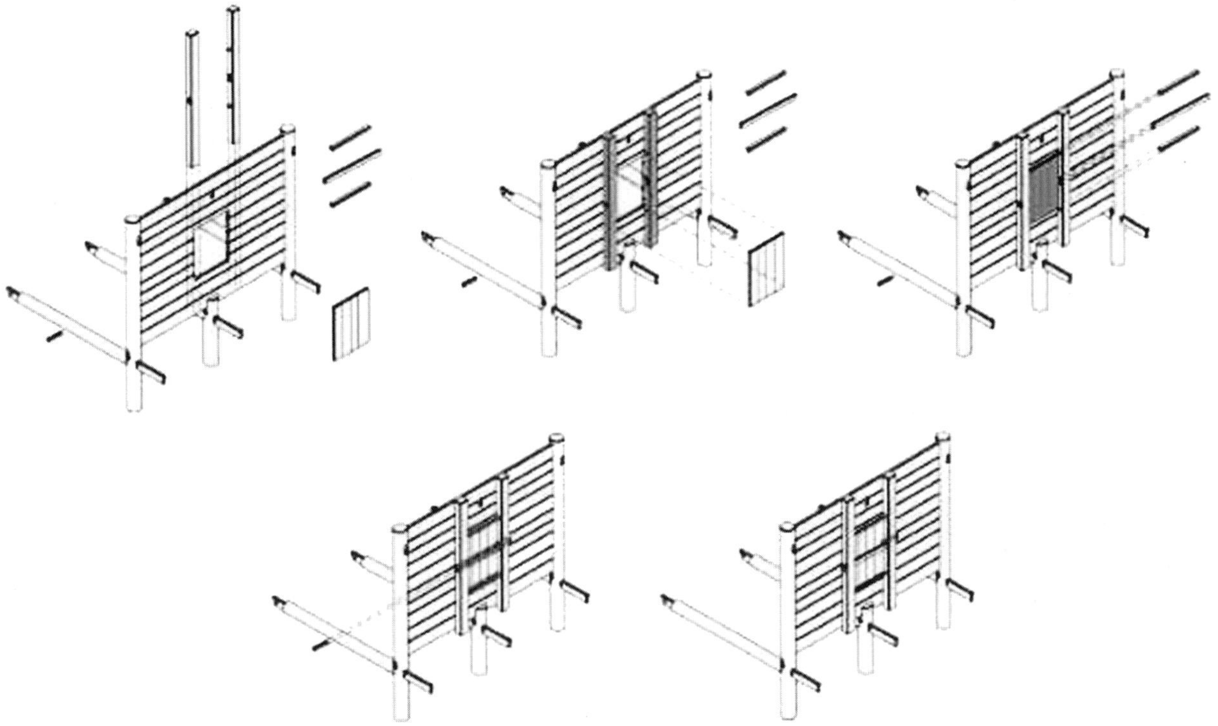

图六　单仓搭接方式分解图

水上粮仓营造过程中所使用的工具也多种多样，如锯子、刨、凿等，有十余种之多。锯子是木工最基本的工具，种类又可细分为手板锯、夹背锯、弓锯等；又如刨子，主要用于刨平、刨直、刨光、削薄木材；再如凿子，可灵活方便地进行切割、修形、开榫等工作。同时，还有量具、夹具、修面工具等，也是营造过程中不可或缺的加工工具，多种工具的联合使用，体现出苗家匠人的心灵手巧与聪明才智。

图七　仓底架空通风

三、水上粮仓的遗产价值研究

（一）村镇聚落形态与粮仓布局关系的研究

新桥村是一个四面环山的传统聚落，村镇聚落整体规模较小，密度较低，自然山水、依山而建的人工田地及房屋共同构成了该聚落的整体风貌。“粮食是一种特殊的活态物质”①,也是维系生命的特殊财富形式，而粮仓则是贮存与保全家庭与组群“粮食财富”的容器，承载并代表了生产能力与生计状况。同时，它们的建造位置和规模大小也一定程度上反映了粮仓主人的粮食生产情况与土地生产资料要素的占有情况。聚落的中心——山底的平坦低洼区是其聚集区，将其选址在这里，存在两个原因：一是在这个地势较为平坦的地方形成了天然水塘，地理条件得天独厚，水位常年变化甚少，易于粮仓的集中分布，便于居民高效有序的管理；二是选址在全村落的最低点，易于居民发现险情，如火灾、盗窃等，方便居民及时展开行动，保护自己辛苦耕作所收获的粮食。

（二）储粮功能性研究

图八　檐下挂晒玉米等作物

每年八、九月份是新桥村的收获时节，收获的粮食放置在村中统一的晒场进行晾晒，以控制贮存时粮食的含水率。少量的玉米、辣椒等作物则可直接挂晒在粮仓檐下（图八），待晒干后装袋，再码放到粮仓中。粮仓中一般是以“包粮”的形式进行存放，而较少存储散粮。至此，一套完整的收粮过程即算完成，待要食用之时，再将粮食从水上粮仓中取出。由于粮仓建在水上，与巷道边缘存在一定的距离，当地居民常用一架高 2 米、宽 40 厘米木梯，一端置于水塘之中，另一端搭接在粮仓之上，攀缘上下来存取粮食，十分便捷。水上粮仓存储粮食的优势体现在防火、防潮、防虫鼠害、防盗等方面。

1. 防火功能

苗族传统民居多为木结构，遇火后极易燃烧，加之房屋营建相对密集，如遇火情，则会迅速燃烧从而造成较大损失。依据对新桥村村民口述史的采集记录得知，历史上新桥村曾经历过 2 次较大的火灾，很多木结构房屋都未能幸免，但水上粮仓却毫发未损。一方面，粮仓四面环水，形成了对火灾天然的阻隔效果，即便燃烧至粮仓，其周边水源充足，灭火十分方便，粮仓位置低洼，火患也易于被发现；另一方面，建造水上粮仓所采用材料非常考究，苗家人选择直径约 30 厘米的大直径优质杉木作为立柱，其燃烧速度较为缓慢。

---

① 张敏、周凤英主编：《粮食储藏学》，科学出版社，2010 年，第 7 页。

2. 防潮功能

图九　水上粮仓底部支柱与水塘关系

南方地区天气常年湿热多雨，而粮仓却又建造在水塘之上（图九），苗族先民们采取了多种措施来解决粮食防潮问题。首先，以青石作为垫脚柱础石，自水塘底部而起并高出水面约10厘米左右，有效避免木柱被水浸湿而造成的腐烂；其次，水上粮仓多由当地盛产的杉木筑就，杉木耐腐防潮，是优秀的传统建筑材料，仓体山墙面上部一般不做封闭处理，而留有结构空隙以利于空气流通；最后，仓底木板与底层水面留有距离，形成架空层，利用烟囱效应形成自下而上的穿透气流，防止粮食霉变。

3. 防虫鼠害

古时环境恶劣，蚊虫泛滥，鼠害对储粮的损害由来已久，《诗经·硕鼠》中记载有“硕鼠硕鼠，无食我黍”“硕鼠硕鼠，无食我麦”“硕鼠硕鼠，无食我苗”[①]的描述。水上粮仓以水塘将仓体与陆地相隔绝，在柱子端部与仓体结合的位置设外翻结构，从而为老鼠进入仓内设置物理屏障，这样的柱头处理最早可在汉代画像砖石[②]中得以见到。水上粮仓有了水塘的阻隔，相当于在害虫的爬行路径上设置了一道屏障，可较大程度地避免虫害。同时杉木香味清新，也具有一定的驱虫功效。测绘时会经常看到水塘之中漂浮有老鼠的尸体，足见水体隔离陆地，以防鼠患的有效性。

4. 防盗功能

在古时，粮食常被视作一种实物形式的家庭财产，存粮的多少直接体现出家境富裕的程度。在生活水平较低时，饥饿是困扰人们生存的难题，粮食盗窃行为也时有发生，因此，粮仓防盗也成为了苗族匠人营建时考虑的因素之一。苗族先民将粮仓建造于村落中心地势低洼的池塘之中，便于管理。同时，在水上粮仓的仓门的设计中考虑了防盗因素，仓门由两短柱与仓门组成（图一〇），短柱选用结实的杉木制成，柱间设有榫眼，一柱为明榫，一柱为暗榫。仓门也分内外两层，内层门以多块木板上下叠合而成，外层门则是一整块木板，门板套在上下两根横枋预留的企口上，最后用特制的短木枋横穿于短柱中的榫眼里，将仓

图一〇　仓门与木梯

① 《诗经·国风·魏风·硕鼠》，中华书局，2015年，第219～220页。

② 成都曾家包画像石，参见陈显双、成都市文物管理处：《四川成都曾家包东汉画像砖石墓》，《文物》1981年10期，第27页，图五。

门压紧。在横木枋与明榫的交接之处，用梢钉挤压固定，即用木槌于榫眼处锤击梢钉，使之挤压木枋而牢固。同时，在两层仓门之间有一种当地匠人自己设计的特质“木锁”，内层仓门背后有两根因重力落下而卡住仓门的木条，开仓门时需用匠人自制的“钥匙”，从外挑起木条才能打开。由于粮仓“木锁”和“钥匙”都是当地匠人凭借经验手工制作，所以每一把“木锁”和“钥匙”都是独一无二的。正是这些充满智慧的防盗措施才使得苗家人的口粮较为完好地保存下来，以供生活所需。

（三）作为建成遗产的粮仓与当代生活

时至今日，水上粮仓仍然是新桥村民日常使用的主要储粮设施，正是由于生活的介入与可持续的使用，水上粮仓才得以为当地村民的生活继续提供存粮保障。当地居民利用水上粮仓贮存余粮以应对灾年饥馑，闲暇之余可以酿酒改善生活，有的也会做些小本生意。每逢诸如苗年、吃新节、牯藏节等苗族重大传统节日，苗家人都会在其聚落核心——“水上粮仓”上展开祭祖、庆祝丰收等活动。水上粮仓虽以储粮功能性为主导，但同时也是新桥村的标志性场所，是苗家人的精神支柱与家园图腾。水上粮仓这种民间、朴素、精巧的存粮设施，承载了苗族农耕文化的历史印迹，又巧妙地将该地域的历史、文化、自然、生态等因素有机结合，形成了黔东南一道独特的风景，也成为华夏农耕文化在中国传统建筑发展历史上的特殊体现。

四、动态保护策略

“建筑遗产不仅是人类赖以生存的居住空间，更是一个国家和民族不可移动的艺术瑰宝，是人类历代文明不可或缺的见证。”[①] 多年来因城镇化持续快速发展、自然环境、社会及人口变迁等因素的影响，我国传统建筑及古村落保护面临前所未有的严峻局面。新桥村整体村落环境作为具有一定历史文化积淀的建成遗产，在当代历史情境下的保护与更新应在尊重遗产“原真性”的基础上，以整体性动态保护的方式，尊重建筑物及其周边环境关系，使得水上粮仓成为可以持续利用的文化遗产。

（一）物质文化遗产保护

新桥村的空间聚落形态保护应遵循“整体延续”的保护原则，在现有村落空间形态与水上粮仓布局关系中，显示出人地关系融合、人与自然和谐共生的规划营造理念，保护中要做到有序传承，继续发挥其物质遗产原有的功能属性。从目前新桥村整体环境保护现状上看，吊脚楼、水塘、石板路等因持续使用并不断修缮，保存情况较好。未来村落的整体修缮保护中，要遵照原有街巷肌理和空间形态，延续传统苗族民居的建筑布局、功能分区等要素，同时进一步优化、改造、提升日常生活设施，改善苗家人日常生活起居环境质量；作为建筑遗产周边环境的各要素，应当从自身的场所精神出发，保护与延续场所地承载的历史文化脉络，这种场所精神应是对原有苗家聚落空间肌理、环境、建筑、交通等要素的回应，以及对原有空间使用功能的继承。

---

① 周坤、颜珂、王进：《场所精神重解：兼论建筑遗产的保护与再利用》，《四川师范大学学报》（社会科学版）2015年3期，第71页。

具体到水上粮仓的保护中，不能将其简单的定义为“建筑外观风貌”的保护，而应同时将仓廪内部环境、建筑结构、功能性等要素共同纳入到整体保护范畴之中；同时还要极力避免出现外部整体氛围保护较好，而对仓廪内部结构残败破损修缮不及时的情况。水上粮仓承载了苗家的日常生活，是当代村民生活的活化石，不应将村民驱逐并扰乱其原有生活，将其建设成如“水上粮仓博物馆”这样的标本来供游人参观；而应遵循“留住原住民”这一基本原则，与新桥村村民当下的日常生活相融合，使水上粮仓继续担负村民日常储粮的作用，以继续保持和延续新桥村的历史和文化。

（二）非物质文化遗产保护

新桥村拥有诸如“苗族吊脚楼建造工艺”、雷山“苗年”、“苗族芦笙舞”、“苗族医药”、“苗族招龙”、“苗族扫寨”等多种非物质文化遗产保护项目，并得到了较好的活态传承[①]。黔东南地区非物质文化遗产保护中，既要使村落中原有的山水格局得以保留，又要使村落历史人文格局得以延续。苗寨的自然生态环境承载了苗家人对自然环境的理解与认知，同时也是苗家人理解黔东南地区人地关系的物化载体。应着重强化保护建筑本体所承载的当地历史与文化印记，保留与再现原生态苗族聚落的生活场景，将水上粮仓这一物质文化遗产背后所承载的苗家日常生活，及其所传递的价值观、道德观和生活思考方式得以保存延续。

苗族传统艺术、民俗精华、水上粮仓建造技艺等凡是可以影响到建筑设计与遗产保护的村民活动，都需要保证其延续性，正是这些要素共同构成了当地社会生活的基础。水上粮仓传统营造技艺不仅是非物质文化遗产的重要组成部分，同时也是支撑建成遗产中集中体现文物本体“原真性”的重要无形要素，是支撑水上粮仓得以长久保存下去的必要条件。黔东南地区近年出现了如“无名营造”[②]这样的本土设计机构，长期持续不断地运用传统材料及木构工艺，修缮、新建当地的房屋，通过测绘记录当地百姓日常生活器具，如座椅这样的坐具，系统搜集整理黔东南地区乡土营造中的民间智慧，让传统营造技艺在新一轮的乡村建设中得以延续。

（三）保护管理机制

水上粮仓的保护需围绕其“物质”与“非物质”文化价值一并展开，在具体的保护过程中逐渐形成一套制度规范、管理科学、运行良好的继承与创新机制，以及与之相协调的管理机制。应逐步引导居民、游客意识到建筑遗产与其自身生活空间之间的关联性，形成“树立对文物利用和遗产保护的情感意识”[③]。在保护的过程中，利益相关的参与者需要达成共识，形成共同愿景，在着重维护传统村落原真性和整体性的基础上，充分考虑其遗产价值，对其空间、社会、经济等持续变化的情况做出技术规定和政策指引，同时结合考虑苗族山寨的具体实际情况，制定用于精细化管理的地方管理条例和监管措施。在水上粮仓的保护和管理中，有必要将“原真性”理解成一种建构性的标准，对于村民自建及修缮行为，在充分尊重村民权利的基础上，要从对村落整体风貌控制进行合理

① 黔东南苗族侗族自治州人民政府：《新桥村》(EB/OL), http://www.qdn.gov.cn/dmqdn/lswh/ctcl/201605/t20160518_3116156.html, 2016-05-18/2020-11-15.

② 参见陈国栋：《无名营造》(EB/OL), https://weibo.com/u/2495126981?is_all=1, 2020-10-31/2020-11.25.

③ 周坤、颜珂、王进：《场所精神重解：兼论建筑遗产的保护与再利用》，《四川师范大学学报》（社会科学版）2015 年 3 期，第 71 页。

控制与引导，确保遗产原真性的实践得以有效开展；同时也要处理好旅游商业开发与村民日常生活中的矛盾和问题。

五、结　　语

“民以食为天，食以粮为本”，做好粮食储备，确保粮食安全，是保证民众日常生活质量的基础。粮仓作为人类保存粮食的物质化载体，在中国古代社会历史发展进程中承担了重要角色。水上粮仓因其独特的储粮方式、典型的建筑特征与独一性，将当地气候条件、地理环境、风土人文等因素紧密结合，对于进一步认识黔东南地区谷物收获、晾晒及储存方式提供了宝贵的实物建筑资料；同时，其作为苗族历史发展的见证，集中体现了黔东南苗族地区物质精神生活和社会发展水平，代表了苗家文化、营造与储粮智慧，反映出苗人“顺应自然、利用自然”的建造理念和巧夺天工的营造技艺，是苗族人民智慧的结晶。

相关资料提供：贵州省黔东南雷山县文化局

测绘：河南工业大学建筑学院2014级建筑学专业全体学生

绘图：黄宜文、王广涛、谢文帅、刘天泽

摄影：王祖远、蔡雪辉

参考文献

［1］刘敦桢：《中国古代建筑史》（第二版），中国建筑工业出版社，1984年。

［2］《中国建筑史》编写组：《中国建筑史》（第三版），中国建筑工业出版社，1993年。

［3］李廷贵、张山等著：《苗族历史与文化》，中央民族大学出版社，1996年。

［4］张敏、周凤英主编：《粮食储藏学》，科学出版社，2010年。

［5］张权、钱云、周政旭：《黔东南苗族粮仓选址与营建研究》，《住区》2019年5期，第55～60页。

［6］龙玉杰：《论苗乡之水上粮仓》，《城乡建设》2010年5期，第114～115页。

［7］陈显双、成都市文物管理处：《四川成都曾家包东汉画像砖石墓》，《文物》1981年10期。

［8］徐红罡、万小娟、范晓君：《从“原真性”实践反思中国遗产保护——以宏村为例》，《人文地理》2012年1期，第107～112页。

［9］郭璇、冯百权：《传统营造技艺保存的发展现状及未来策略》，《新建筑》2012年1期，第140～143页。

［10］郦大方：《西南山地少数民族传统聚落与住居空间解析——以阿坝、丹巴、曼冈为例》，北京林业大学博士学位论文，2013年。

［11］张松：《历史环境与文化生态的关系研究》，《城市建筑》2009年6期，第94～96页。

［12］周坤、颜珂、王进：《场所精神重解：兼论建筑遗产的保护与再利用》，《四川师范大学学报（社会科学版）》2015年3期，第67～72页。

［13］屠李、赵鹏军、张超荣：《试论传统村落保护的理论基础》，《城市发展研究》2016年10期，第118～124页。

Preliminary Study on the Construction Technique and the Protection Strategy of Water Granary in the Southeast of Guizhou

WANG Zuyuan[1], ZHANG Wenshuo[1]

(1. School of Architecture, Henan University of Technology, Zhengzhou, 450001;

School of History, Zhengzhou University, Zhengzhou, 450001)

Abstract: Based on field investigation and surveying, local residents' oral records of water granaries in Xinqiao Village of Datang Town, Leishan County, Southeast Guizhou, this paper sorts out the spatial distribution relationships, building types and structural treatments of water granaries in the region. Issues such as the method and daily use of the water granary will provide basic data for further research on this unique building type. From the perspective of tangible and intangible cultural heritage, water granary as built heritage with the principles of "authenticity" and "integrity" protection, the mechanism and measures for dynamic development and protection as a living heritage are explored in this paper.

Key words: granary construction, construction techniques, living heritage, dynamic protection mechanism

文物建筑修缮中“原真性”原则的认识与实践
——以贵州思南永祥寺修缮工程为例

喻　松
（贵州森鑫文物古建工程设计有限公司，铜仁，554300）

摘要：该文是以贵州思南永祥寺修缮工程为例，运用文物建筑“原真性”的修缮原则，阐述文物建筑现状保护、抢险加固、复原保护等的修缮原则和保护措施，以及对文物建筑保护中出现的问题的反思，从而全面客观地选择正确的文物建筑保护修缮原则和方法，恢复文物建筑原有的风貌，让文物建筑得到妥善的保护和最大限度的保留文物建筑的历史信息和价值。

关键词：原真性；文物建筑；保护修缮；贵州思南永祥寺

随着现代化的快速发展，文物建筑消失殆尽的速度也不断加快，因而对文物建筑的保护迫不及待，但文物建筑的保护一直以来都是一门重要的研究课题。为深入研究文物建筑修缮“原真性”原则在文物建筑中的实践，通过对贵州思南永祥寺修缮工程的现状勘察、技术设计以及修缮施工等全过程跟踪，确保“原真性”原则深入实施和恢复文物建筑原状，还原文物建筑原貌。与此同时，使古建修缮设计理论与修缮施工实践相结合，从而总结修缮经验，提升修缮水平。

一、“原真性”原则的概述

原真性（Authenticity），起源于中世纪欧洲，在希腊语和拉丁语中有“权威的”（authoritative）和“原初的”（original）的含义[①]。在宗教占统治地位的中世纪欧洲，authenticity 指宗教经本及宗教遗物的真实性；而目前“原真性”成为了国际文化遗产领域中一个特别重要的术语，其所涉及的对象不仅是有关文物建筑等历史遗产，更扩展到人与自然环境、艺术与创作、神话与传说等。对于文物建筑或历史遗址，原真性可以被理解为用来判定文化遗产意义的信息是真实性[②]。它出现在《威尼斯宪章》、《奈良宣言》等在内的众多国际文化遗产保护的文献当中。

中国文物建筑的保护中遵循的“不改变文物原状”“最小干预”等原则与“原真性”原则如出一辙。文物建筑的原状是指实施保护工程以前历史上经过残毁、维修、改建、重建后遗留下来的体现历史价值以及原有环境的状态。原真状态既包括建筑物在最早的建造年代所处的状态，又包括后来对它修缮，经过时间的冲刷所留下来的有价值的历史信息[③]。

中国文物建筑的原真状态，是人们根据各种真实的历史文化信息对文化遗产所进行的评估。根

---

① 杨鹏：《历史遗产保护的原真性从《威尼斯宪章》和《奈良宣言》谈起》，中州建设，2014 年第 9 期，第 72 页。
② 何俊乔：《小城镇历史街区生存之道——原真性把握》，天津大学，2009 年，第 8 页。
③ 杨鹏：《历史遗产保护的原真性从《威尼斯宪章》和《奈良宣言》谈起》，中州建设，2014 年第 9 期，第 72 页。

据各种真实遗存的信息来源，判断文化遗产的修建时期以及各个历史时期建造、修缮、重建等的真实状态。

所以，不管在建筑的设计上还是结构上以及露明部位，都极力主张恢复原状，不到万不得已不要改变建筑的形制，“非万不得已，绝不让这些东西改换了各殿宇原来的外形”①。文物建筑是各民族、各地域文化的重要代表，无论从任何角度考虑各个时代的建筑问题，实物原状得以保护下来，就证明这个时期的文化能有证据得以保留下来，从而保留文物遗存的“原真”。我们不能以研究现在经济价值的高低去分析文物建筑的价值尺度，就像不能以研究西方文化的方式方法来研究中国文化一样，文物建筑一旦拆除损毁，是永远也无法恢复原状的。所以，贵州思南永祥寺就是在相当恶劣的环境中得以保护修缮，避免了被拆除破坏的风险，由此给子孙后代留下了一处文化遗产，我们也有责任为子孙后代保护好这些历史遗产的真实面貌。

二、贵州思南永祥寺的历史与特点

贵州思南永祥寺之历史悠久，最早可以见于明弘治《贵州图经新志》“圆通寺，在蛮夷长官司，长官安洛建”的记载。“圆通寺始建于明景泰年至成化年初，并于成化十六年‘重修’”②。明万历二年，思州府知府蔡应申重修圆通寺，并改名为永祥寺，一直沿用至今。

思南永祥寺位于思南县安化老街。坐东朝西，面临古街，背靠乌江。占地面积超过1200m^2，因“文革”期间人祸损毁较为严重，现建筑面积仅存414m^2。永祥寺建筑平面呈中轴线对称分布，由照壁、龙亭、正殿等组成（图一、图二）。永祥寺大门坐落于永祥寺西侧，面临安化街，原为四柱三间牌楼式空斗砖墙石库门，木质板门，因当时几乎不存在文物保护观念，所以遭严重破坏，现为我们所见到的大门为后期人为重新建造，已失去原汁原味（图三、图四）。

图一 永祥寺俯视图

思南永祥寺现残存下来的部分，保存相对较为完整的只有龙亭，其修建的手法与贵州现存明代晚期建筑几近相符，与贵州其他地方发现的明代建筑所使用的材料一致，但用材较小。明间将金柱和檐柱“减柱”的建造法较为罕见，在贵州现存文物建筑中仅此一例（图五）。正殿占地虽小，但

① 梁思成：《曲阜孔庙之建筑及其修葺计划·绪言》，中国营造学社，1935年，第2～3页。

② 娄清、芦媛：《贵州思南永祥寺考》，《古建园林技术》2009年3期，第46～49页。

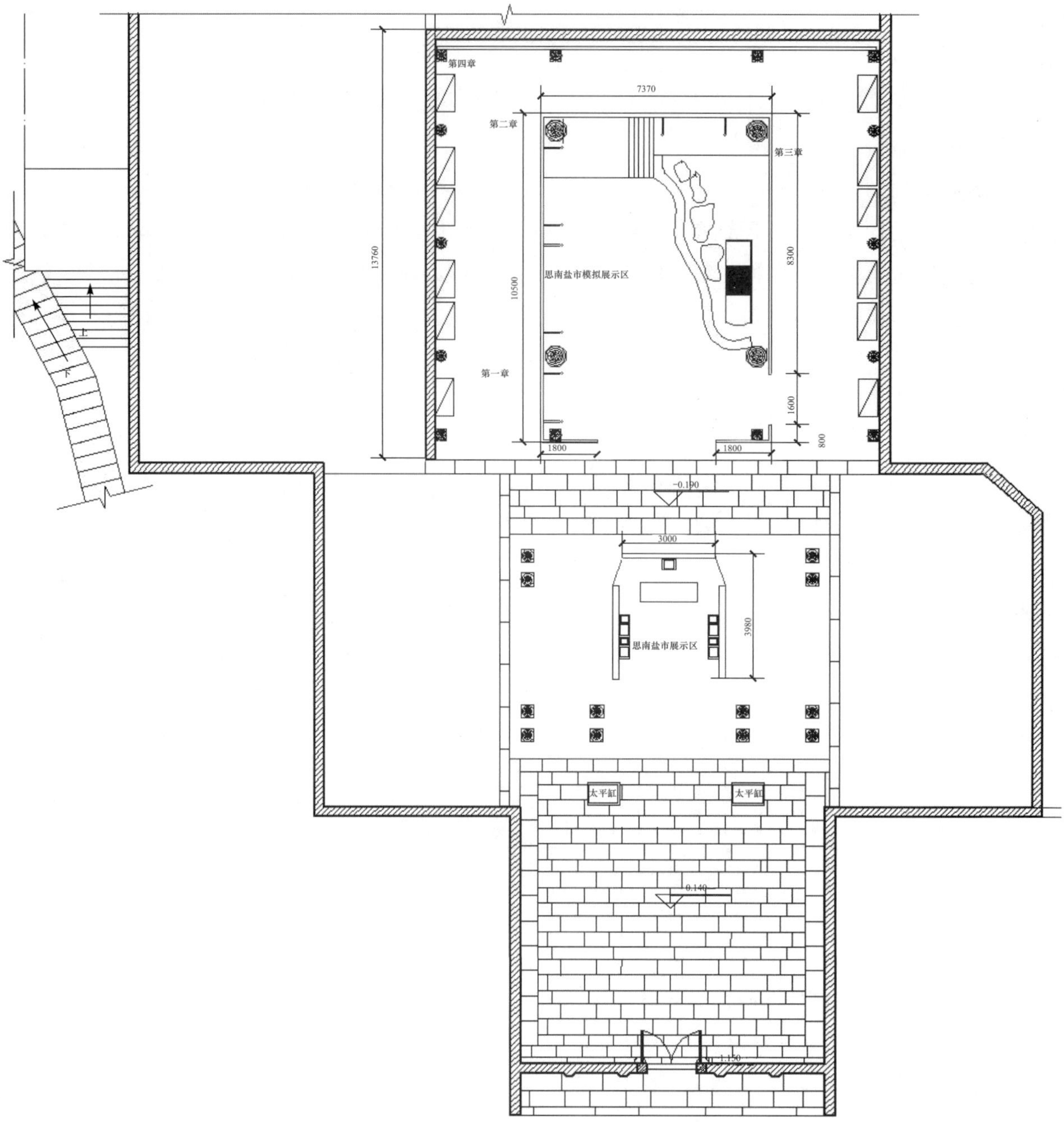

图二　永祥寺总平面图

建筑开间、进深和梁柱所使用的材料却相对较大。因为后期遭到人为破坏改进，将七架梁以上木作改为“三角形豪式木屋架”，这是对有限的遗存进行勘察时获得的重大发现。“整组建筑规模不大，造型古朴，现有遗存，是贵州目前已知现存年代最早的建筑遗物，其结构构造形式十分特别，国内少见”①。

① 娄清、芦媛：《贵州思南永祥寺考》，《古建园林技术》2009 年 3 期，第 46～49 页。

图三 门楼

图四 门楼正立面图

图五　正立面

三、思南永祥寺的勘察概况

思南永祥寺自中华人民共和国成立以后一直为思南县民政部门所占用，并在使用过程中对正殿屋顶结构进行了维修改造（图六）。时至今日正殿内还存在当初存放粮食的粮仓。现存大门、龙亭、正殿，建筑面积约 414m^2。原有山门被改造为实砌眠砖，外观简易，木板门扇无存，仅存基础条石和门斗石。现保存较完好的仅剩龙亭而已。

图六　永祥寺正殿屋顶宝顶大样图

通过实地勘察，永祥寺存在以下主要的残损状况：建筑组群均不完整。两厢、正殿拆改，三元楼拆毁；院落或室内地面墁地石板普遍碎裂或表面后期抹水泥砂浆，另有部分地面，有的被泥土或杂物填埋，有的被深挖成坑，即使保存较好者，也有局部沉陷的现象；经勘察，所有建筑均无专门的散水；木构架、槛窗都存在不同程度的糟朽、虫蛀、拆改或歪闪；大部分外墙板壁糟朽，或被砖墙代替；所有建筑外檐及门窗等装修都有不同程度的缺失和改变；因年久失修，特别是2008年年初的冰雪凝冻灾害，建筑屋面普遍下沉、椽皮下坠，瓦件酥松、脱落严重。此外，各建筑大部分结构都在使用过程中受到不同程度的改变，甚至还有些部位在维修过程中改变了原貌、材料和做法，等等。

2006年，思唐古建筑群被公布为第六批全国重点文物保护单位，思南永祥寺是思唐古建筑群不可分割的重要组成部分，但在当时，由于各方面的原因，未能及时得到保护，直到2012年，思南县文物部门才对思南永祥寺进行了抢救性保护修缮，不仅仅对其主体建筑龙亭、正殿进行了修缮，还对其周围环境以及后期新建的库房进行了拆除，重点保护主体建筑。对文物建筑，虽因各种因素构成危房，但经过保护修缮，让其延年益寿，留下其相应的历史岁月的面貌和个性特征，这正是这所建筑所要保护的价值所在。“延年益寿是使建筑内部恢复健康、坚固，但不在面貌上‘还童’、‘年轻’”[①]。所以说，一旦改变了文物建筑的原貌，使之返老还童，过去的历史就与之一笔勾销，就没有文物价值可言了，这就是讲究文物建筑“原真性”的精髓所在。

根据《贵州思南思唐古建筑群·永祥寺保护修缮工程现状勘察报告暨设计方案》，思南永祥寺建筑的院落格局基本没多大变化，但各单体建筑或因为使用不当原因，或因为维修不善而存在较多问题。基础相对稳定；地面大多存在碎裂现象，但稳定性较好，仅局部地段有不规则沉陷现象；除墙体拆改严重外，其余局部也有不同程度的坍塌、拆改、鼓闪；板壁墙糟朽或缺失；木构架有不同程度的糟朽、歪闪、虫害，局部被改造、构件脱榫；瓦垄和屋脊改造过大，且大部分串动、缺失；装修保留较少，留存的装饰也大多存在不同程度残损，少部位在使用过程中改变了原状。因此，本次修缮工程的性质确定为揭顶维修，局部复原。即揭顶拨正屋架、重做屋面、修补墙体及残损构件，纠正并复原被错改的部分，保持各单体建筑的完整和健康状态，尽可能使各建筑最大限度地延续其历史真实性和完整性。

对于这座有着几百年的建筑，保护修缮才是文物建筑最终的归宿，根据其原有的内部结构、功能，使用相应的旧材料，恢复其本来的结构、面貌，“恢复原貌，以存其真”。如此，过去的面容才能恢复如初，整座建筑才能得到协调，历史价值才能得到保存。

四、思南永祥寺的修缮原则和措施

根据《贵州思南思唐古建筑群·永祥寺修缮工程现状勘察报告暨设计方案》的要求，经各级文物保护部门的研究决定恢复思唐古建筑群的建筑形态和风貌。在严格遵循“保护为主、抢救第一、合理利用、加强管理”方针，遵守“真实性”“完整性”“不改变文物原状”“最小干预”等原则下，尽可能真实完整地保存思南永祥寺的历史原貌和建筑特色。以文物建筑本体现有传统做法为主要修复手段，对于近现代改变原状以及工程上的错误做法，在本次修缮设计中予以纠正，恢复原貌。遵守不干扰或尽可能少干扰原则，尽可能多地保存原有建筑材料，采用当地传统材料和传统工艺。加固补强部分与其关联的结构和构件连接可靠。原形制因改变暂时缺乏设计依据的，待修缮时进一步寻找可能提供的历史信息，做到有据可依，尊重文物建筑的原始结构。

---

① 车震宇：《整旧如旧以存其真——昆明文明街历史街区某建筑设计体会》，《小城镇建设》2002年3期，第88～89页。

在遵守“原真性”等原则的情况下，思南永祥寺的各结构修缮措施：

（一）台基地面

按原形制拆砌局部鼓闪、下沉的台明，以及位移的梯坎；清除覆盖于原材料、原结构表面的混凝土面层；回填、夯实因拆改形成深坑的基础或地面；室内外地面虽碎裂严重，但尽可能采取不干扰或少干扰原则，仅对因局部沉陷而影响使用或造成积水的部位进行揭取、找补、归安；缺失石材按原质地、原规格补配。

（二）墙体墙面板壁

拆除不属于原结构、原材料、原手法的砌体或墙面粉饰，按原做法恢复；修补、修复坍塌、拆改的墙体；按原状修复糟朽、补配缺失的“编竹夹泥”板壁；因缺失需补配的墙砖，尽量从民间传统建筑拆除后的旧料中收集，实在无法满足需要且数量较大，则按原形制、原规格另行烧制。

（三）木构架

以恢复建筑原有构造为主；根据历史依据拆除不属于原结构、原手法的构架或构件，原结构、原材料、原手法恢复；牮正木构架，对变形、弯曲构件和节点进行适当调整、加固、补强；加固、补强采用传统的拼接等可逆手法；物理清洁木构架，还原构架原有面貌；对因改变用途后产生的局部错误维修做法进行修正；修补能满足强度要求的糟朽构件，更换不能满足强度要求的糟朽构件。

（四）屋顶瓦面

揭瓦顶，更换不能满足强度需求的椽皮，增补缺失连檐，重新挂瓦；修缮瓦面按当地传统习惯“搭七露三”干摆，不做望板和防水层；因缺失需补配的瓦件，尽量从民间传统建筑拆除后的旧料中收集，实在无法满足需要且数量较大，则按原形制、原规格另行烧制，避免使用现代机器瓦；新添配瓦件集中使用在靠院落外坡，旧瓦则集中使用在靠院落内坡；原脊饰保存遗迹的，根据历史依据复原；原脊饰不存，无修复依据的，根据可逆原则，以当地传统小青瓦清水脊形式补配。

（五）装修油饰彩绘

有设计依据的内外檐装修按设计恢复，没有设计依据的内外檐装修修缮暂不恢复；修缮仅对材料表面刷桐油，保持原木本色，并严格按照“隔年开春”油饰的传统，以确保质量；由于使用原因造成的后涂油漆，修缮中采用松香水擦洗掉表面油漆，恢复原木本色；对建筑上保存的所有题记、彩绘，只能进行物理清洁，以保持原风貌。

五、“原真性”原则在思南永祥寺修缮中的实践

《中华人民共和国文物保护法》中规定：“古代历史建筑的修缮应该做到完整保留和延续，在不改变文物原状的前提条件下进行修缮”。这与文物建筑的保护中遵循的“原真性”等原则如出一辙。

“原真”与“原状”都是为了要体现出文物建筑中的历史价值、艺术价值、科学价值，但是，也不能墨守成规，一味地追求传统手法恢复建筑最初的面貌，而是在利用现代技术、现代工艺的过程中使用旧材料，依然能保存文物建筑中最初所蕴含的艺术、科学、历史信息的真实性。

在思南永祥寺建筑中也包含了很多诸如明清的建筑特征、佛教文化、古代思南的政治经济发展、民族习俗等文化内容，这些内容虽经历了几百年甚至更长岁月的分化、同化，但并没有因历史的发展就此消亡，所以，对文物建筑的保护，恢复其原状，就是对这些文化的保护，甚至能更好地去传承这些经过岁月变迁留下来的文化，同时去发掘其内在的东西，保留其真实性和对社会发展有着积极意义的部分。

“建筑是各民族文化的一种重要的代表，从考古角度考虑各个时代的建筑问题时，实物得到保存，就意味着各时代所产生过的文化证据之得到保存”[①]。所以说，“原真性”原则在文物建筑中的运用是历史发展的趋势，也是经过长期的社会发展实践得到的。思南永祥寺保护修缮正是运用了“原真”原则，顺应了历史发展的潮流，同时也保存了思南的历史文化信息。

在思南永祥寺建筑保护与修缮中，“原真性”原则的修缮手法得到了较大的发挥平台，与此同时，永祥寺的建筑风貌得到较大程度的保护，恢复了往日的风采，建筑的面貌也焕发出原有的活力。

六、结　　语

原真性修缮理念是对文物建筑的致敬，同时是对历史文化信息的保存。在文物建筑的修缮上，“原真性”原则是认识研究文物建筑和保护修缮文物建筑的一般的方法论，为我们保留了华夏建筑成长的痕迹，记录了人类发展的进程。“原真性”是在世界修缮文化背景中形成的文物建筑修缮准则，符合中国的文化价值观念以及中国传统文化的独特性。遵循原真性的修缮原则，“历史建筑与文化遗产就会永远镌刻着历史岁月的信息，伴随现代人的情感寄托，依然能够长久的承担着传承人类文化可持续发展的重任”[②]。

Awareness and Practice of the Principle of “Authenticity” in the Restoration of Heritage Buildings
—The Restoration of Yongxiang Temple in Sinan, Guizhou, as an Example

YU Song

(Guizhou Sensing Ancient Architecture Design Co.,Ltd, Tongren, 554300)

Abstract: This paper is to Guizhou Sinan Yongxiang Temple repair project as an example, the use of heritage buildings “authenticity” of the repair principles, the current state of conservation of heritage buildings, rescue and reinforcement, restoration and other protection measures, as well as the protection

① 彭文立、梁国钊：《略论梁思成的“整旧如旧”》，《广西大学学报（哲学社会科学版）》2000 年 5 期，第 104～108 页。
② 颜军：《历史建筑修旧如旧的研究》，《建设科技》2015 年 15 期，第 120～121 页。

of heritage buildings in the reflection of the problems, so that a comprehensive and objective choice of the correct principles and methods of conservation and repair of heritage buildings, restore In this way, we can comprehensively and objectively select the right principles and methods for the ,Conservation and Renovation of heritage buildings to restore their original appearance, so that they can be properly protected and their historical information and value can be retained to the greatest extent possible.

Key words: authenticity, ancient architecture, Conservation and Renovation, Yongxiang Temple, Sinan, Guizhou

山东淄矿集团德日建筑群价值认定与保护利用探析

张　冲[1]　么　彬[1]　王　滨[1]
（1. 淄博市博物馆，淄博，255035）

摘　要：山东淄矿集团德日建筑群现有德日建筑 23 处，在山东乃至中国范围内都是甚为少见的建筑组群。本文对淄矿集团德日建筑群进行了简要概述，认为德日建筑群见证了淄博煤矿事业的百年发展历史以及淄博煤矿工人运动从弱小到壮大、从稚嫩到成熟的艰辛历程，建筑群特点鲜明、风格迥异，别具“异域风情”，是一座德日建筑宝库。我们要深入发掘其文化内涵，合理开发利用。

关键词：德日建筑群；价值认定；保护利用

山东淄矿集团德日建筑群位于山东省淄博市淄川区淄矿集团总部驻地及周边，始建于 1904 年，现存德日建筑 23 处，包括机关办公区的 15 栋建筑、西山公园的 4 处建筑、洪山电气厂内的建筑及外缘的北大楼和洪山火车站营业楼四大部分。德日建筑群规模宏大壮观、保存完好，是淄博市唯一一处保存完好的德日建筑群，是淄博煤矿事业百年发展历史的见证，具有重要的历史、文化、艺术、科学价值。

一、淄矿集团德日建筑群概况

（一）简介

1906 年，德国建立德华矿务公司淄川煤矿事务所，为德日建筑群中最早的建筑，日本人在保留德国人原有建筑的基础上进行了扩建和增建。现在的德日建筑群主要包括事务所、办公楼、俱乐部、寓所、神社、岗楼、钟楼等，较为典型的建筑有原淄川煤矿事务所、原淄川炭矿矿长公寓、原淄川炭矿俱乐部、原淄川矿业所经理办公室、矿井现场事务所、北大楼、岗楼、碧霞祠、神社、钟楼等。

图一　原淄川煤矿事务所

（二）代表性建筑

1. 原淄川煤矿事务所（图一）

该建筑由德国人建于 1906 年，为建筑群中最早的建筑。建筑为二层，砖木结构，占地面积234.64平方米，建筑面积469.28平方米，一层七间，二层八间，全木制楼梯，楼梯底部为地下室入口，地下室分内、里、外三间。1906～1914年，为德华矿务公司淄川煤矿事务所，“中日合办”鲁大矿业公司时期，为淄川炭矿事务所。

1948年解放后，这栋楼曾先后作为洪山煤矿党委办公室、淄博矿务局党委办公楼、军管会的办公场所、矿区工会办公室，2003年6月至今为集团公司副总办公室。

2. 原淄川炭矿俱乐部（图二）

图二 原淄川炭矿俱乐部

该建筑分前后两期建成，第一期工程即V形楼梯以北由德国人建于1914年8月以前，第二期工程即V形楼梯以南由日本人占领后建造，在1918年完成。砖木结构，分为上下二层，占地面积1039.76平方米，建筑面积1690.43平方米，是德日建筑群占地面积、建筑面积最大的一栋。一层大小房间共8间，二层8间，墙体为砖石结构。木制门框各具特色，十分精美。

1914年前为公务场所，1919年成为淄川炭矿俱乐部，是准职员以上人员的活动场所，设有台球部、食堂部、旅馆部等，内设大房间，除娱乐还供住宿。解放战争时期，华东野战军获莱芜战役重大胜利后，在淄博休整期间，于1947年3月8日至12日在此召开了师以上干部参加的前委扩大会议，陈毅、粟裕、饶漱石、黎玉、舒同等领导出席会议并做了报告，这次会议的召开为日后孟良崮战役的重大胜利奠定了坚实的军事、政治基础。2004年6月，被淄博市人民政府命名为华东野战军前委扩大会议旧址。

3. 北大楼（图三）

该建筑由德国人建于1914年前，位于北大井东北方向，坐北朝南，楼东西长36.3米，南北宽16米，高12米，建筑面积1100平方米。外观全石头结构，上下二层，带地下室，每层16间，计32间，地面铺木地板。门窗为石发券，混凝土浇筑楼顶，上部为半圆形，楼前面有8根石砌石柱凸于墙外，石料为打凿成蘑菇形状的片石。

德营淄川煤矿时期该建筑为矿井现场事务所，后为矿井产销队住所和淄川炭矿配给所。中华人民共和国成立后归淄川煤矿办公楼，后成为淄博矿务局党校办公楼，现为山东方大工程有限公司办公楼。

图三 北大楼

4. 日本神社本殿（图四）

该建筑由日本人建于1914～1929年间，位于西山公园，坐北朝南，建筑面积150平方米。全钢筋水泥建筑，结构合理，做工精良，造型美观大方。本殿正中供奉日本天照大神，两侧供奉着大地主神、大山祇神、磐裂根裂神、金山彦神、金山比卖神、轲遇突智神、罔象女神、埴山姬神八个神仙，祭神中除“天照大神”外，其余八座又合称“矿山八柱神”，是日本人祈求平安和祝福的场所，如此建筑风格的神社，在日本国内也是十分罕见的[①]。

通过观察本殿的老照片，在本殿前还建有一鸟居，结合已发现的鸟居形式，判断其属于伊势鸟居，现已不复存在。鸟居是神社标志性的建筑，呈“开”字形，大致都由四根大木构成，现在用钢筋混凝土的也很多。鸟居通常用来区别神界和俗界，除鸟居外，神社入口处没有任何门，因此比起寺院，神社更具开放性。

5. 德国岗楼（图五）

该建筑位于淄川区淄矿集团西山公园内，占据了公园制高点，可以俯瞰整个淄川城区，坐西朝东，为两层结构，占地面积约30平方米。岗楼为德式建筑风格，砖石结构，顶部为一平台，有护栏围住，22级台阶由混凝土制作而成，岗楼底部是水仓。

图四　日本神社本殿

图五　德国岗楼

二、淄矿集团德日建筑群价值评估

苏联鲍列夫曾说过：“人们习惯于把建筑称作世界的编年史；当歌曲和传说都已沉寂，已无任何东西能使人们回想一去不返的古代民族时，只有建筑还在说话。在‘石书’的篇页上记载着人类历史的时代。”[②] 淄矿集团德日建筑群作为淄博历史文化名城的重要组成部分，具有丰富的内涵与外

① 张冲、曹菲：《淄川神社——日本侵华的铮铮铁证》，《中国文物报》2019年7月23日。

② 鲍列夫：《美学》，中国文联出版社，1986年，第415页。

延，其核心部分是德日对中国入侵后围绕淄博煤矿的发现、开发而建造的建筑群，具有很高的历史、文化、艺术、科学等多方面价值。

德日建筑群特点鲜明，建筑风格迥异，别具“异域风情”，是一座德日建筑宝库

德式建筑以德国建筑传统为主调，融合了德意志民族浪漫主义、古典主义和折衷主义等风格。建筑质量较高，一般为两层，“以其相对有限的规模和不受限制的地盘”充分表现了德式风格的浪漫。建筑形象典雅自然，又不失活泼，比例尺度宜人，施工工艺精细到位。结构上常常底层用砖石，楼层用木构架。构建外露，装饰效果很强。屋顶坡度特别陡而高，里面往往有阁楼，开圆形或六角形老虎窗。圆形或八角形的楼梯间则凸出在外，上面戴着高高的尖顶，也有些楼层房间的局部悬挑在外而冠以尖顶。建筑以二层居多，外墙多为水泥拉毛，并涂以鲜亮的彩色涂料。壁柱、上楣、窗户四周、拱门、柱子等用马牙错的花岗岩装饰或用砖砌形式来强调线条。屋顶大多采用跌檐式和双坡屋顶的组合形式，檐下的砖饰呈现模仿中国斗栱造的线状构造。

日式建筑相对于德建建筑而言艺术价值相对较低，建筑多为砖木结构，风格比较单一，立面较为简洁，注重实用功能和建筑与环境的协调关系，具有浓重的现代主义建筑倾向。日式建筑吸取了淄川当地的建筑特征，采用当地传统材料和建造手法，外立面为红砖，装饰简单，水泥砂浆抹平，比德建建筑体积稍显矮小并且风格比较单一，屋顶为日式的传统四坡顶，建筑内部讲究经济适用，注重日本人的生活习惯设计细节，装饰多呈明显的和式风格。

三、淄矿集团德日建筑群的保护利用

淄矿集团德日建筑群淄博市唯一一处保存完好的德日建筑群，作为淄博历史文化名城的重要组成部分，建筑群是近代淄博历史发展的一个缩影，其所具备的历史、文化、艺术、科学价值很高。我们要深入发掘其文化内涵，合理开发利用，让德日建筑群能够重新焕发生机。

（一）维持建筑群外观风貌，推动内部功能置换

建筑的使用性质会随着周围经济、社会的发展而适时地发生变动，根据历史建筑的本体特征，对其进行相近功能的转化是历史建筑再利用的一个重要方式①。2003年淄矿集团公司本着“修旧如旧、保持原貌”的原则，对历史建筑物及机关大院进行修复施工和景观改造，现在的德日建筑群大部分都用作了淄矿集团办公楼，这种方式对于建筑的保护作用是显而易见的。

（二）建设淄博煤矿博物馆，全面展示淄博煤矿发展历史

博物馆式的发展对于历史遗产保护最为有利，早在1981年，淄博煤矿博物馆已经建成，2011年9月至2013年2月进行了整修。现在的博物馆建筑面积2900平方米，由14个展厅和1个矿工墓组成，共展出实物656件、图片647幅，内容包括淄博地区煤炭资源的早期开发利用、翻身得解

① 辛同升：《鲁中地区近代历史建筑修复与再利用研究》，天津大学博士学位论文，2008年，第94页。

放的革命斗争、自强不息的创业之路、百年淄矿的美好未来、淄博矿区的重要人物、荣誉六个部分，展现了百年淄矿起伏跌宕、化蛹成蝶的难忘岁月和美好的发展前景。

（三）建设爱国主义教育基地，回顾历史长鸣警钟

爱国主义教育基地作为近现代社会发展的特定文化载体，在对青少年进行爱国主义和革命传统教育中有着义不容辞的责任。德日建筑群见证了淄博煤矿事业的百年发展历史，见证淄博煤矿工人运动从弱小到壮大、从稚嫩到成熟的艰辛历程，作为爱国主义教育基地，将引导和教育青少年勿忘国耻，知往昔，明行知。

（四）建立遗址主题公园，展示异域文化风情

淄矿集团德日建筑群临近西山公园，而且日本神社本殿、钟楼、碧霞元君祠、德国岗楼等建筑就位于西山公园之内，建立遗址主题公园，增添其文化功能，将其改造成历史文化旅游景区，再如，将对提升城市活力、实现文化和旅游融合发展、实现社会效益和经济效益的共赢有重要作用。

（五）建设实习和拓展基地，提升建筑群文化魅力

“馆校合作”在文旅融合的大背景下越来越突出，德日建筑群以其独特的文化魅力吸引着大中专院校，在此建立实习和拓展基地成为共同诉求，这一功能的实现既能为文化遗产的再利用创造一个合适的途径，同时也会有助于历史环境的品质提升。

淄矿集团德日建筑群近代淄博历史发展的一个缩影，是淄博历史文化名城的重要组成部分，深入发掘其文化内涵，合理开发利用，实现文化和旅游融合发展，实现社会效益和经济效益的双赢。

Value Recognition, Protection and Utilization of the German-Japanese Buildings of Shandong Zibo Coal Mine Group

ZHANG Chong[1], YAO Bin[1], WANG Bin[1]

(1. Zibo Museum, Zibo, 255035)

Abstract: The existing 23 German-Japanese buildings of Shandong Zibo Coal Mine Group were built during the German and Japanese invasion of China in the 20th century, which are rare in Shandong and even in China. This paper gives a brief overview of the German-Japanese architectural complex of Zibo coal mine group. It is believed that this complex is a solid evidence of the German and Japanese imperialist invasion of China, a witness to the hundred-year development history of Zibo coal mine industry and the arduous process of Zibo coal mine workers’ movement from weak to strong, from immature to mature, and fully embodies the core role of the Communist Party of China in leading the workers' movement. It is a treasure house of German-Japanese architecture with distinctive characteristics, different styles and “exotic customs”.

Key words: German-Japanese building complex, value recognition, development and utilization

河南禹州神垕镇传统建筑现状调查与研究

李　芳
（北京理工大学，北京，100081）

摘　要：神垕是一座有1300多年历史的古镇，具有深厚的陶瓷文化积淀和丰富的旅游资源。作为中国宋代五大名瓷之一钧瓷艺术的发祥地和生产中心，孕育了独具特色的地域文化和地域经济。

关键词：神垕；传统建筑；调查

神垕镇位于河南省中部禹州市西南部，地处伏牛山系余脉之东，距市区17公里，郏县城20千米，东临鸿畅乡，南临郏县，西临磨街乡，北临文殊乡，是驰名中外的钧瓷文化发祥地，是五千多年陶瓷文化积淀而成的具有典型区域特色的中国历史文化名镇，是禹州市、郏县、汝州市三县（市）交界处的经济、文化、商贸中心。现有S236和禹神快速通道穿镇而过。

神垕镇保留有较为完整的明清古街，俗称“七里长街”。唐宋以来，随着陶瓷业的兴盛，许多富商大贾在此置田、建宅、经商，逐步形成神垕老街由东西南北四座古寨构成的布局；寨墙高大坚固，而且都有炮楼，古时主要用作军事防御和抵挡匪患，防范洪灾。每个寨子都有一个文雅的名字，如东寨为“望嵩”，西寨为“天保”等。肖河（驺虞河）从西向东穿过老街，驺虞桥连接着东西两个寨。从东到西有东大街、西大街、白衣堂街、红石桥街、关爷庙街等街道，道路两侧店铺林立，古民居依势而建。东大村村域为不规则形状，自西向东以一条主街贯穿整个村子，“伯灵翁庙”“温家大院”“白家大院”等古建筑沿街而立，在“中共禹郏县委旧址”处与南北向街道汇合成十字街口。沿街小巷四通八达，较好地保留了原有的街巷格局。

一、历 史 价 值

神垕镇历史非常悠久，早在夏商时期，这里的人们就从事农耕和冶陶。宋代钧瓷为中国五大名瓷之首，神垕镇以盛产钧瓷而著名，是钧瓷的主要产地和商业中心，号称“钧都”。先后荣获“中国钧瓷之都”“中国历史文化名镇”等称号。悠久的历史形成了神垕镇厚重的历史文化和独具特色的人文景观。神垕古镇区有全国重点文物保护单位1处、省级文物保护单位3处，各种古寺庙、古民居、古祠堂等40余处，大多数分布于以老街为核心，面积达3平方公里的古镇区内。其中东大村有省级文物保护单位2处（伯灵翁庙戏楼、神垕古民居），传统建筑院落28处。这些传统建筑反映了特定历史时期当地居民生产、生活习俗，为研究豫南地区传统文化提供了重要历史信息。

伯灵翁庙也称窑神庙、火神庙，是神垕的重要宗教建筑之一，是建筑与钧瓷文化相结合的物质空间载体，是钧瓷文化的象征性建筑，也是神垕“中国钧瓷之都”“火艺之都”的重要标志，是神垕镇历史与文化传承的见证，为研究当地宗教建筑与文化提供了真实可考的物质基础，具有重要的历史价值。

二、艺术价值

神垕古镇传统民居多为灰板瓦仰瓦屋面，屋脊上各式各样的小兽、墀头上精美的砖雕皆真实反映出不同时期、不同地区的审美取向。墙体多为毛石、青砖、笼盔砌筑，笼盔为烧造陶瓷时使用的匣钵，是神垕镇独特的建筑材料。笼盔被有规律地分成半圈型，或仰或俯地列布在毛石之上，空心的笼盔之内则被泥土、炉渣、碎瓷片、白灰的混合物填充、粘连。古铜色的笼盔叠落成的规矩有序的图案，使东大村的民居和小巷别具特色。民居大多数都是一进二、一进三或一进五的“深宅大院”，望门富户，门第高大，整体布局对称。屋顶以硬山为主，构造、装饰、造型不拘一格，建筑立面丰富多样，是豫南地区传统清式民居建筑风格的典型代表。

伯灵翁庙戏楼、关帝庙戏楼、钟楼和鼓楼均为单檐歇山顶，屋脊上立有狮驼宝瓶、力士、仙人、小兽等形象，设计巧妙，寓意丰富。尤其是伯灵翁庙与关帝庙的三雕（石雕、木雕、砖雕）艺术造诣颇深；戏楼青石雕刻玲珑剔透，精巧雅致，戏曲人物栩栩如生；各个木雕图案复杂精美，尤其是平板枋、大额枋表面高浮雕龙虎、凤凰、麒麟、群狮、仙鹿、飞鹰、夔龙、牡丹花卉等生动形象，这些形象大多具有一定的象征性，通常用形声、形意或谐音，运用某些实物形象来获得象征效果，朴实而又实用，具有一定的艺术欣赏价值。此外，伯灵翁庙戏楼和木牌楼的斗栱之复杂，工艺之精细是研究民间斗栱形式的可靠依据。伯灵翁庙与关帝庙并存形制的特殊性，建筑风格、艺术造型的独特性，为研究明清民间宗教建筑艺术及其风格演变，提供了翔实的实物资料。

三、科学价值

神垕镇四面环山，当地古民居就地取材多为砖木、石木结构建筑。大多数台基和下碱为毛石砌筑，墙体采用笼盔结合毛石或青砖为主要围护材料，梁架多为抬梁式，后期部分建筑改为券顶结构；空间布局三开间居多，层高一般为一层半左右，一层居住使用，二层为储物空间，最大效率节省材料及利用房屋空间。神垕古民居这种独特的结构、布局不仅反映了当时民居房屋营造技艺的科技水平，更加体现了当时社会的发展状况和生产力水平，是研究同一时代不同地域科技发展的有力见证。

伯灵翁庙与关帝庙的戏楼为出入、演戏两用建筑。面阔三间，伯灵翁庙戏楼入口处带抱厦，为单檐歇山顶，为国内众多的古建筑中少见建筑，是研究民间宗教建筑结构的实物依据；关帝庙的钟楼和鼓楼，建于清乾隆十五年（1750 年），设计为单间二柱单楼式，用斗栱四攒、斗栱作十五踩、七下昂、重栱造，这样的纯木结构建筑历经沧桑能完整保留至今，说明当时的设计者、建造者以及用料的选择都是非常科学的。它对研究古代牌楼结构建筑，有一定的参考价值。

四、建筑调查

（一）伯灵翁庙

伯灵翁庙位于神垕镇顺东大办事处东大街西段，坐北朝南，始建于宋代，历元、明、清重修。

20世纪90年代对戏楼屋顶进行整修。2009年对建筑的木雕刻和彩绘进行维修。原为两重。为当时瓷商共同出资兴建。据志载："瓷器出禹州神垕山，按神垕伯灵翁庙碑，元延祐九年重修，创建无靠，则瓷业之兴久矣"。现存山门兼戏楼及附属文物关帝庙山门兼戏楼及木牌楼、钟楼和鼓楼各一座。其中伯灵翁庙戏楼门洞上方，有青石匾额一块，上书正楷"伯灵翁庙"，首书"康熙季重建戏楼，光绪季重修戏楼"，款题"甲午孟夏月立，辛亥孟秋上浣"。木牌楼及戏楼雕梁画栋，檐下随檩枋及斗栱及青石、木雕刻繁复，工艺考究，图案精美，技艺精炼。现占地面积约1874.04平方米，戏楼建筑均为单檐歇山式，面阔、进深各三间。该处建筑为研究古代建筑，具有一定的历史、艺术、科学价值。

（二）天保寨

天保寨位于神垕镇东大街西端（西大街东端），是清同治五年（1866年）当地商户为防治洪水和躲避匪患集资修建的石寨堡。据《禹县志·山志》载：明嘉靖四十一年（1562年）会试，表题拟"周王得驺虞于神垕山以献"。王荆石墨中一联云："产从神垕之山，益显神明之默佑，来自周王之献，顿觉周召之重光"。西寨取其联意名为"天保寨"。

天保寨平面略呈东西长方形，周长约2000米，是一座沿驺虞河南岸河滩山坡地形，依山就势而建的古寨堡，采用当地山区坚硬的火成花岗石，加工成方形石块，石灰浆注砌筑而成。寨开四座寨门。北寨门圆顶门洞上嵌"眺凤翅"青石匾额（已毁）。现存东寨门正对驺虞桥，圆顶门洞上方嵌清同治五年（1866年）款阴刻尺书楷字"天保寨"青石匾额。寨门上方起哨楼，能观察河湾南北情况。门洞、门楼保存较完整。寨门北侧建有文庙，现已不存。东寨门与驺虞河对面的望嵩寨西寨门稍有错对，两寨门之间有驺虞桥相通。现存天保寨临河东寨墙保存较好处长约500米，高丈余，墙厚约0.9米，既阻隔山洪，又防匪患。

（三）望嵩寨

望嵩寨位于神垕镇东大街西端，是清光绪二十七年（1901年）当地商户为防治洪水和躲避匪患集资修建的石寨堡，（寨堡）占地4万多平方米，平面略呈椭圆形。

望嵩寨位于神垕古镇五寨（天保、邓禹、怡园、威远、望嵩）之中部，俗称东寨，是一座沿驺虞河北岸河滩山坡地形，依山就势而建的古寨堡。该寨采用当地山区坚硬的火成花岗石，加工成方形石块，石灰浆注砌筑而成。寨开四座圆顶券门，以交通南、北、西三寨。西寨门门顶上部嵌清光绪年款阴刻楷书"望嵩"二字的青石匾额。抱寨门建有水闸，以防洪水侵入寨内。寨门北侧建敌台，此处墙体宽厚，有阻水、防匪双重功能。西寨门与驺虞河对面的天保寨东寨门稍有错对，两寨门之间有驺虞桥相通。望嵩寨寨墙厚约0.9米，北侧寨墙较宽，顶部最宽处近2米，临河处寨墙高丈余，既阻隔山洪，又防匪患。现存临河西寨墙保存较好处长约500米，顺河向东的寨墙因居民改建为住房，残损严重。

（四）义泰昌商号

"义泰昌"商号位于神垕镇东大街路南，与伯灵翁庙对面，坐南朝北，前为门店铺面，后为堂寝居室，为青砖灰板瓦仰瓦硬山多宅数进四合院组成的清代建筑群。其中碉楼共有三层，二层前开一红石雕成钱形的圆形窗户，三层四面开窗，顶部垒雉垛，结构坚固。

“义泰昌”商号建筑群规模较大，而且格局完整，是研究晋商在外经商情况的实物例证，更是神垕在我国古代作为中原工业重镇的历史见证，是研究我国古代经济、民间建筑艺术和建筑风格等不可多得的实物资料，有较高的历史研究价值。

（五）李干卿故居

李干卿故居位于神垕镇东大街路北，西距驺虞桥 110 米，是一处坐北朝南，占地面积达数百平方米，由门楼、厢房、过厅、上房等组成的清代两进四合院建筑群。现存有临街房（新建建筑）、一进东西厢房、过厅、二进东西厢房、上房。

李干卿故居现存门楼、厢房、过厅（均被改建）及上房，均为抬梁硬山灰板瓦仰瓦建筑。上房面阔三间，门额上方嵌砖砌青石沿边的横幅，署乾隆八年（1743 年）款识的“孝道传家”行楷二尺大字匾额。李氏故居整座建筑群基本格局完整，是我国古代典型的儒家思想的缩影，为研究我国古代建筑艺术和儒家思想提供了重要的实物资料。

（六）义兴公商号

义兴公商号位于神垕镇东大街路南，望嵩寨西部，与省级文物保护单位伯灵翁庙错对面，西距驺虞桥 50 米，是一处前为门店铺面，后为堂寝居室，后院为窑场的三进四合院建筑群。现存有临街房、一进东西厢房、过厅、二进东西厢房、上房、三进东西厢房。

义兴公商号以义兴公主人所居之处保存最完好，宅院坐南朝北，由大门、厢房、过厅和上房组成，均为硬山灰板瓦仰瓦抬梁式建筑。建筑基本保存较好。其中，上房面阔五间，进深一间，三层，底层券洞，洞上为二层楼房。“义兴公”建筑群规模大且保存较好，为研究神垕陶瓷经济兴衰提供了实物资料。

（七）中共禹郏县委旧址

中共禹郏县委旧址位于神垕镇东大街路北，东距大炮楼十字路口 20 米，原为“义泰昌”北院，坐北朝南，前为门店铺面，后为堂寝居室，硬山灰板瓦仰瓦抬梁式清代多宅多进四合院建筑群，占地面积近千平方米，现存厢房、过厅和上房等文物建筑，保存较好。

厢房、上房均为面阔三间、进深一间，前脸开窗。过厅，面阔三间，进深二间。明间出前檐，使飞椽，后部用木柱两根，两柱间置木扇屏（已毁），上部置素面走马板，后使单步梁。次间实封檐，屋内方砖墁地。神垕镇是八路军抗日根据地之一。中共禹郏县委旧址是研究禹州抗日战争的重要史料，是对青少年进行爱国主义教育的重要场所，同时，又是研究清代民间建筑艺术和建筑风格的实物资料，具有较高的价值。

（八）温化远宅院

温化远宅院位于神垕镇东大街路南，西距望嵩寨大炮楼十字路口 10 米，坐南朝北，三进四合院，占地面积达数百平方米。现存有二进西厢房、上房（碉楼）、耳房、三进东西厢房等文物建筑。二进院西厢房，面阔三间，进深一间，两层，硬山灰板瓦仰瓦建筑。二进院上房，俗称碉楼，面阔三间，进深一间，四层，青砖灰板瓦仰瓦硬山式建筑。该建筑的结构设计科学合理，尤其是一、二、三层双曲券，层间纵横向错置搭配券筑，分散了弧券向两侧的外张应力，设计巧妙，历数百年，未见裂缝。

温化远宅院是晋商在禹经商的一处遗迹。它是我国古代晋商财力的象征，是研究北方建筑艺术和建筑风格的重要实物例证，同时，也反映了陶瓷生产盛衰发展的历史，具有重要的价值。

（九）白家大院

白家大院位于禹州市神垕镇东大街望嵩寨内的大炮楼十字路口东南角路南，西距驺虞桥 300 余米，是一处坐南朝北、占地面积数百平方米的三进四合院，为“义兴公”陶瓷窑货商号的一处房产，现存有临街房、过厅、西厢房、上房、西偏房、西侧后房、东侧后房。

白家院古建筑，因地制宜，经济实用且坚固耐久，是晋商在禹经商所遗留的一处清代建筑群，对研究明清的建筑艺术和晋商文化有着较深远的历史意义。

（十）宋家大院

宋家大院位于禹州城西南 23.5 公里的神垕镇东大街路北，西距驺虞桥 310 米，是一处坐北朝南，占地面积近百平方米的二进四合院。

宋家大院均为硬山式灰板瓦仰瓦五脊建筑，现存有临街房、门楼、一进东西厢房、过厅、二进东西厢房、上房，二进四合院保存较完整。

宋家大院的存在是研究清代地方建筑艺术与建筑风格的重要依据，有较高的历史、科学研究价值。

（十一）王家大院

王家大院位于禹州城西南 23.5 公里的神垕镇东大街路北，西距驺虞桥 330 米，坐北朝南，前为门店铺面，后为堂寝居室，清代硬山灰板瓦仰瓦抬梁式二进四合院建筑，占地面积近百平方米，现存有一进东西厢房、过厅、二进南侧东西耳房、二进东西厢房、二进北侧东西耳房、上房。

王家大院现存过厅面阔三间，进深一间，一层，抬梁硬山五脊；上房面阔三间，进深一间，两层，结构坚固。

王家大院现存古建筑是中原地区民间建筑艺术和建筑风格的实物资料，同时又是研究神垕陶瓷业发展的重要资料，具有较高的研究价值。

（十二）陶瓷官署

陶瓷官署位于禹州城西南 23.5 公里的神垕镇东大街望嵩寨内，西距驺虞桥 400 米，前临东大街，西邻王家过道。坐北朝南，前有陶瓷官署，后为内眷院，东后侧有四层碉楼，前邻瓷艺所、柴煤场，后有花园，因地就势组成，平面略呈矩形，现占地面积约 1382.19 平方米。数经变故，渐被穷苦窑民占用。新中国成立后，百废待兴，1953年土改権权，神垕陶瓷官署按照国家农村土地改革政策被分。现被切割得七零八碎，变为大杂院。

陶瓷官署，前堂后寝两进四合院落，格局较完整。官署前堂、廊房保存完整。内眷院后可通碉楼（俗名钢叉楼）院。碉楼面阔三间，进深一间，硬山式四层灰板瓦仰瓦建筑。内眷院与官署前院格局相同。寝楼两层，却不及前院规格高大。神垕陶瓷官署是研究神垕陶瓷生产、发展史和清代地方建筑艺术与建筑风格的重要实物资料，有较高的科学研究价值。

（十三）张涌泉故居

张涌泉故居位于禹州城西南23.5公里的神垕镇东大街南段路东，西距驺虞桥450米，坐东朝西，占地面积五百多平方米的二进四合院清代建筑。现存有一进东西厢房、过厅、二进东西厢房。

南院过厅，面阔三间，进深一间，两层，硬山式小青瓦建筑。底层墙体用耐火砖砌成，前脸开两方形窗户，且为红石镂雕成竖格棂形。二层，墙体用青砖砌筑，拱券形窗户，中间使木格棂。房屋结构坚固。北院过厅，面阔三间，进深一间，出前檐，硬山式灰板瓦仰瓦建筑。

张涌泉故居是研究神垕社会经济发展状况、清代建筑艺术的重要实物资料，同时又是纪念民国时期地方名士爱家护民的重要史迹，是研究清末、民国时期中原社会状况的重要实物资料，具有重要的文化价值。

（十四）温家大院

温家大院位于禹州城西南23.5公里的神垕镇东大街，古威远寨北部，西北距驺虞桥520米，北距望嵩寨栅子门30米，南邻温家过道，是一处坐落于凤翅山右翼西侧翅中，坐东朝西，由二宅多进四合院和后花园组成的古建筑群落，现占地面积约1877.16平方米。

温家大院因山就势而建，格局独特，先由门楼与过厅单独成南小院，由小院向北建一道影壁，顺过厅北侧房山则有条东西向的通向花园的甬道，将北院隔断，影壁向北，则折而向东为中轴四进四合北院。平面呈L形，现存二十余所古建筑。

温家大院建筑规格之高，雕刻图案之精美，为禹州少见，是研究清代建筑艺术和陶瓷发展的重要史迹。

五、结　语

神垕是一座有1300多年历史的古镇，具有深厚的陶瓷文化积淀和丰富的旅游资源。作为中国宋代五大名瓷之一钧瓷艺术的发祥地和生产中心，孕育了独具特色的地域文化和地域经济。

神垕镇丰富的历史文化资源（传统民居、宗教建筑、传统巷道等）和非物质文化遗产是该村活的历史教科书和博物馆，是具有展示功能的不可移动物，它们将带动地方自驾游、钧瓷收藏和古建爱好者的学术考察等，推动地方经济发展，让游客更深入地了解传统文化。

神垕古镇以多样性的生活为背景，携带大量的乡土文化、社会和历史信息，作为钧瓷文化的发祥地，对传统文化的传承、发扬具有重要意义。

Investigation and Research on the Current Status of Traditional Buildings in Shenhou Town of Yuzhou in Henan

LI Fang

(Beijing Institute of Technology, Beijing, 100081)

Abstract: Shenhou is an ancient town with a history of more than 1,300 years, with a deep ceramic culture and rich tourism resources. As the birthplace and production center of Jun porcelain, one of the five famous porcelains in Song Dynasty in China, it gave birth to unique regional culture and regional economy.

Key words: Shenhou, traditional architecture, investigation

河南宝丰程庄村传统民居调查报告

苏光伟

（郑州市民间文艺家协会，郑州，450000）

摘　要：程庄村历史悠久，从明代程姓始居得名，是第二批中国传统村落。程庄村的传统建筑和村落格局记录了从明代以来程庄村发展演变，经济的盛弱、文化的兴替。现存建筑的布局、形制、脊饰等及自然理念、风水理念，展现了古代匠师和当时人们的审美理念、心理特点及价值取向，为研究当时社会的建筑学、民俗学、礼学、风水学、环境生态学提供了重要的历史依据。程庄村格局与寨墙关系密切，原始村落在寨墙内布局发展，寨墙则起到保护村民，抵御外来侵略的作用，为研究寨村提供了案例。

关键词：宝丰程庄村；传统民居；调查

一、村落选址和历史格局

（一）村落选址

宝丰县位于黄河北岸的第四系冲积平原上，在大地构造上位于豫西隆起和山西隆起的衔接地带，处于济源凹陷中隆起相连部分。县境南邻邙山大断层，并贯穿全境，表层地质结构多因黄河与沁河而生成，地层堆积多为风积或冲积而成，地势平坦，南部为黄河故道冲积而成的滩地。

程庄村交通优势得天独厚，西临贺窑，南临擂鼓台山，东临郏县境，北临南石公路。村内2条东西向街道和2条南北向街道构成村内主要路网，道路为水泥硬化道路，道路状况良好。村内传统巷道一条，位于程家大院西院与中院之间，长约48米，宽约1.6米，局部碎砖铺设，其余为泥土地面。

（二）历史格局

程庄村历史悠久，从明代程姓始居，故名。村落南面依靠落凫山，据史料记载，大清同治五年（1866年），因清兵与李太春率领的赵义捻军连年在鲁宝郏一带拉锯战，散兵土匪常祸殃庄民，为防侵扰，在以程氏28代传人毓嵩为主、本村刘德浅等协同支援下，用半年时间建成了同协寨，有东西寨门，外设寨壕，注水设防。程庄村格局与寨墙关系密切，原始村落在寨墙内布局发展，寨墙则起到保护村民，抵御外来侵略的作用，为研究寨村提供案例。

程庄村的传统建筑和村落格局记录了从明代以来程庄村发展演变，经济的盛弱、文化的兴替。现存建筑的布局、形制、脊饰等及自然理念、风水理念，展现了古代匠师和当时人们的审美理念、心理特点及价值取向，为研究当时社会的建筑学、民俗学、礼学、环境生态学提供了重要的历史依据。

传统民居院落集中连片分布在村中北部，东西大街两旁。院落布局为北方合院式，单体建筑形制主次分明，呈中轴线对称分布，是清代基层社会中上层家族建筑典型布局，也是当时制度和社会生活的一个反映。对研究当时基层社会中上层家族社会生活、生产生活以及清代平顶山周边地区社会生活和礼制在建筑布局、建筑形制上的反映具有重要的历史价值。该区域建筑形式、院落布局，村落布局等是一部活的、生动的、形象的教科书，对认识原有村落布局，街巷肌理和村落发展布局演变具有十分重要的价值。

二、传统民居现状调查

据调查，程庄村院落15座，传统民居共计45座，主要位于主街与后街之间，部分位于两侧。建筑主要以合院为组合单位，多进院落，每个院落都有倒座，厢房和正房。院落空间较为狭窄，正房和倒座多为三间和五间两种，东西厢房一般为三间。建筑两侧的话，层高一般为一层半或两层，一层居住使用，二层为储物空间。除程家祠堂始建于明代，其余全部为清代建筑，其中刘家、程家大院整体院落格局保存较好，建筑等级偏高，对研究清代传统民居建筑结构提供了较为翔实完整的实物依据。

程庄村大部分院落有人居住，环境一般，部分院落后期人为改造铺装及格局，建筑保存较好，无安全隐患；仅刘家大院西院过厅次间坍塌。刘邦老宅、蒋新老宅、赵宝乾老宅长年无人居住、打理，环境极差，亟须整治，调查如下：

（一）刘家大院

院落位于主街西段北侧，坐北朝南，平面布局呈长方形，南北长46.8米，东西宽35.72米，占地面积1672平方米。平面布局分为中、东、西三个二进院落，现存建筑均为硬山式，砖木结构，外表红石青砖砌体，内用土坯，抬梁式木构架，小青瓦仰瓦屋面。

（二）程家大院

院落位于主街中段北侧，坐北朝南，平面布局呈长方形，南北长46.8米，东西宽35.72米，占地面积1672平方米。平面布局分为中（程庄程文奇老宅）、东（程庄程文郁老宅）、西（程庄程文明老宅）三个二进院落，现存建筑均为硬山式，砖木结构，外表红石青砖砌体，内用土坯，抬梁式木构架，小青瓦仰瓦屋面。

（三）关帝庙

该单体坐北朝南，面阔4.48米，进深4.75米，占地面积21平方米。现存建筑为一间，硬山式，砖木结构，外表红石砌体，内用土坯，抬梁式木构架。单体周围水泥地面，前檐上身抹白灰，下碱抹水泥，东侧山墙后期全部水泥抹面。室内地面为240毫米×120毫米×60毫米青砖地面，青砖碎裂2平方米。室内土坯砖砌筑，泼灰麦草泥抹底灰，白灰全部罩面。红石砌筑淌白墙，后期水泥抹面13.4平方米，红石砌筑淌白墙，灰缝脱落7平方米。前檐上身后期白灰罩面。屋面漏雨严重，瓦件松动，瓦件破损3平方米，屋面后期抹白灰。后期吊顶，望砖酥碱发霉5平方米，飞椽糟朽32根。连檐糟朽严重，多处劈裂。西侧窗棂条断裂1根，缺失1根，东侧窗棂条断裂4根。门板局部开裂。

（四）刘春峰老宅

该单体坐南朝北，面阔 14.48 米，进深 5.35 米，占地面积 78.6 平方米。现存建筑为五间倒座和门楼，硬山式，砖木结构，外表红石青砖砌体，内用土坯，抬梁式木构架。倒座前檐墙和门楼东山墙周围为土地面，紧挨前檐墙后期临时搭建棚子，院内为水泥地面。门楼地面为土地面，凹凸不平。倒座地面为 280 毫米 ×140 毫米 ×60 毫米青砖地面，青砖碎裂 10 平方米，杂物堆积。土坯砖砌筑，泼灰麦草泥抹底灰，麻刀灰罩面，抹灰层脱落 74.8 平方米。土坯砖砌筑，泼灰麦草泥抹面，抹灰层脱落 38 平方米。东侧山墙有道裂缝长 1 米、宽 2 厘米、深 60 毫米，青砖砌筑淌白墙，酥碱 12 平方米，灰缝脱落 22 平方米。下碱红石砌筑淌白墙，灰缝脱落 12.2 平方米。屋面瓦件松动，散乱，多处漏雨，瓦件破损 10 平方米，脊兽破损，垂兽破损。门楼后檐金檩有道裂缝长 1.5 米、宽 8 毫米、深 20 毫米，脊檩有道裂缝长 1 米、宽 5 毫米、深 10 毫米，望砖酥碱发霉 5 平方米。飞椽糟朽 8 根。连檐糟朽严重，多处劈裂。倒座明间脊檩有道裂缝长 1.5 米、宽 5 毫米、深 10 毫米。望砖酥碱发霉 10 平方米。檐椽糟朽 15 根。西侧梢间五架梁有道裂缝长 1 米、宽 5 毫米、深 20 毫米，连檐糟朽严重，多处劈裂。前檐门窗后期新开。后檐门后期新开，窗后期封堵一半，窗棂条全部缺失。

（五）程家祠堂

该单体坐南朝北，面阔 10.24 米，进深 5.5 米，占地面积 56.2 平方米。现存建筑为三间上房，硬山式，砖木结构，前檐和东西山墙外表红石青砖砌体，内用土坯，后檐红石土坯砌体，抬梁式木构架。单体院内地面水泥地面，东西和南侧为土地面凹凸不平，杂物乱堆。门楼和围墙后期新建。室内为土地面，凹凸不平、杂物乱堆。土坯砖砌筑，泼灰麦草泥抹底灰，麻刀灰罩面，抹灰层脱落 64 平方米。后檐墙土坯砖砌筑，泼灰麦草泥抹面，墙体歪闪严重，抹灰层脱落 23.4 平方米。前檐青砖砌筑淌白墙，后期麻刀灰罩面 10.3 平方米，下碱红石砌筑，后期水泥抹面。东西山墙青砖砌筑淌白墙，灰缝脱落 30 平方米。下碱红石砌筑，灰缝脱落 30 平方米。屋面漏雨严重，瓦件散乱，松动、碎裂 20 平方米，脊兽垂兽破损。檐椽糟朽 16 根。插手严重糟朽变形，明间后檐下金檩有道裂缝长 1.5 米、宽 15 毫米，望砖酥碱、发霉、碎裂 6 平方米，西侧三架梁有道通裂缝宽 5 毫米、深 10 毫米，连檐严重糟朽、劈裂。东侧窗棂条断裂 2 根，西侧断裂六根。门板局部糟朽开裂。

（六）刘邦老宅

该院落坐北朝南，面阔 18.73 米，进深 22.44 米，占地面积 420.3 平方米。现存建筑为过厅及东厢房，砖木结构，小青瓦仰瓦屋面，外表红石青砖砌体，内用土坯，抬梁式木构架。院内环境一般，土地面，杂物乱堆，杂草丛生，凹凸不平。

过厅面阔 11.22 米，进深 5.32 米，占地面积 59.69 平方米。室内地面杂物堆积，270 毫米 ×135 毫米 ×60 毫米青砖铺墁，局部碎裂、缺失 36.4 平方米。檐墙下碱红石灰缝脱落 6.4 平方米，墙面现存一排铁钉，前面出现两道裂缝，一道裂缝长 3.3 米、宽 5 毫米、深 135 毫米，另一道裂缝长 4.5 米、宽 5 毫米、深 135 毫米。后檐墙，红石灰缝脱落 3.6 平方米，墙体上身后期土坯砌筑，抹灰层全部空鼓，局部脱落，土坯裸露，整体向北歪闪。山墙墙体后期红砖砌筑，泼灰麦草泥抹面，局部红砖松动，抹灰层脱落，檩头裸露，后期增设博缝板，现已严重糟朽。室内下碱青砖酥碱5.3平方米。室内抹灰层为泼灰麦草泥抹底，麻刀灰罩面，全部空鼓、脱落156平方米。屋面局部凹陷，严重漏雨，正脊扭曲变形，脊兽破损。全部脊檩严重糟朽，全部金檩严重糟朽，三轴三架梁严重糟朽，四轴金瓜柱严重糟朽，檐椽糟朽33根，脑椽糟朽46根，望砖霉变、酥碱18.6平方米。前檐墙木门佚失，木门佚失，后期封堵门洞，后檐墙木门严重糟朽，后期改造现代窗。

东厢房面阔9.4米，进深5.1米，占地面积47.94平方米。室内地面杂物堆积，270毫米×135毫米×60毫米青砖铺墁，局部碎裂、缺失24.2平方米。前檐墙，红石灰缝脱落3.5平方米。后檐墙，红石灰缝脱落2.1平方米，下碱青砖酥碱3.9平方米，墙体裂缝长3.8米、宽5毫米、深135毫米。南北山墙，红石灰缝脱落2.6平方米。室内下碱青砖酥碱4.5平方米。南北山墙抹灰层全部脱落，室内墙面抹灰层为泼灰麦草泥抹底，麻刀灰罩面，全部空鼓、脱落116平方米。屋面局部凹陷，严重漏雨，屋面局部杂草，脊兽破损。全部脊檩严重糟朽，南次间金檩严重糟朽，明间金檩严重糟朽，通体劈裂，金枋通体劈裂，现已脱榫，全部檐檩轻微移位，东侧金瓜柱严重糟朽，通体柱裂，北侧金瓜柱裂缝长0.4米、宽15毫米、深60毫米，檐椽糟朽41根，脑椽糟朽29根，望砖霉变、酥碱15.2平方米。木门门跋缺失，二层木窗窗棂全部佚失，单楹全部糟朽，窗板佚失。

（七）蒋新老宅

院落位于主街西段南侧，坐南朝北，平面布局呈长方形，南北长26.6米，东西宽19.64米，占地面积522.42平方米。平面布局分为东、西两个院落，现存建筑均为硬山式，砖木结构，外表红石青砖砌体，内用土坯，抬梁式木构架，小青瓦仰瓦屋面。

（八）赵宝乾老宅

院落位于主街西段北侧，坐北朝南，平面布局呈长方形，南北长10.6米，东西宽5.32米，占地面积56.39平方米。现存上房为硬山式，砖木结构，外表红石青砖砌体，内用土坯，抬梁式木构架，小青瓦仰瓦屋面。上房面阔三间10.6米，进深5.32米，面积56.39平方米。280毫米×140毫米×60毫米青砖地面，破损缺失0.2平方米，室内杂物堆积，室内抹灰层空鼓脱落81平方米，前檐墙抹灰层空鼓脱落4平方米，红石下碱灰缝脱落6.8平方米，后檐墙抹灰层空鼓脱落5.6平方米，红石下碱灰缝脱落9.3平方米，西山墙坍塌后期用红砖砌筑，红石下碱灰缝脱落4.4平方米，东山墙红石墙体保存较好。屋面凹陷，正脊弯曲变形，脊兽破损，滴水破损缺失3.7米。木构架保存较好，楞木、木楼板全部佚失，檐椽糟朽23根，脑椽糟朽9根，望砖霉变脱落2.6平方米。木门木窗保存较好。

（九）程广善老宅

院落位于主街东段北侧，坐北朝南，平面布局呈长方形，南北长16.71米，东西宽12.15米，占地面积201.52平方米。现存上房为硬山式，砖木结构，外表红石青砖砌体，内用土坯，抬梁式木构架，小青瓦仰瓦屋面。上房面阔三间10.55米，进深5.52米，面积58.24平方米。地面600毫

米 ×600 毫米瓷砖铺墁，保存较好。前檐墙红石下碱灰缝脱落 11.4 平方米，后檐墙抹灰层空鼓脱落 24.24 平方米，红石下碱灰缝脱落 12.77 平方米，西山墙抹灰层空鼓脱落 14.54 平方米，红石下碱灰缝脱落 6.35 平方米，后檐墙抹灰层空鼓脱落 14.54 平方米，红石下碱灰缝脱落 6.35 平方米。屋面凹陷，正脊破损缺失 0.6 米，脊兽缺失。脊檩严重糟朽，檐椽糟朽 35 根，脑椽糟朽 26 根，望砖霉变 5.6 平方米，连檐弯曲变形，木门木窗保存较好。

（十）程大领老宅

该单体坐南朝北，面阔 12.07 米，进深 5.48 米，占地面积 66.1 平方米。现存建筑为四间倒座和门楼，硬山式，砖木结构，外表红石青砖砌体，内用土坯，抬梁式木构架。单体周围土地面，凹凸不平，杂草丛生。门楼地面为土地面，凹凸不平。倒座地面为 260 毫米 ×120 毫米 ×60 毫米青砖地面，明间和东次间地面保存较好，西次间地面青砖碎裂 6 平方米，杂物乱堆。土坯砖砌筑，泼灰麦草泥抹面，抹灰层脱落 16 平方米。室内墙面全部白灰罩面。门楼室内墙面有道裂缝长 2 米、宽 1 厘米。青砖砌筑淌白墙，灰缝脱落 21 平方米。下碱红石砌筑，灰缝脱落 11 平方米。屋面局部长草，瓦件松动，漏雨严重，倒座屋面坍塌 6 平方米，脊兽破损。瓦件破损 10 平方米。门楼脊檩有道裂缝长 1 米、宽 2 毫米、20 毫米，前檐下金檩有道通裂缝宽 1 厘米、深 30 毫米，椽头糟朽 14 根，连檐糟朽严重。倒座明间东西次间脊檩糟朽严重，西次间前后檐下金檩糟朽 0.5 米，现用一根木头支撑，檐椽糟朽 10 根，脑椽糟朽 20 根。望砖酥碱发霉 10 平方米。倒座西侧窗棂条断裂 1 根。门板局部糟朽开裂。门楼门缺失。

（十一）程大钦老宅

该单体坐北朝南，面阔 14.99 米，进深 4.98 米，占地面积 86 平方米。现存建筑为五间上房，硬山式，砖木结构，前檐和东西山墙外表红石青砖砌体，内用土坯，后檐土坯红石砌体，抬梁式木构架。院内局部青砖地面，后檐和西侧山墙周围水泥地面，东侧为土地面，围墙后期红砖砌筑。明间和东西次间为水泥地面，东西梢间为青砖地面，青砖碎裂 12 平方米，杂物堆积。土坯砖砌筑，泼灰麦草泥抹面，抹灰层脱落 43 平方米。室内明间和东西次间后期白灰罩面，东西梢间麻刀灰罩面抹灰层空鼓脱落 140 平方米。青砖砌筑淌白墙，灰缝脱落 14 平方米，酥碱 3 平方米。西侧山墙后期泼灰麦草泥抹面 3 平方米。下碱红石砌筑，灰缝脱落 28.8 平方米。屋面局部凹陷，漏雨严重，正脊扭曲变形。瓦件破损 4 平方米。脊兽破损 2 份，垂兽破损 2 份。檐椽糟朽 50 根，脑椽糟朽 15 根，脊檩变形，糟朽严重，望砖酥碱发霉 40 平方米，金檩变形严重。西侧窗框局部糟朽开裂，棂条断裂 5 根，东侧窗框局部糟朽开裂，棂条断裂 6 根，门严重开裂，糟朽。

（十二）程明星老宅

该单体坐南朝北，平面布局呈长方形，南北长 48.5 米，东西长 13.6 米，占地面积 684 平方米。程明星老宅现存三进院，砖木结构，后期新建门楼及红砖墙，院落大面积为土地面，局部水泥地面，一进院都为后期新建建筑，二进院仅存过厅和门楼，三进院土地面，凹凸不平，杂草丛生。三进西厢房，室内土地面，杂物堆积，凹凸不平；土坯砖砌筑墙体，室外泼灰麦草泥抹面，抹灰层脱落53平方米。室内泼灰麦草泥抹底灰，麻刀灰罩面，抹灰层空鼓脱落20平方米，墙面全部变黑；青砖砌筑淌白墙，灰缝脱落3平方米，南侧山墙后期红砖砌筑，下碱红石砌筑，灰缝脱落27平方米。屋面脊饰全部缺失，屋面局部长草，瓦件松动，多处漏雨，瓦件破损10平方米。檐椽糟朽20根，脑椽糟朽8根，南梢间前檐下金檩糟朽严重，望砖发霉，酥碱碎裂5平方米；窗保存较好，门板局部开裂。东厢房，室内地面为土地面，凹凸不平，杂物堆积；土坯砖砌筑墙体，泼灰麦草泥抹面，抹灰层脱落48.4平方米。室内墙面，泼灰麦草泥抹底灰，麻刀灰罩面，抹灰层空鼓脱落40平方米，墙面大面积变黑。青砖砌筑淌白墙，灰缝脱落4.5平方米，酥碱1平方米。北侧山墙裂缝长1.2米、宽5厘米、深90毫米。下碱红石砌筑，灰缝脱落26平方米，南侧山墙红砖砌筑。屋面脊饰全部缺失，屋面局部长草，瓦件松动，多处漏雨，瓦件破损10平方米。檐椽糟朽38根，明间和次间脊檩有道裂缝长2米、宽10毫米、深20毫米，东西梢间和次间插手严重糟朽；望砖酥碱，碎裂，发霉30平方米。东厢房窗保存较好，门板局部糟朽开裂。二进过厅，室内280毫米 ×140毫米 ×60毫米青砖铺墁，局部碎裂6平方米，门楼地面为280毫米 ×140毫米 ×60毫米青砖铺墁，保存较好。土坯砖砌筑墙体，泼灰麦草泥抹面，抹灰层脱落48.2平方米。北立面山间土坯砖砌筑墙体，泼灰麦草泥抹底灰，抹灰层脱落1平方米。室内泼灰麦草泥抹底灰，麻刀灰罩面，抹灰层脱落70平方米。青砖砌筑淌白墙，灰缝脱落23.5平方米。下碱红石砌筑，灰缝脱落48.8平方米。西侧后期红砖砌筑围墙，东侧老围墙土坯装砌筑，泼灰麦草泥抹面，抹灰层脱落80平方米。屋面局部长草，瓦件松动，多处漏雨，瓦件碎裂5平方米，脊饰后期新加。檐椽糟朽20根，脑椽糟朽15根，望砖发霉、酥碱碎裂15平方米，西侧五架梁有道裂缝长1米、宽0.8毫米，夹层后期搭建。屏门保存较好，大门门板局部开裂；窗后期砖封堵一半。

（十三）程大钦老宅

该单体坐北朝南，面阔14.99米，进深4.98米，占地面积86平方米。现存建筑为五间上房，硬山式，砖木结构，前檐和东西山墙外表红石青砖砌体，内用土坯，后檐土坯红石砌体，抬梁式木构架。院内局部青砖地面，后檐和西侧山墙周围水泥地面，东侧为土地面，围墙后期红砖砌筑。明间和东西次间为水泥地面，东西梢间为青砖地面，青砖碎裂12平方米，杂物堆积。土坯砖砌筑，泼灰麦草泥抹面，抹灰层脱落43平方米。室内明间和东西次间后期白灰罩面，东西梢间麻刀灰罩面抹灰层空鼓脱落140平方米。青砖砌筑淌白墙，灰缝脱落14平方米，酥碱3平方米。西侧山墙后期泼灰麦草泥抹面3平方米。下碱红石砌筑，灰缝脱落28.8平方米。屋面局部凹陷，漏雨严重，正脊扭曲变形。瓦件破损4平方米。脊兽破损2份，垂兽破损2份。檐椽糟朽50根，脑椽糟朽15根，脊檩变形，糟朽严重，望砖酥碱发霉40平方米，金檩变形严重。西侧窗框局部糟朽开裂，棂条断裂5根，东侧窗框局部糟朽开裂，棂条断裂6根，门严重开裂，糟朽。

（十四）贺宗军老宅

院落位于后街西段北侧，坐北朝南，平面布局呈长方形，南北长19.74米，东西宽5.3米，占地面积104.62平方米。现存倒座为硬山式，砖木结构，红石砌筑下碱，土坯砌筑墙身，抬梁式木构架，小青瓦仰瓦屋面。倒座面阔六间19.74米，进深5.3米，占地面积104.62平方米。门楼及门楼西侧室内为土地面，室内杂物堆积，凹凸不平；门楼东侧室内为 260 毫米 ×130 毫米 ×60 毫米青砖地面，室内杂物堆积。室内抹灰层空鼓脱落 205.21 平方米，门楼西侧前檐墙抹灰层空鼓脱落 19.34 平方米，红石下碱灰缝脱落 16.25 平方米；门楼东侧前檐墙抹灰层空鼓脱落 24.8 平方米。门楼西侧后檐墙抹灰层空鼓脱落 14.29 平方米，红石下碱灰缝脱落 16.25 平方米；门楼东侧后檐墙抹灰层空鼓脱落 21.8 平方米。西山墙抹灰层空鼓脱落 15.3 平方米，红石下碱灰缝脱落 4.45 平方米。东山墙抹灰层空鼓脱落 12.1 平方米，红石下碱灰缝脱落 2.3 平方米。门楼西侧屋面坍塌 21.12 平方米；门楼屋面凹陷；门楼东侧屋面凹陷。门楼西侧正脊缺失 3.2 米，门楼东侧正脊缺失 0.82 米。脊兽全部佚失。门楼檐椽糟朽 14 根，脑椽糟朽 12 根；望砖霉变 1.6 平方米；木楼板佚失。门楼西侧西次间脊檩佚失，西次间前后金檩佚失，檐椽糟朽佚失 34 根，脑椽糟朽佚失 34 根；望砖缺失 8.96 平方米，连檐弯曲变形。门楼东侧脊檩严重糟朽，檐椽糟朽佚失 41 根，脑椽糟朽 39 根，望砖霉 10.3 平方米，连檐弯曲变形。门楼西侧前檐墙后期增设木门；门楼东侧木洞下部后期用水泥封堵。

（十五）刘俊义老宅

该单体坐北朝南，面阔 16.7 米，进深 5.46 米，占地面积 91.2 平方米。现存建筑为五间上房，硬山式，砖木结构，红石土坯砌体，抬梁式木构架。院内及西侧为水泥地面，北侧为土地面，东侧紧挨相邻建筑，红砖砌筑围墙。室内地面为水泥地面，杂物乱堆。土坯砖砌筑，泼灰麦草泥抹面，抹灰层脱落 122.4 平方米。土坯砖砌筑，泼灰麦草泥抹底灰，麻刀灰罩面，抹灰层脱落 120 平方米。青砖砌筑淌白墙，灰缝脱落 7.8 平方米。下碱红石砌筑，灰缝脱落 56 平方米。屋面局部漏雨，正脊变形严重，正脊开裂宽 5 毫米，瓦件破损 10 平方米，脊兽破损。望砖酥碱发霉 15 平方米。檐椽糟朽 10 根，连檐糟朽严重，多处劈裂，明间西侧五架梁有两道裂缝长 2.5 米、宽 5 毫米、深 20 毫米，二层楼板严重松动，起翘。门板局部糟朽开裂，窗保存较好。

三、文化内涵及传承

程庄村历史源远流长，其中程家先人程文郁（1742～1831 年）于道光四年赐谢为匾一副“达尊有二”；程文奇（1832～1875 年），道光四年，皇封钦赐翰林院大学士“淑慎其身”；程白林，生于嘉庆元年二月三十日，卒于咸丰九年六月九日，因办学有功有德，后人立德教碑一座；程文辉妻王氏，钦赐碑文“旌表烈妇程文辉妻王氏”乾隆二十五年岁次庚辰九月十五日，赐进士出身知郏县事潘思光奉旨督建（牌坊）。程毓嵩（1842～1908 年）与刘德浅牵头建立同协寨。程庄村寨壕与院落的发展历史本身也是村民奋斗史，展示该村落原住居民为生存、为发展不懈奋斗的精神。

程庄村是观音妙善传说活态传承村。妙善传说具有广泛的群众性和民间传承性，程庄村大部分村民都能讲说关于妙善观音出生、出家、成道的传说故事，三皇姑妙善的传说流水似的在宝丰人民的口中流传至今，是一个永远也讲不完的故事。

挑经担舞是市级非物质文化遗产保护项目，在宝丰地区流传历史悠久，相传起源于唐末宋初，距今已有千余年历史。程庄村也继承这一风俗特色，村内不乏传承人。每逢初一、十五到白雀寺（位于宝丰县城东 18 公里的李庄乡古城村）、香山寺（香山寺建于东汉光武四年）朝拜观音菩萨而形成的民间舞蹈活动形式。

挑经担舞经过千百年来的历练改进，早已形成为一种欢快流畅、多姿多彩、唱经悦耳的民间舞蹈习俗。与挑经担舞相匹配的还有打击乐器钵盂和竹板。一时间，钵盂叮当，梵歌萦绕，经挑舞动，整个场景庄严肃穆，又不失灵动和谐。具有较高的艺术、欣赏价值和宗教研究价值。

程庄村自很久前就有火神庙、关帝庙存在，每年农历2月22日，周边百姓都赶到程庄参加火神庙祭祀活动，戏曲、民间舞蹈都在庙会时候登台表演，也趁机提供买卖交易。“文革”时期，火神庙被拆除，但每年的庙会仍然继续，延续至今。关帝庙在每月初一、十五当地百姓都有祭拜活动，春节期间尤为隆重和热闹。

程庄村中的非物质文化遗产，是整个区域文化的一个代表，妙善传说、挑经担舞以及传统庙会是人们精神生活的具体表现，也是文化艺术传承的载体。

四、结　语

程庄村的传统建筑和村落格局记录了从明代以来程庄村发展演变，经济的盛弱、文化的兴替。古建筑群由寨壕围合而成，设寨门和戏台，有护城河环绕，建筑随地形而建。民居整体为合院式，功能分区合理，主次分明，立面高大，装饰精美。建筑形式古朴典雅，各座单体错落有致，互为呼应，规划合理，保留着典型的清代院落布局和建筑特征，集中反映了该地区清代民居建筑的建筑风格和建筑水平。整体建筑布局合理实用，是研究该区域清代中上层家族建筑布局和设计理念的实物资料，具有重要的科学价值。

单体建筑基础均为红石，避免了青砖风化、酥碱现象的发生，保证了建筑结构的安全，且红石垒砌科学，防止了墙体的歪闪、开裂，保证了墙体的稳定。砖木结构为主，基础与下槛墙以红石垒砌，墙体为青砖土坯混砌，青砖灰瓦顶。青砖包砌门窗洞口，在满足墙体强度的基础上，兼顾了节约材料、隔热、隔声等功能。程庄村民居建筑材料取材之妙，建造技艺精湛，在建筑的墙体、地面、屋顶及结构上都融入了许多创新之处，兼顾了外立面的美观，又有很大的实用价值，在如今仍有借鉴意义。对于研究当时的科学技术水平具有重要的科学价值。

Investigation Report of Traditional Residentence in Chengzhuang Village of Baofeng in Henan

SU Guangwei

(Zhengzhou Civil Artists Association, Zhengzhou, 450000)

Abstract: Chengzhuang village got its name from Cheng surname as the first residents in Ming Dynasty is the second batch of Chinese traditional villages. The traditional architecture and village pattern of Chengzhuang Village record the development and evolution, the prosperity and weakness of economy and the vicissitude of culture since the Ming Dynasty. The layout, shape and structure of the existing buildings, as well as the natural and geomantic ideas, show the aesthetic ideas, psychological characteristics and value orientation of ancient craftsmen and people, and provide an important historical basis for the study of architecture, folklore, ritual, geomantic and environmental ecology at that time. The pattern of Chengzhuang village is closely related to the walled villages. The original villages are laid out and developed within the walled walls that play a role in protecting the villagers and resisting foreign aggression, this village provided with a case study of walled villages.

Key words: Chengzhuang Village of Baofeng, traditional residence, investigation

数字摄影测量技术在故宫养心殿研究性保护项目中的应用——内檐槅扇与罩的现状记录

王　莫
（故宫博物院，北京，100009）

摘　要：在介绍故宫养心殿及其内檐槅扇与罩的现状记录意义的基础上，详细阐述了以数字摄影测量为主要技术方式进行养心殿室内数据采集、处理的全过程，并总结了该方法用于内檐槅扇与罩现状记录的几点优势。

关键词：数字摄影测量；养心殿；内檐槅扇与罩；点云；三维模型；正射影像

一、养心殿概况及其内檐槅扇与罩的现状记录意义

养心殿位于故宫内廷乾清宫以西、西六宫的南侧，为一独立院落，明代嘉靖年间所建。“养心”二字出自《孟子》的《尽心章句下》，文曰“养心莫善于寡欲”，意思是说“修养内心的方法，没有比减少欲望更好的了”。相比太和殿、乾清宫这些从名字上就充满庙堂之气、浩然之气的建筑，养心殿更多了一分人情气息。养心殿院落南北长约 63 米，东西宽约 80 米，总占地面积约 5000 平方米。养心殿平面呈“工”字形，前后殿相连，周围廊庑环抱，布局紧凑，舒适自如（图一）。在明代，

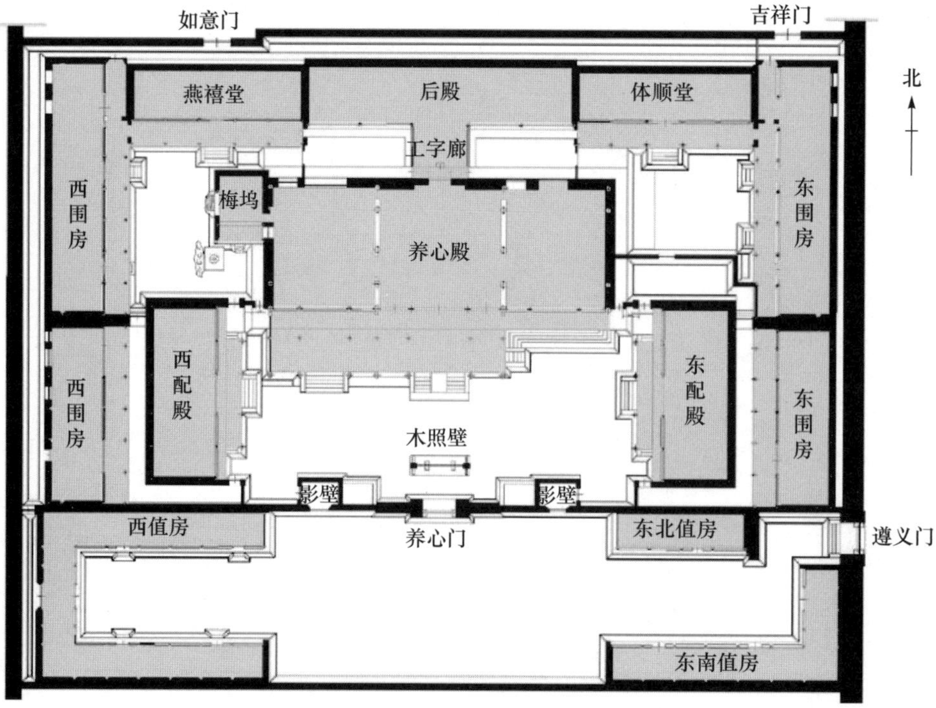

图一　养心殿总平面图

养心殿只是一座为皇帝临时休息而设的宫殿。而进入清代后，历代皇帝却都对养心殿钟爱有加，特别是到了雍正时期，由于养心殿地理位置毗邻前朝，通往后宫各院落也十分方便，非常适合皇帝处理朝政与宫廷事务，因此雍正皇帝一直将养心殿作为最主要的理政与生活地点，实现了“政寝合一”。自此起，清代共有 8 位皇帝先后居住在养心殿，清代的很多重大历史事件都是在这里商议决定的。

养心殿是清代最高权力中心所在地，也是清代帝王使用时间最长的勤政燕寝之所。作为故宫内最重要的建筑之一，其使用、修缮相当频繁，而它的内部格局与装修则是依据需要随时变化的。可以说，养心殿的内檐装修遗存贯穿了整个清代中后期。槅扇（由于多采用双面夹纱做法，故又称碧纱橱[①]）以及各种不同类型的罩（如几腿罩、落地罩、栏杆罩、炕罩等）都属于养心殿的内檐装修，它们是专用于划分建筑室内空间、隔成比例协调的不同区域，以便于陈设家具和生活起居的重要手段，是传统建筑文化中室内装饰艺术的主要形式（图二）。而内檐装修与建筑实为一个有机的整体，一般来讲，装修、装饰的设计应以建筑形制为依据。因此，它们亦是封建等级制度的体现，其中的图案及色彩也是当时社会观念、形态的具体体现。

图二　养心殿东暖阁内景

槅扇和各种罩令养心殿室内形成了不同层次的空间分隔和过渡，满足了不同的使用需求。并且，在同一空间内施用形式和图案不同的装修，以求变化；在不同空间内施用形式和图案相同的装修，以求统一。这种既变化又统一的做法，使其装修形成一种内在的和谐，实为颇具匠心之作。虽然养心殿内檐槅扇与罩所使用的材料并不都是珍贵罕见原料，但却均雕刻讲究，花饰精美，槅眼处的诗、词、绘画等艺术品亦题材多样，越凝神细观就越能使人赏心悦目。它们对室内空间分隔和环境气氛的营造起着重要作用，极富艺术价值和工艺研究价值。

总之，养心殿的内檐槅扇与罩携带着大量的历史信息，它们不仅是研究养心殿历史沿革的重要参考依据，见证着养心殿的发展历程；而且还承载着多方面的人文信息，是研究清代社会观念、形

① 黄希明：《清宫内檐装修赏析》，《紫禁城》1999 年第 2 期，第 40～42 页。

态及社会发展的珍贵资料。与此同时，它们的艺术价值和工艺研究价值也很突出。所以，对于养心殿内檐槅扇与罩的记录意义重大。

作为养心殿研究性保护项目前期勘察的一部分，本项目的开展目的是将养心殿内檐槅扇与罩的现状通过数字摄影测量等技术进行准确、全面的记录和永久保存，为古建筑的保存现状评估及价值评估提供基础数据，并给内檐槅扇与罩的修复设计方案制定和保护研究等工作提供可靠、完整的原始资料。

二、数字摄影测量技术简介

摄影测量技术的发展经历了模拟摄影测量、解析摄影测量和数字摄影测量三个阶段[①]。数字摄影测量的出现使得摄影测量发生了革命性的变化，传统摄影测量中许多由人工操作光机仪器的繁杂作业，改而由数字摄影测量软件和计算机自动、快速地完成，这大大提高了摄影测量信息提取的效率。数字摄影测量软件通过对具有一定重叠率的数字影像进行匹配和处理，可以自动识别出同一位置的同名像素点，并且利用共线方程计算出所摄对象的空间坐标，进而重构带有纹理信息的三维彩色模型。数字摄影测量技术具有操作简便、成本低、边缘提取效果好、几何模型与纹理的匹配准确性高等优点。

在本项目中，我们结合了数字摄影测量技术和三维激光扫描技术的不同特点，完成了养心殿内檐槅扇与罩的真实坐标三维模型和正射影像的制作。具体的技术路线是：以数字摄影测量为主、地面三维激光扫描为辅的方式进行数据采集。通过拍摄大量数码照片，先运用摄影测量原理生成被拍摄物体的三维彩色点云，进而生成三维彩色模型，再利用三维彩色模型投射出正射影像。其中，三维激光扫描仪获取的建筑空间位置信息要为摄影测量成果提供定位及尺寸基准。

三、养心殿内檐槅扇与罩的现状数据采集

（一）使用设备

从理论上讲，获取同样像素的照片，数码相机的成像传感器（CCD或CMOS）尺寸越大，其像素分辨率（像素分辨率＝传感器尺寸/像素）就越高，照片的成像质量就越好。所以，对于照片拍摄，既需要约束照片分辨率或单位面积的像素值，也需要约束使用相机的类型或传感器尺寸。

鉴于采用摄影测量方式对照片清晰度、重叠度以及多角度拍摄的需求，我们则要根据具体的应用环境与拍摄对象来决定使用的相机类型。为确保拍摄质量及拍摄效率，在同等条件下，应尽可能使用高像素、传感器尺寸大的全画幅数码单反相机。

因此，我们选用了Surphaser 25HSX三维激光扫描仪（图三）和佳能EOS 5DS R全画幅数码单反相机（图四）来进行养心殿内檐槅扇与罩的现状数据采集。

---

① 张祖勋、张剑清：《数字摄影测量学》（第二版），武汉大学出版社，2012年。

图三　Surphaser 25HSX 三维激光扫描仪

图四　佳能 EOS 5DS R 全画幅数码单反相机

（二）三维激光扫描

对摄影测量数据进行后期处理时，像控点的位置和数量将直接影响模型的精度。因此，为保证对象不变形，就需要在计算过程中添加多个位置的像控点，以防止由于个别像控点获取及放置位置偏差而造成的整体变形。计算完成后，还要选取模型上的某个特征点与实际位置进行校核。针对内檐槅扇与罩这类偏平面类型的采集对象，像控点的获取如果仅采用传统的全站仪等方式测量，得到的像控点数量和位置受限，所以在实际应用中，通常使用三维激光扫描仪来获取构件完整的数据信息。这样能够保证处理后的模型可以在大部分位置获得计算数据，并与扫描数据进行对比校核，从而更好地保证模型的尺寸精度。

扫描时，站点的布设需要考虑各个测站之间的互补性、相邻测站的通视性、测站覆盖的全面性等多个方面。在保证扫描精度的前提下，通常选取尽可能少的站点来覆盖整体目标。因此，三维激光扫描宜从不同角度结合进行。在本项目中，我们采用高、低站相结合的方式开展扫描工作，获得的点云数据涵盖了内檐槅扇与罩的全部空间坐标信息。例如养心殿后殿，总共设置了 26 个扫描站点（图五）。在每个站点，扫描仪与对象的距离都控制在 1 米到 3 米范围内，需视扫描对象的空间位置具体调整。

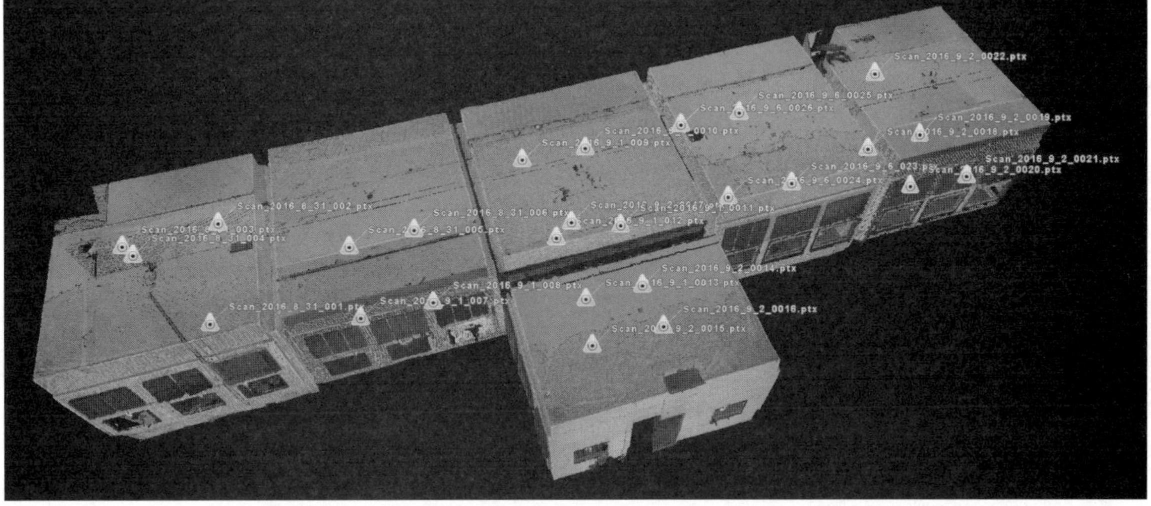

图五　养心殿后殿扫描站位图

（三）数字摄影测量

为了获取内檐槅扇与罩完整、清晰的空间特征和纹理特征，根据数字摄影测量的技术特点，我们在拍摄照片时遵循以下原则：

① 根据成果影像输出分辨率不低于 150dpi 的要求，先通过公式计算出所摄对象的物理尺寸，而实际工作中则按照更高的质量进行拍摄，即实际拍摄范围应小于该尺寸，这样才能保证所拍摄区域达到成果影像要求的分辨率。在拍摄过程中需调整拍摄距离或者相机焦距。

用成果影像的分辨率来确定相机拍摄的物理范围时，可按照以下公式计算：

$$L = 25.4/DPI \times P1$$

其中：L 为正投影方向拍摄的对象物理尺寸，单位 mm。

DPI 为成果影像要求的分辨率数值。

P1 为相机在画幅长或宽方向的像素值，单位 pix。

单位转换关系为 1 英寸（in）＝ 25.4 毫米（mm）。

例如佳能 5DS R 相机的像素值是 8688×5792pix，成果影像要求的分辨率是 150dpi，则正投影方向拍摄时，拍摄的构件物理尺寸在长度方向上最大值 L ＝ 25.4/150×8688 ＝ 1471mm。

② 相机镜头应与所摄对象的立面保持平行，且相邻照片之间的覆盖率为 60% 以上；对于拍摄条件受限的局部，可适当变换拍摄角度，但要确保该部位被拍摄到至少 2 次以上。

③ 要采用闪光灯辅助光源进行拍摄，并应根据所摄对象的材质、环境光线等具体情况来调整辅助光源的位置和光照强度（图六）；在空间位置布光不方便的地方，应适当增加反光板等工具来改善拍摄的光线条件。

④ 所摄对象在相同或者接近的光线条件下，需拍摄一张色卡（图七），用于照片处理过程中的色彩校正。

⑤ 由于槅扇与罩均以平面结构为主，且室内地面较为平整，因此可以采用滑轨来辅助拍摄工作。这有利于统一照片的拍摄角度，并能提高工作效率。

⑥ 当对象的所处空间里存在有影响摄影测量计算特征的地方时，应适当增加遮挡物，以避免主体外构件参与计算。例如：在拍摄非完全隔离空间的对象时，其后方的非固定因素会影响摄影测

图六 布设闪光灯辅助光源

图七 拍摄色卡

量特征点的选取，且长时间拍摄很难控制所有因素的固定，此种情况下应使用白色屏障进行隔离（图八）。同时，白色屏障还可以反射部分光线，这在一定程度上减少了镂空部位的噪点产生。

⑦ 要通过每次拍摄完成后的初步运算来及时检查照片质量，对于不满足要求的应立即进行重拍或补拍。

图八 使用白色屏障

⑧ 原始照片保留 RAW 和 JPG 两种格式。RAW 是一种原始图像文件格式，所谓原始是指数码相机的 CCD（或 CMOS）获取图像信息后未经任何处理，将图像每个像素的信息都直接保存下来。JPG 是一种经过压缩的图像存储格式，通常的压缩比率在 10∶1 至 40∶1 之间，其成像质量与相机本身的输出程序有关。但是在压缩过程中丢掉的原始图像信息是无法恢复的，所以它是一种有损压缩格式。为保证照片的信息完整，以及便于后期的数据处理，如照片的色彩校正、调整曝光、校正影像畸变等，在数据采集过程中应确保 RAW 格式的采集。JPG 文件可以不采集，但为方便拍摄过程中的查看，我们采用了 RAW 和 JPG 两种格式来保存项目的原始照片。

四、养心殿内檐槅扇与罩的现状数据处理与成果展示

（一）拼接点云

我们以槅扇与罩的特征点为依据把各站点云进行了拼接，形成了完整的养心殿室内点云数据，具体的操作方法为：

① 先将 Surphaser 三维激光扫描仪获取的点云导出为 PTX 格式，然后再将其导入到专业的点云数据处理软件 Cyclone 当中。

② 使用 Cyclone 软件，按照现场记录的扫描站位简图，把各个邻近的扫描站点采用点云约束方式执行拼接。

③ 对误差大于 4mm 的拼接约束进行检查，调整其权重，或删除某些明显错误的约束。

④ 如果拼接精度达不到要求，则要增加特征点匹配，直到所有站的拼接误差均小于 4mm 为止，且同时检查拼接后点云的正确性。

此次养心殿室内点云数据的拼接精度控制在 1mm 到 4mm 范围内。最终的点云坐标在后续数据处理过程中主要用于约束槅扇与罩的三维模型尺寸。

（二）处理照片

我们使用 ColorChecker Passport、Lightroom 等专业软件对内檐槅扇与罩的原始照片进行了色彩校正和镜头畸变校正，消除了光源及环境色带来的色差，还原了照片的真实色彩，同时也消除了由

相机镜头产生的照片变形。具体的操作步骤如下：

① 先利用 Photoshop 或 Adobe DNG Converter 等工具软件将拍摄的色卡照片转换成 DNG 格式文件；再在色卡识别软件 ColorChecker Passport 中打开该文件，通过自动检测或者手动拖拽操作，使其能够成功检测到照片中的 24 个色块，并且制作出该条件下的数码相机色彩校正配置文件。

② 把槅扇与罩 CR2 格式（RAW 的无损格式）的照片导入图像处理软件 Lightroom 中，调整好阴影和高光，即将照片中的暗处调亮、曝光过度部分调正常，使整张照片的亮度相对均匀。

③ 用刚制作出的色彩校正配置文件对相关照片进行色彩校正（图九），与此同时，还要启用 Lightroom 软件中的“镜头校正”功能对照片进行镜头畸变校正。

④ 最后将经过色彩和镜头畸变校正的照片文件以 JPG 格式导出，图像品质设为最高值。

图九 色彩校正前后对比

（三）添加像控点

我们选用软件 PhotoScan 对摄影测量数据进行处理和加工。PhotoScan 是一款基于照片自动生成高质量三维模型的软件，它可对任意照片进行处理，生成带精细纹理的三维模型，以及高分辨率正射影像，且自动化程度非常高。

首先要在 PhotoScan 软件中加载校正过色彩和镜头畸变的 JPG 格式照片，再在照片上添加不少于 3 个的像控点，且每个像控点都要至少在 3 张照片中添加。像控点的空间坐标值从之前拼接好的养心殿室内点云数据中量取获得，这样可以使 PhotoScan 软件生成的三维模型精度控制在 1mm 以下。

（四）构建彩色纹理模型

当像控点的空间坐标值添加完成后，软件就能进行摄影测量的计算处理工作了，其主要步骤包括：

① 对齐照片。采用中等精度对齐，生成稀疏的点云（图一〇）。

② 生成密集的彩色点云（图一一）。点云生成质量有低、中、高三档，需根据项目要求和构件大小等情况来具体确定。本项目里采用的是中等精度，此时点间距多数在 0.12mm 到 0.35mm 之间。

图一〇　照片对齐后的稀疏点云

图一一　密集的彩色点云

③ 构建模型。构建的模型种类为三角网模型，网格面数设置为中。

④ 纹理贴图。需要根据构件大小来确定贴图用的纹理尺寸。通过 PhotoScan 软件计算生成的彩色纹理模型（图一二），其纹理与模型是完全吻合的。并且在软件中，纹理可以自动附加在三角网模型上，而无须人为手动贴图，这也是摄影测量技术的一大优势。

纹理模型的保存格式为 OBJ，这是目前通用的 3D 模型文件格式，处理 3D 模型的主流软件均支持该格式，它适用于 3D 模型处理软件之间的互导。

图一二　彩色纹理模型

（五）制作正射影像

正射影像是纠正了由诸多因素（特别是中心投影）引起的图像变形，且具有固定比例尺的正视角度照片。其特点在于同时拥有准确的尺寸和精细的影像，能够忠实地反映出物体原貌。因为正射影像具有直观、可量测的特点，并可为线图的绘制提供参考依据，所以要利用纹理模型来制作养心殿内檐槅扇与罩的正射影像。

在 PhotoScan 软件中，我们把彩色纹理模型的正视角度旋转至当前视图，将模型调整为 Orthographic 状态，并进行 Build Orthographic 操作，最后按照成果图要求输出分辨率为 150dpi 的正射影像即可。

五、数字摄影测量技术用于内檐槅扇与罩现状记录的优势

本项目综合应用数字摄影测量技术和三维激光扫描技术，结合两种现代测绘技术的优点，完成了养心殿内檐槅扇与罩的真实坐标三维模型和正射影像的制作。通过对养心殿室内数据的采集与处理实践，我们可以明确数字摄影测量技术用于古建筑内檐槅扇与罩现状记录的几点优势：

第一，有别于传统拍照和手工测绘等技术，数字摄影测量技术能够提供全数字化的测量成果，并将古建筑内檐槅扇与罩的现状信息永久留存。

第二，数字摄影测量技术能够为古建研究和修缮人员提供更加准确、全面的基础数据。从二维线图中读取到的数值通常是经过改正的理想化尺寸，且线条无法记录材质、颜色和残损等信息。正射影像却不同，它不仅消除了图像变形，令使用者可以从中测量出槅扇与罩各部分的真实尺寸；而且它还与照片一样包含有纹理、色彩，以及剥落、开裂等残损情况的信息，能够完整、生动地展现出槅扇与罩的具体现状。对于其上精美的雕花和槅眼处诗、词、绘画等艺术品的记录，正射影像完全可以代替照片来作为信息传递的载体。此外，以正射影像为基础绘制的带有长度、甚至面积标注的现状残损勘测图，同样能为专业人员进行古建筑内檐槅扇与罩的保存状况评估和修缮方案制定等工作提供极大帮助。

第三，数字摄影测量技术对古建筑内檐槅扇与罩的三维化表达有利于测量数据的拓展应用。具有真实坐标的三维模型是后续提取工程所需线条的重要依据，而进一步生成的纹理模型也是向公众做科普性展示的主要手段。

如今我们读书看报、观察电子屏幕，接触的多是基于平面的二维信息，但既然地球是个球体、宇宙是个空间，那我们信息记录的手段就没有理由不向三维方向发展。事实上，精彩的三维信息技术已经悄然站在我们身后，正等待着我们的深入挖掘和利用。随着人们对三维信息需求的逐渐增加，相信其应用范围肯定会越来越宽广。

第四，通过对利用数字摄影测量技术获得的采集数据和处理成果（包括照片、点云、三维模型、正射影像等）的统一管理与网络共享，古建筑内檐槅扇与罩丰富的现状信息将会创造出更多的社会价值。

综上所述，数字摄影测量技术可以提供更加准确、全面的测量数据，且数据成果形式丰富、有利于拓展性应用，记录下的现状信息能够被永久留存。因此，古建筑内檐槅扇与罩的现状记录工作应当逐渐改用以数字摄影测量为主的现代测绘技术，这是测绘技术进步带来的必然结果。

Application of Digital Photogrammetry Technology in Research and Protection Project of Yangxin Palace of the Forbidden City
—Record of the Current Status of the Interior Partitions

WANG Mo

(The Palace Museum, Beijing, 100009)

Abstract: By introducing the importance of recording the current status of Yangxin Palace and its interior partitions, the whole operation of data acquisition and processing in Yangxin Palace by digital photogrammetry is described in detail, and several advantages of this method used for recording the current status of the interior partitions are summarized.

Key words: digital photogrammetry, Yangxin Palace, interior partitions, point cloud, 3D model, orthophoto image

交通振动对西藏罗布林卡坚塞颇章宫的影响分析

泽　金[1]　江玉珍[1]　格桑卓玛[1]
（1. 西藏自治区罗布林卡管理处，西藏，850000）

摘　要：随着物质文化需求和科技迅速发展，在文旅融合的大背景下，文化遗产保护和管理也面临越来越严峻的考验，交通环境及客流量对古建筑的影响越发受到关注。本研究以西藏罗布林卡坚塞颇章宫为案例，探讨了藏式古建筑的结构是否受到周边振动影响的现场测试与分析评价过程。该测试方法与分析评估对于类似建筑的影响分析具有一定的参考价值。

关键词：坚塞颇章宫；振动测试；脉冲；振动标准

一、引　　言

罗布林卡是集自然景观与人文景观为一体的大型藏式宫廷园林，自 1751 年至 1956 年间陆续扩建，现为西藏自治区规模最大的园林式宫殿建筑群，占地面积 40 万平方米，古建筑面积达 19745.1 平方米。罗布林卡从整体布局、园林艺术到单体建筑的内部装饰，以及主体建筑细部构件的雕凿手法，既秉承了中国藏式皇家园林的传统，又汲取汉式、江南园林的造园艺术菁华，在古建筑结构、材料、形制、装饰等多方面同时具有鲜明的地域特色，被视为中国藏式古典园林艺术的丰碑。1988 年 1 月，国务院公布罗布林卡为第三批全国重点文物保护单位；2001 年 11 月，被联合国教科文组织批准列为世界文化遗产——拉萨布达拉宫历史建筑群的扩展项目。

古建筑作为构成罗布林卡世界文化遗产核心价值载体，不仅需要采用较为先进的信息采集技术，永久保存其历史信息，还应对文物本体及环境实施全面监测。根据不同文物类型，结合现存的主要问题对文物生存环境及外部环境进行评估，根据需求建立针对性的采集系统和监测方案。本研究以西藏罗布林卡坚塞颇章宫为案例，探讨了藏式古建筑的结构是否受到周边振动影响的现场测试与分析评价过程。该测试方法与分析评估结果为城市交通振动对古建筑的影响分析研究提供重要的参考数据。

二、罗布林卡坚塞颇章宫

罗布林卡始建于 18 世纪中期，是历代达赖喇嘛夏季办公和居住之用，是西藏政治、经济、文化之场所，也是西藏自治区规模最大、最具魅力的世界文化遗产地之一，占地面积 40 公顷。坚塞颇章宫是罗布林卡西部宫苑区面积最大的一座宫殿建筑，建于 1926 年十三世达赖喇嘛时期，是罗布林卡三大宫殿之一，具有重要的历史、科学研究价值（图一）。“坚塞”藏语为“受宠者”。宫殿修成后，以此命名为“受宠者的宫殿”，这一区域也被命名为坚塞林卡或金色林卡。坚塞颇章宫正门前有一个宽广的大广场，面积达 6800 平方米。坚塞颇章宫坐北面南，建筑平面呈“凸”字形，

图一　坚塞颇章宫现状

建筑面积 1968 平方米。为藏式三层平顶建筑，以土木石为结构，顶上采用金顶装饰，从南到北依次为：前廊、抱厦、前殿、神台、库房。前廊为藏式平顶；抱厦为仿汉式铜皮屋顶，二层为小经堂；前殿一层、中心局部高两层，仅在南面设玻璃窗；神台及库房以上均为三层，大殿内西侧设木梯可登至各层和三层平台。前廊、前殿和库房地面均采用阿嘎土夯筑，神台地面为木地板。墙体为石砌，柱、梁、椽、望板、装修、窗均为木质。椽子铺设方向依开间而定，其上铺望板，卵石结合层，屋顶用阿嘎土夯筑。

三、振动测试方法

本次振动检测主要是通过脉冲作用采集振动数据。在结构顶层顶部东北和西南角部布设测点，确定坚塞颇章宫周边城市交通运输及其他振源所引起的结构振动是否满足《古建筑防工业振动技术规范》中的容许值。

采用 941B 型超低频测振仪进行振动数据采集。941B 型超低频测振仪是一种用于超低频或低频振动测量的多功能仪器，它主要用于地面和结构物的脉动测量，一般结构物的工业振动测量，高柔结构物的超低频大幅度测量和微弱振动测量。941B 型拾振器采用了无源闭环伺服技术，以获得良好的超低频特性。拾振器设有加速度、小速度、中速度和大速度四档。放大器具有放大、积分、高陡度滤波和阻抗变换的功能。用户可根据需要，选取拾振器上微型拨动开关及放大器上参数选择开关相应的档位，可提供测点的加速度、速度或位移参量，并可提供不同频带和不同滤波陡度。本仪器具有体积小、重量轻、操作方便、分辨率高、动态范围大及一机多用的特点。本仪器可直接与各种记录器及数据采集系统配接。

经过预检测使用941B拾振器进行测量，拾振器档位选择第二档，灵敏度约为23v·s/m，通频带1～100Hz。采样率64Hz，数据长度30K（图二～图四）。

本次振动检测共布置4个测点，测点1～测点4，其中在石砌墙体顶部布置测点1～测点2，在木柱顶部布置测点3～测点4，测点布置图见下图（图五）。

图二　941B型超低频拾振器

图三　检测系统连接

图四　数据采集分析

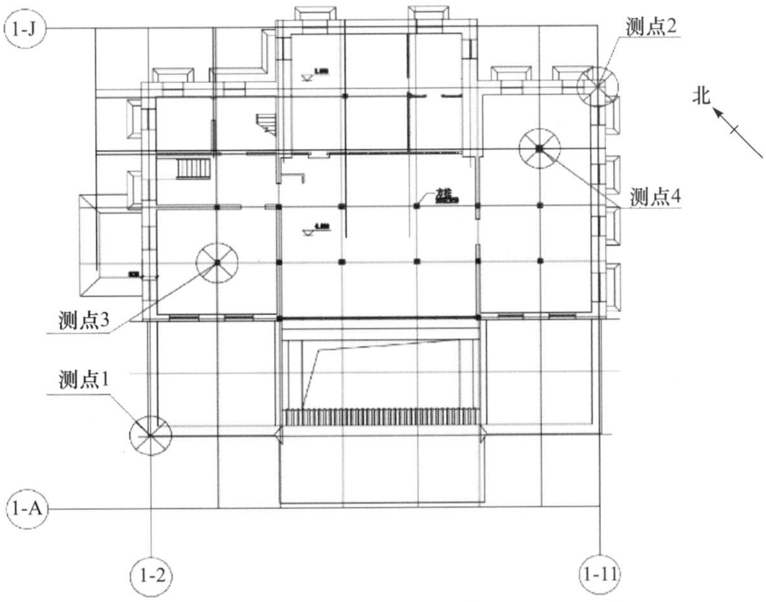

图五　柱顶、墙顶测点平面布置图

四、振动结果与分析

针对坚塞颇章宫属于木柱与石墙共同作为承重构件的建筑特点，本次振动检测共布置测点4

个，其中石砌墙体顶部布置2个测点，木柱顶端布置2个测点。本次振动检测采用DASP V10软件对数据作后处理，得到测点振动速度、振动加速度及动力特性，见下表（表一）。

表一 石砌墙体水平向振动速度检测结果

测点	水平向振动速度	允许振动速度（mm/s）
1	0.094	0.20
2	0.062	0.20

通过对坚塞颇章宫顶部顶层4个测点振动数据的计算分析，得到石结构顶层水平向最大振动速度为0.094mm/s，木结构顶层水平向最大振动速度为0.058mm/s，均小于《古建筑防工业振动技术规范》（GB/T50452—2008）所规定的容许振动速度。

《古建筑防工业振动技术规范》（GB/T50452—2008）第3.2.1条及3.2.2条分别对古建筑石结构及古建筑木结构的水平向容许振动速度做了相应规定，详细规定见下表（表二、表三）。

表二 古建筑石结构的容许振动速度［v］（mm/s）

保护级别	石砌体 V_p（m/s）		
	＜2300	2300～2900	＞2900
全国重点文物保护单位	0.20	0.20～0.25	0.25
省级文物保护单位	0.36	0.36～0.45	0.45
市、县级文物保护单位	0.60	0.60～0.75	0.75

注：当 V_p 介于2300～2900m/s之间时，［v］采用插入法取值

表三 古建筑木结构的容许振动速度［v］（mm/s）

保护级别	顺木纹 V_p（m/s）		
	＜4600	4600～5600	＞5600
全国重点文物保护单位	0.18	0.18～0.22	0.22
省级文物保护单位	0.25	0.25～0.30	0.30
市、县级文物保护单位	0.29	0.29～0.35	0.35

注：当 V_p 介于4600～5600m/s之间时，［v］采用插入法取值

对于石砌墙体的检测，主要是得到墙体角部的水平向振动加速度，从而确定坚塞颇章宫周边交通及其他未知振源对结构石砌墙体的影响，是否满足古建筑结构的容许振动标准。

结果表明：罗布林卡周边交通运输及其他未知振源等产生的振动对坚塞颇章宫建筑结构安全影响较小。

五、结　　语

本次通过脉冲作用采集振动数据。在结构顶层角部布设测点，结合振动数据可确定建筑周边城市交通运输及其他振源所引起的结构振动是否满足要求。

坚塞颇章宫结构顶层水平向最大振动速度为 0.094mm/s，木结构顶层水平向最大振动速度为 0.058mm/s，均小于《古建筑防工业振动技术规范》（GB/T50452—2008）所规定的容许振动速度。所以现阶段周边交通运输产生的振动未对坚塞颇章宫结构及安全产生有害影响。

参考文献

[1] 周乾等：《中国古建筑动力特性及地震反应》，《北京工业大学学报》2010 年第 36 卷 1 期。
[2] 郝占鹏：《略谈西藏宫堡——雍布拉康》，《工业建筑》2007 年第 37 卷增刊。
[3] 张先进：《川西藏区传统民族建筑的类型构成与文化遗产特征》，《华中建筑》2011 年第 8 期。
[4] 李克飞、刘维宁：《交通振动对邻近古建筑的动力影响测试分析》，《北京交通大学学报》2011 年 1 期。
[5] 张逸静、陈甦：《城市轨道交通振动对古建筑影响综述》，《华东交通大学学报》2015 年 6 期。
[6] 宋琪：《地铁、地面交通振动荷载作用下北京正阳门古建筑的动力响应》，北京交通大学博士论文，2014 年。
[7] 马蒙、刘维宁：《古建筑振动标准分级探讨》，《文物保护与考古科学》2013 年 1 期。

Analysis of the Influence of Traffic Vibration on Tibet's NorbulingKa Jansal Palace

ZE Jin[1], JIANG Yuzhen[1], GESANG Zhuoma[1]
(1. NorbulingKa Management Office, Tibet, 850000)

Abstract: With the rapid development of material and cultural needs and technology, in the context of cultural and tourism integration, cultural heritage protection and management are also facing more and more severe tests, and the impact of traffic environment and passenger flow on ancient buildings has attracted more and more attention. This paper taking Tibet's NorbulingKa Jansal Palace as a case explored the on-site testing, analysis and evaluation process of whether the structure of Tibetan ancient buildings was affected by surrounding vibration. The test method and analysis evaluation have certain reference value for the impact analysis of similar buildings.

Key words: Jansal Palace, vibration test, impulse, vibration standard

古代建筑彩画材料和工艺的科技认知

王安坤
（北京科技大学科技史与文化遗产研究院，北京，100083；河南省文物建筑保护研究院，郑州，450002）

摘　要：彩画是中国木构建筑的重要组成部分，也是中国古建筑所特有的一种装饰特色，多绘于建筑的柱头、雀替、梁枋、门窗、隔断等构件上。近年来，有关建筑彩画科技分析的研究越来越多，人们开始关注彩画背后所隐匿的技术工艺等科技信息，研究彩画的材料与工艺，有利于更好地认识古建彩画的内涵，对于进一步开展保护工作意义重大。本文旨在总结归纳目前彩画材料与工艺的科技分析方法与所取得的成果，以期在以后的工作中能更好地选取有效全面的实验方法，进而获得彩画的材料与工艺方面全面、科学的信息。

关键词：彩画；科技分析；材料；工艺

一、概　　述

“中国建筑之个性乃即我民族之性格”[①]，不同于西方的砖石结构建筑，中国古代建筑绝大多数为木构建筑，其体量轻巧，造型别致，整体建筑群威严而壮丽，凝聚了千百年来中国劳动人民的智慧与汗水，是中国悠久历史文化与社会审美艺术的集合。宋《营造法式》中有对彩画进行规范的一套标准。依建筑等级不同，彩画被分列为“五彩遍装”“青绿彩画”“土朱刷饰”三类。对建筑不同部位的彩画题材以及彩画技艺的记录也颇为详尽[②]。至明清时期，彩画的发展进入黄金时期，匠人们依据建筑的架构和体量，结合具体的气候等环境因素与“礼乐制度”，在有限的空间内绘制各类的花纹图案。这些油饰彩画对建筑本体起到了十分重要的作用。蒋广全先生说：“若从彩画对建筑的直接作用而言，有两个方面的基本作用，一是对木架结构起到保护作用，二是对建筑起到美化作用。”[③]彩画对于建筑的保护作用意义重大。这是由于彩画由颜料层与地仗层构成，所用材料除无机材料外，还有成分复杂的有机胶结材料。地仗材料主要包括白面、血料、油料、麻、布料等有机材料和灰料；颜料层主要是矿物颜料与胶结材料，包括油类、蛋白质类、淀粉类等天然有机物质。这些材料将建筑木构件与空气隔绝，起到了防潮、防腐、防病虫害的作用，一定程度上可以延长古建筑的寿命。但是，彩画长年暴露在外，无时无刻不受到自然环境的影响，风霜雨雪、阳光暴晒等都加速了彩画的氧化、降解、老化进程，导致彩画出现褪色、粉化、龟裂、起翘甚至脱落。

在实际工作中，文物保护工作者通常对遗存的彩画进行现场的局部取样，然后转入室内再进行各种科技分析，分析包括偏光显微镜（PLM）、X 射线衍射仪（XRD）、X 射线荧光仪（XRF）、红外分析光谱仪（FT—IR）、拉曼光谱（RS）等。这些分析手段从各个不同的角度对彩画进行分析，

① 梁思成：《中国建筑史》，百花文艺出版社，2007 年，第 490 页。
② 建筑科学研究院建筑史编委会组织编写，刘敦桢主编：《中国古代建筑史》，中国建筑工业出版社，1984 年。
③ 蒋广全：《中国清代官式建筑彩画技术》，中国建筑工业出版社，2005 年，第 13～14 页。

进而得到有效且全面的结论，有利于加深我们对彩画的认识，为我们下一步的彩画保护工作奠定科学的事实基础。

二、彩画分析技术

彩画是在基体干化后，将均匀混合的颜料（或染料）和黏合剂遍刷在基体表面，形成的色彩艳丽的图案。古建彩画中的颜料多是一些无机矿物质（如朱砂、赭石、铅丹、石绿、石青、青金石等）和天然有机染料（如靛青、茜草、紫草、红花、黄栀子、紫苏等），黏合剂是能够成膜的天然高分子化合物（如干性油类、蛋白质类、动物胶类、蜡类、天然树脂类等）。在实际分析中，所采集到的样品多是混合物，包含有机黏合剂、无机颜料、无机基体等物质。复杂的样品状况易出现被杂质干扰的情况，从而导致元素定性定量的不准确性。因此，对于彩画样品的分析不能仅仅依靠单一的检测手段，而应该运用多种检测方法，综合试验结果以得出确切结论。

（一）结构分析技术

在对建筑彩画的研究分析中，一般从结构分析和成分分析两个方面来进行，又被称为结构分析和元素分析。结构分析是指通过精密仪器对彩画的外貌形态进行微观的细致的观察，对所呈现出来的细微多样的表象指征和文化信息进行基础的认知。结构分析一般采用的仪器有光学显微镜（OM）、偏光显微分析（PLM）扫描电子显微镜与能谱仪（SEM—EDS）。

一般情况下，OM 及 PLM 技术可在数百放大倍数下观测样品来获得所需的文物信息。显微镜观测无机颜料时，所需样品较少，在高倍率光学或电子显微镜下可观测出颜料颗粒的颜色、颗粒尺寸分布、光学特性、晶体形貌等。在偏光显微镜下可鉴别出物质在光学上是单折射性还是双折射性。超景深三维视频显微镜也是我们在实际工作中经常用到的一种显微镜，在数千倍下观测样品可以确定彩绘层数目、各层颜色、厚度。实际操作中，我们通常把样品包埋于高光学特性的固态 / 液态热逆封片树脂中（如 Meltmount 树脂），这样有利于长期保存以便我们随时观测。

扫描电子显微镜与能谱仪（SEM—EDS）：扫描电镜可以对物质表面的微观物理形态及组成状况进行细致的观察，能谱分析可以获得物质的组成元素。常用的 SEM 成像方法包括二次电子（SE）信号所形成的形貌衬度像和背散射电子（BSE）信号所形成的原子序数衬度像。扫描电子显微镜图像分辨率高、立体感强，适用于观察样品的表面形貌。再通过 EDS 直接观测剖面进行颜料表面组织的定性、半定量分析，确定彩绘层数目、各层颜色、厚度、元素。扫描电镜能谱分析（SEM-EDX）样品制备简单，测试周期短，是古建彩画颜料分析中最常用的方法之一。

（二）元素分析技术

通过 OM、PLM、SEM 等显微观测可获得颜料的颜色、光学特性、晶体形貌等物理性质，但不足以对其定性。彩画颜料的分析仍需要进一步的仪器测定。扫描电镜能谱仪（SEM-EDX）、X 射线荧光光谱（XRF）、粒子诱导与背散射 X 射线发射光谱法（PIXE）、电子探针显微分析（EPMA）等元素分析方法可以确定颜料中所含主要元素及其相对含量；红外分析光谱仪（FT—IR）、拉曼光谱（RS）、X 射线衍射（XRD）等技术可获得颜料的分子结构信息，依据其特征图谱，可以从技术上对颜料进行定性分析。

X 射线荧光光谱（XRF）是应用最广泛地无损分析方法。基于其阳极材料的不同，XRF 几乎可以分析原子序数 $Z \geqslant 13$ 的所有元素，因此可用来检测一般矿物颜料中的金属元素及有机颜料的显色元素，如石青、石绿中的 Cu，白垩中的 Ca，赭石中的 Fe 等。

拉曼光谱（RS）是一种颜料及黏合剂的无损检测分析方法。目前，应用于彩绘颜料检测的多是显微拉曼光谱（u—RS），以测定无机颜料的定性分析。

有机胶结材料分析以气相色谱质谱联用技术较为成熟。红外光谱（FT—IR）、气相色谱质谱（GC—MS）、热裂解气相色谱质谱（Py—GC—MS）、液相色谱质谱（HPLC—MS）等。近年来也日益关注蛋白质组学技术，如激光解析电离飞行质谱（MALDI—TOF—MS）。免疫法中的酶联免疫也是一大趋势[①]。

红外光谱（FT—IR）：红外光谱是定性鉴定有机化合物和测定分子结构较有效的方法，其理论依据是每种化合物都有自己的特征红外吸收光谱[②],通过样品表面的反射信号获得样品表层成分的结构信息。最突出的特点是具有高度的特征性。

裂解气相色谱（GC）：气相色谱与液相色谱统称为色谱法，因其为气体相而得名。气相色谱是采用气体作为流动相的一种色谱法，适用于从室温为气体的样品到在分离柱最高温度至少有数百帕蒸汽压的挥发性较大的物质即沸点较低,热稳定性好的中小分析化合物[③]。其工作原理是样品被放入裂解器后在一定温度下瞬间裂解，生成可挥发性的小分子物质，继而被载气带入气相色谱分离柱，分离后在检测器上检测分析，将检测到的信号放大，并记录在记录仪上，得到裂解产物的气相色谱图即裂解色谱图（GC Pyrogram）。

高效液相色谱（HPLC）：液相色谱适用的对象是指可溶解于流动相溶剂的物质，可广泛应用于天然产物、生命活性物质、生物大分子等的分离分析[④]。使用高压输液泵和高性能的填充剂，可高效分离的色谱法称作高效液相色谱法（HPLC）。

裂解质谱（MS）：质谱分析的原理是将待测物质的原子或分子转变成带电的粒子，利用稳定磁场（或交变电场）使带电粒子按照质量大小的顺序分离开来，形成有规律的质谱，然后利用检测器分别检测。裂解质谱法用于动植物胶粘剂等大分子效果较好，不受样品中无机物的影响，在裂解装置中裂解为碎片的生成物直接导入质谱仪的粒子室，离子化后用质量分析仪分离。由于古代样品混杂物较多，胶结材料本身的老化降解，谱图较复杂，而计算机技术用于在过程控制和数据处理可以得到较好的解析结果[⑤]。

氨基酸分析仪：这种方法基于动植物胶的水溶性，是指用水解法切断组成蛋白质氨基酸残基的

---

① 颜菲等.《应用酶联免疫吸附法（ELISA）初探古代墓葬壁画胶结材料中的狗胶原蛋白》,《文物保护与考古科学》2014 年第 26 卷 1 期，第 71～75 页。

② ALMEIDA E. Some relevant aspects of the of FTIR associated techniques in the study of surfaces and coatings [J]. Progr. Org. Coat, 2002, 44: 233-242.

③ 李春鸿，刘振海译:《仪器分析导论（第二册）》，化学工业出版社，2005 年，第 15～17 页。

④ 陈立仁等:《高效液相色谱基础与实践》，科学出版社，2001 年，第 1～3 页。

⑤ 何秋菊、王丽琴:《现代仪器分析在彩绘文物胶结物鉴定中的应用研究》,《中国胶粘剂》2007 年第 16 卷 3 期。

缩氨酸键，用液相色谱法确定游离氨基酸组成比的一种简洁而快速的方法[①]。通过氨基酸分析仪，可以对氨基酸鉴定、定量以及组成比进行解析。

色谱——质谱联用、色谱——红外光谱联用、热裂解气相色谱——质谱联用，都是将两种或两种以上仪器结合在一起进行成分分析的手段，对于复杂文物的测定检测更加精细准确，起到了方法间的协同效应，提高了方法的灵敏度、准确度及复杂混合物的分辨能力。仪器联用技术可以获得各种手段单独使用时所不具备的某种功能，因而联用分析技术正成为当前分析方法发展的主要方向之一。

三、彩画分析案例

彩画的成分分析通常分为无机矿物颜料分析和有机胶结材料分析，由于两种物质在分子构成上有较明显的区分，所以相对应的适配仪器也各有不同。对于无机颜料的分析研究，已有很多成果。

雷勇等人对故宫建福宫彩画进行分析研究[②③]，通过剖面显微、偏显微、拉曼光谱分析等方法对所取的蓝色颜料进行研究，鉴定出存在进口蓝色颜料 Smalt 的成分。

张晓梅等人通过薄层色谱、拉曼光谱分析等无损检测方法对唐代丝绸样品和建福宫彩画中的蓝色进行了分析[④]，结果表明靛蓝存在于丝织品及建筑颜料中。

王丽琴等人，对来自北京、山西、甘肃等地的中国北方地区的古建筑油饰彩画中的绿色颜料进行了研究。通过 X 射线荧光分析、X 射线衍射分析、扫描电镜能谱分析等方式对彩画颜料进行检测分析[⑤]，发现含有巴黎绿这种人工合成颜料。

韩炜师、王丽琴[⑥]对彩绘文物的无损、微损分析方法进行了探讨。从元素分析、结构分析、微区与形貌分析三方面，比较探讨了 X 荧光光谱分析法、激光拉曼光谱法、光导纤维反射光谱法等常用光谱分析技术在彩绘、彩画颜料方面实际应用、特点及局限性。

刘梦雨对山西陵川南吉祥寺中央殿内檐彩画进行分析[⑦]，采用剖面显微和偏光显微的实验室方式，结合古代颜料史以及相关背景信息，进而得出山西地方彩画的材料与工艺特点。

武锋强等人利用拉曼光谱、可见光高光谱与红外高光谱成像技术对古画颜料成分光谱成像，通过与标准波普库匹配，识别出该彩绘艺术画颜料的主要成分为朱砂、石青、雌黄、白云母等，结果与拉曼光谱检验结果基本一致[⑧]。

郭瑞[⑨]采用超景深显微镜观察样品剖面，X 射线荧光光谱、射线衍射光谱、傅里叶转换红外光

---

① 曹江永：《文物考古调查勘探与发觉保护技术手册》，安徽文化音像出版社，2003 年。

② 雷勇等：《进口蓝色颜料 Smalt 在故宫建福宫彩画中的使用和保存状况研究》，《故宫博物院院刊》2010 年 4 期。

③ 雷勇等：《钴蓝颜料（Smalt）在故宫建福宫彩画中的发现》，《文博》2009 年 6 期。

④ 张晓梅等：《古代丝织品及古建彩画蓝色染料的微量及无损分析》，《光谱学与光谱分析》2010 年第 30 卷 12 期。

⑤ 王丽琴等：《中国北方古建油饰彩画中绿色颜料的光谱分析》，《光谱学与光谱分析》2010 年第 30 卷 2 期。

⑥ 韩炜师、王丽琴：《光谱分析技术在彩绘文物颜料分析中的应用》，《光谱学与光谱分析》2012 年第 32 卷 12 期。

⑦ 刘梦雨：《基于显微分析技术的山西陵川南吉祥寺中央殿彩画历史信息解读》，《宁波保国寺大殿建成 1000 周年学术研讨会暨中国建筑史学分会 2013 年会论文集》，中国浙江宁波，2013 年。

⑧ 武锋强、杨武年、李丹：《基于高光谱成像与拉曼技术的艺术画颜料成分对比检测研究》，《矿物学报》2014 年第 34 卷 2 期。

⑨ 郭瑞：《山西民间古建筑油饰彩画制作材料及工艺》，西北大学博士论文，2014 年。

谱、扫描电子显微镜能谱等多种检测手段，系统分析了山西民间古建筑彩画地仗的制作材料。X射线荧光光谱、射线衍射光谱、显微激光拉曼光谱、扫描电子显微镜能谱、气相色谱质谱联用技术等技术分析建筑彩画颜料层的制作材料。

何伟俊[①]对徽州明代古建筑彩画的颜料通过X射线衍射、X射线能谱分析、显微共聚焦激光拉曼光谱和X射线荧光分析法等进行测定，对不同颜色的颜料进行了成分分析。

王继英、魏凌、刘照军[②③]采用拉曼技术对中国古代艺术品中常见的红色、黄色、白色、蓝色、绿色和黑色颜料进行了分析，得到了一些基础数据，为拉曼光谱技术在考古学和古代艺术品分析方面起到重要的参考价值。

Mazzeo[④]等对西安鼓楼油饰彩画进行研究，检测出地仗层中的主要材料是黏土、石灰、干性油（很可能是桐油）及纤维棉。

胡一红[⑤]等采用凯氏定氮法对北京先农坛彩画地仗中的蛋白质进行检测，通过高温烧失法和盐酸溶解法对地仗中的有机成分、石灰、砖灰进行定量分析。

周文晖[⑥]等采用X射线衍射仪、X射线荧光光谱仪、扫描电镜、体视显微镜等仪器对博格达汗宫博物馆、北京颐和园、甘肃嘉峪关、山西太符观等建筑彩画制作工艺进行分析，发现不同地域古建彩画的制作工艺和技术也各有不同。

王丽琴[⑦]等利用元素分析和分光光度法对颐和园建筑彩画进行分析，测定出地仗材料中蛋白质和淀粉的含量，进而对不同样品的地仗材料有了进一步认识。

杨璐[⑧]等人采用氨基酸分析法对博格达汗宫建筑彩画进行了胶料的成分测定，分析得出了蒙古国博格达汗建筑彩画是采用以鸡蛋为主、动物胶为辅的混合胶料的结论。

王丽琴利用VarioEL Ⅲ元素分析仪（德国Elementar）对北京、甘肃和外蒙等古建筑油饰彩画地仗层中的蛋白质含量进行了定量分析[⑨]，蛋白质平均含量为7.43%。

刘璐瑶、张秉坚[⑩]等人采用扫描电子显微镜背散射及能谱技术、拉曼光谱技术、荧光染色法、酶联免疫法、免疫荧光法以及热裂解气相色谱法，对故宫养心殿燕喜堂及西围房建筑彩画样品的颜料、沥粉、胶结材料进行分析，检测出了所用颜料有朱砂、铁红、群青、石青、石绿。沥粉的无机组成为石英、滑石、白垩或白云石。胶结材料中发现了桐油、动物胶。

魏书亚应用Py-GC/MS在古代文物的有机胶合材料的分析领域做了很多工作，采用Py-GC/MS

---

① 何伟俊：《徽州地区明代古建筑彩画传统制作工艺研究》，《南京艺术学院学报（美术与设计）》2010年4期，第117～120页。

② 王继英、魏凌、刘照军：《中国古代艺术品常用矿物颜料的拉曼光谱》，《光散射学报》2012年第24卷1期。

③ L刘照军、王继英、韩礼刚：《中国古代艺术品常用矿物颜料的拉曼光谱（二）》，《光散射学报》2013年25卷2期。

④ Mazzeo R, Cam D, Cniavari G. Analytical study of traditional decorative materials and techniques used in Ming dynasty wooden architecture: the case of the drum tower inXian, PR of China [J]. Journal of Cultural Heritage, 2004, 5(3): 273-283.

⑤ 胡一红、胡东坡、康葆强：《先农古代建筑彩画地仗的凯氏定氮法分析》，《北京文博》2007年3期，第81～85页。

⑥ 周文晖、王丽琴：《古建油饰彩画的制作技术分析研究》，《文物保护与考古科学》2010年第22卷3期，第1～9页。

⑦ 王丽琴等：《中国古代建筑彩画文物地仗中蛋白和淀粉含量的测定》，《兰州大学学报（自然科学版）》2012年4期。

⑧ 杨璐等：《氨基酸分析法研究蒙古国博格达汗宫建筑彩画的胶料种类》，《分析化学研究简报》2010年第38卷7期。

⑨ 李越、刘梦雨：《慈宁宫花园临溪亭天花彩画材料工艺的科学研究》，《故宫博物院院刊》2018年6期，第45～63页。

⑩ 刘璐瑶等：《北京故宫养心殿燕喜堂及西围房建筑彩画的分析研究——一种检测颜料和胶结物的集成检测方法》，《光谱学与光谱分析》2018年第38卷7期。

和 GC-MS 对陕西唐墓壁画和内蒙古大昭寺明代壁画彩绘的胶结材料进行了成分分析[①]；在其之后的研究工作中[②]，通过 X 射线荧光、红外光谱、Py-GC/MS 和 GC-MS 对山东青州香山西汉墓出土的彩绘陶俑紫、红和褐色彩绘层中无机颜料和颜料胶结材料，以及马腿与马背粘结的胶结材料进行了分析，结果表明均为动物胶；应用 Py-GC/MS、GC-MS 和红外光谱对三处古代绿松石镶嵌胶结材料进行了分析[③]，鉴定出南阳桐柏县春秋时期铜剑镶嵌绿松石所用胶合材料为蜂蜡；河南省淅川战国墓出土绿松石镶嵌铜壶所用胶合材料为马蒂树脂；安阳殷墟商代镶嵌绿松石弓形器所用胶合材料为大漆、蜂蜡和植物油。其课题组也进行了相关的研究，蒋建荣等[④]应用 Py-GC/MS、GC-MS、扫描电镜能谱法对宝蕴楼门窗漆层的成分进行分析，表明其漆层主要胶结材料为桐油和松香树脂，同时在底层发现使用猪血的现象。之后，蒋建荣[⑤]等对新疆比孜里墓地所出的彩棺进行分析研究，鉴定出胶料中含有干性油、鸡蛋清、安息香树脂的成分。肖博等[⑥]应用 THM-Py-GC/MS 对古代常用蛋白质胶结材料的现代标准样品进行了分析研究。

四、彩画材料和工艺研究的意义

（一）研究彩画病害机理，为修复保护工作奠基

建筑彩画中，胶结材料是一种黏性强，易附着的物质，通常和无机的矿物颜料均匀混合后再遍刷于古建筑之上，这样混合后的涂料使得颜料色泽更加艳丽，且着色牢固，有利于彩绘的长期留存。此外，还具有良好的化学机械特性和对光的稳定性。从这个角度讲，胶结材料对彩画的保护意义重大。但也恰是这种黏性极好的有机胶料，在长时间受到自然环境的影响时，其性能会产生较大改变，导致彩画出现褪色、粉化、龟裂、起翘甚至脱落，严重的危机彩画的安全、长远保存，同时对彩画的原有风貌影响重大。可以说，胶结材料是所有建筑彩画类遗存病害机理、保护对策的关键。

20 世纪 80 年代以前，彩画保护多采取铲去重做的方法，这种方法简单粗暴，对原材料、原工艺、原风貌损害巨大，近年来文物保护修复理念及“不改变文物原状原则”得到广泛地传播和认可，社会大众对文物的客观真实性认识不断增强，尊重文物逐渐成为大家的共识，相关的彩画、壁画、彩绘类文物保护修复工作也逐步开展，20 世纪 90 年代起，人们开始重新审视彩画保护的问题。对建筑彩画的修复，摒弃了原先的修复方法，转而以原位保护修复为主，对病害进行有针对性的治理，对局部缺损进行补全，最大限度的展示彩画原有的风貌。理念的进步也推动了技术手段的进步，在彩画的研究保护方面产生了多样的科技分析方法，这些方法从不同的角度帮助我们加深对彩画的认识，为下一步的保护工作提供科学的事实依据。

---

① 魏书亚、Manfred S.、Erwin R.:《陕西唐墓壁画和内蒙古大昭寺明代壁画胶接材料的 Py-GC-MS 与 GC-MS 研究》《文物科技研究》(第 6 辑)》，科学出版社，2009 年，第 153～170 页。

② 魏书亚、马清林、Manfred Schreiner.《山东青州香山西汉墓彩绘陶俑胶接材料研究》,《文博》2009 年 6 期，第 71～78 页。

③ 魏书亚、李倩倩、付迎春:《文化遗产中的有机胶合材料》,《科学》2016 年第 68 卷 6 期，第 36～39 页。

④ 蒋建荣、魏书亚、吴伟:《宝蕴楼建筑门窗漆层材料的分析研究》,《中国文物科学研究》2016 年 3 期，第 44～48 页。

⑤ 蒋建荣、尚玉平、胡兴军等:《新疆洛浦县比孜里墓地出土彩棺的科学研究》,《光谱学与光谱分析》2020 年第 40 卷 7 期。

⑥ 肖博、魏书亚、宋燕:《应用热辅助甲基化—热裂解气相色谱技术（THM-Py-GC/MS）对壁画中蛋白质类胶结材料的分析鉴定》,《中国文物科学研究》2018 年 1 期，第 70～76 页。

（二）促进保护技术提升，创新研发新材料

文物保护是近年来兴起的一门学科，它是随着人们文物保护意识的觉醒应运而生的一门科学，在进入高校现有学科体系后为社会培养了更多的文物保护人才，从一定程度上再次提升了民众的文物保护意识，在社会中形成了良好的价值导向。文物保护学科，是一个包容性强的学科，它的保护技术应用是依据文物自身的具体的实际情况来确定，在工具和方法上，涵盖有化学、物理、地质等学科方面的知识，工作中很多仪器在其他的领域都有应用。这种取长补短、善于学习的精神是文物保护工作中必不可少的，在实际工作中，不断的应用新的保护技术和手段，在经验中不断进步，有利于保护技术的提升，同时也有利于面对复杂情况的实际解决能力，从而在已有的技术水平下，创新研发新的保护材料和保护技术。

（三）深入了解彩画工艺史、科技史的发展历程

建筑彩画是依附于古建筑的一种特有文物，在漫长的历史长河中，它同样被赋予了时代和地方特色，其本身也是历史信息的重要载体，具有很高的科学价值、历史价值和艺术价值，不仅对于考古学、建筑学意义重大，而且对于科技史的发展也十分重要。彩画是一种艺术行为，也是一种技术行为，它受限于所处时代的经济发展水平、科技发展水平，是技术与审美的外现。用科技手段分析彩画的成分与施彩工艺，有利于了解当时人们对成色剂的天然染料的应用程度，以及对有机胶料的认识水平。

（四）传承传统彩画，保护非物质文化遗产

建筑彩画是一种具有中国特色的有形文化遗产，我们除了要在文物保护工作中积极的保护其原貌，延长其寿命，还要认识到它也是一种具有中国特色的传统工艺，需要一些专业工匠把这种技术传承下去，实现真正的保护。

Scientific and Technological Research on Ancient Architectural Color Painting Materials and Crafts

WANG Ankun

(Institute of Cultural Heritage and History of Science & Technology, University of Science and Technology Beijing, Beijing, 100083; Henan Provincial Architectural Heritage Protection and Research Institute, Zhengzhou, 450002)

Abstract: Color painting is an important part and unique decorative feature of Chinese wooden architecture. It is mostly painted on the building parts such as beam and lintel, capital, decorated brackets, doors and windows, partition and so on. In recent years, there have been more research on the scientific and technological analysis of architectural color painting, pay attention to the hidden technical and technological information behind color painting. Research on the materials and techniques of color painting is conducive to a better understanding of ancient architectural color painting. The connotation is of great significance to the further development of protection work. The purpose of this paper is to summarize the scientific and technological analysis methods used in the research of color painting materials and technology and the results obtained, in order to better select effective and comprehensive experimental methods in future work, and then obtain the comprehensive and scientific information about materials and technology of color painting.

Key words: color painting, technological analysis, materials, crafts

建筑考古

柏梁台名实考

乔卫星

（中国社会科学院大学历史学院，北京，102488）

摘　要：传世文献关于柏梁台之柏有两种解释。服虔释柏为数字之百，柏梁台因“用百头梁作台”而得名。颜师古以字形和《三辅旧事》记述为依据，认为柏为香柏木。本文从文字学、建筑形制以及文献考证三方面对颜注给予了反驳，结合出土汉代建筑画像、建章宫遗址考古资料以及《博物志》的相关记述，重新肯定了服虔的解释。认为，柏梁台实为“百梁台”，属于当时新出现的大型木构架高台，而非传统的积土台。西汉中期是高台建筑向高层建筑转变的重要阶段，关于通天（茎）台和渐台建筑形制也须重新考察。

关键词：柏梁台；柏与百；木构架高台；汉代高台建筑

柏梁台是汉代著名的高台，关于其记述见于《史记》之《封禅书》：“其后则又作柏梁、铜柱、承露仙人掌之属矣……十一月乙酉，柏梁灾……上还，以柏梁灾故，朝受计甘泉。”[①]《平准书》：“是时越欲与汉用船战逐，乃大修昆明池，列观环之。治楼船，高十余丈，旗帜加其上，甚壮。于是天子感之，乃作柏梁台，高数十丈。宫室之修，由此日丽。”[②]《汉书》关于柏梁台的记述与《史记》大略相同[③]。柏梁台建于武帝元鼎二年（公元前 115 年），太初元年（公元前 104 年）毁于火灾，由于存在时间短，史书记述简略，建筑形制不明，引起了关于其名实问题诸多争论。

一、有关柏的争议

服虔为《汉书》作音意的时候，认为柏为数字之百，“用百头梁作台，因名焉”，进一步说明了柏梁台的建筑形制特点与名称由来。但颜师古对此提出了不同的见解，“三辅旧事云以香柏为之。今书字皆作柏。服说非。”[④]这种解释为《太平御览》所采纳，“汉武帝起栢梁台，高数十丈。悉以香

---

① 《史记》卷 28《封禅书》，中华书局，1982 年，第 1388～1042 页。“栢”与“柏”为异体字，为叙述方便，文中除引用以及文字辨析之外，均写作“柏”。

② 《史记》卷 30《平准书》，第 1436 页。

③ 见于《汉书》之《武帝纪》《食货志》《郊祀志》《五行志》《夏侯始昌传》。《史记·孝武本纪》关于柏梁台的记述与《封禅书》相同，只是把“柏”写作了“栢”，但一般认为《孝武本纪》非出自司马迁之手，因此，本文并未将其视为关于柏梁台最早的记录。

④ 《汉书》卷 6《武帝纪》，第 182 页。

栢，香闻数十里。”[①] 王叔岷认为御览所言“盖并三辅故事文也。”[②] 但从表述上看，却与《汉武故事》“以香柏为之，香闻数十里”更为相似[③]。此后，该说成为解释柏梁台的主流观点，今人沿袭，似为定论。但揆诸史实，却未必然。

从文献上看，《三辅旧事》约成书于唐，作者不明，原书久佚，现在能看到的是清人张澍的辑本，书中关于柏梁台的解释晚于服虔所作[④]。关于《汉武故事》出现时间，有西汉成帝时人作、东汉班固作、建安末年邺下文人作等观点，颇具争议。此书或早于《三辅旧事》，但内容怪诞，“所言亦多与史记汉书相出入、而杂以妖妄之语。”[⑤] 其关于柏梁台建造动机、目的、建筑高度的记述与正史存在抵牾，正体现出这一特点，不宜作为考察柏梁台形制的历史材料。

从建筑形制角度看，把柏释为香柏难以解释柏、梁与台之间的关系。以建筑材料释柏，不涉及高台形制，当以传统的积土台理解。从语义上看，“悉以香柏”或“以香柏为之”有两种解释，柏木用于筑台或造梁。若全然以香柏作台，则梁为冗赘，建筑形制也令人难以理解。柏木用于建造依附于积土台（或积土台上）建筑物之梁似为合理。张澍辑《三辅旧事》云：“柏梁台高二十丈，用香柏为殿梁。”[⑥] 此殿即应为“柏梁殿”，按此叙述逻辑，柏梁台当以其上建筑柏梁殿而得名。但将汉代柏梁台称为柏梁殿的做法主要见于唐宋时期的文献，时间甚晚，不足为据[⑦]。另外，人们说台的时候，并不关注其上之建筑，从名实关系上看，以台上建筑部件的材质特征来给高台命名也颇为烦琐，并无相同之例。

从文字学角度看，战国与两汉时期，白与百之间的讹书较为常见，颜师古以字形为依据来否定服虔的解释同样难以成立。《郭店楚墓竹简》之《穷达以时》简 7 中，百里奚之百里写作“白里”（图一）[⑧]。望都汉墓壁画榜题有“辟车伍佰”（图二），江苏泗洪曹庙东汉画像石榜题中写作“五白”（图三）[⑨]，均指伍伯。《后汉书·曹节传》载：“节弟破石为越骑校尉，越骑营五百妻有美色，破石从求之，五百不敢违，妻执意不肯行，遂自杀。”韦昭辩释名曰：“五百字本为‘伍’。伍，当也。伯，道也。使之导引当道陌中以驱除也。案：今俗呼行杖人为五百也。”[⑩] 又望都汉墓二号墓刘公买地券文第三行“□（似墓字）中游檄、佰門卒史”（图四），“佰門”即“栢門”，谓守墓栢之鬼卒史[⑪]。在出土的唐写本论语郑氏注中，郑玄将大车释为柏车，但却写作“百车”的形式（图五）[⑫]。故而，颜

① 李昉等撰：《太平御览》卷 177《居住部五》，中华书局，1960 年影印本，第 861 页。

② 王叔岷撰：《史记斠证》卷 12《孝武本纪》，中华书局，2007 年，第 436 页。

③ 王根林等校点：《汉魏六朝笔记小说大观》，上海古籍出版社，1999 年，第 169 页。《太平御览》卷 981《香部一》引《汉武故事》曰：“上作柏梁台，悉以香柏，香闻数十里也。”李昉等撰：《太平御览》卷 981《香部一》，第 4343 页。这条记述也可说明《太平御览》关于柏梁台的解释当源于《汉武故事》。另外，《太平御览》一书多次引用《汉武故事》也可作为佐证，王叔岷所言“御览引史记”有误。

④ 服虔为《汉书》所作音意在东汉灵帝时（公元 168～189 年）已经出现，《三辅旧事》关于柏梁台的解释虽由版本问题而难以具体考证，但无疑晚于服虔所作。

⑤ 永瑢等撰：《四库全书总目》卷 142《汉武故事》，中华书局，1965 年影印本，第 2206 页。

⑥ 赵岐撰，挚虞注，张澍辑，陈晓捷注：《三辅决录 · 三辅故事 · 三辅旧事》，三秦出版社，2006 年，第 57 页。

⑦ 由于相关文献版本的问题，将汉代柏梁台称为柏梁殿的做法最早出现于何时尚难以具体考证。但柏梁殿一词不见于汉代史书，而多出现于如《苏氏演义》《太平寰宇记》《事类赋注》等唐宋时期的文献。

⑧ 荆门市博物馆编：《郭店楚墓竹简》，文物出版社，1998 年，第 27 页。

⑨ 尤振尧：《江苏泗洪曹庙东汉画像石》，《文物》1986 年 4 期，第 40～47 页。

⑩ 《后汉书》卷 78《曹节传》，中华书局，1965 年，第 2525 页。

⑪ 陈直：《望都汉墓壁画题字通释》，《考古》1962 年 3 期，第 161～164 页。

⑫ 王素：《唐写本论语郑氏注及其研究》，文物出版社，1991 年，第 14 页。

图一 《郭店楚墓竹简》之《穷达以时》篇简7“白里”，引自荆门市博物馆编：《郭店楚墓竹简》，文物出版社，1998年，第27页。

图二 望都汉墓壁画榜题“辟车伍佰”，引自徐光冀主编：《中国出土壁画全集1河北》，科学出版社，2012年，图18。

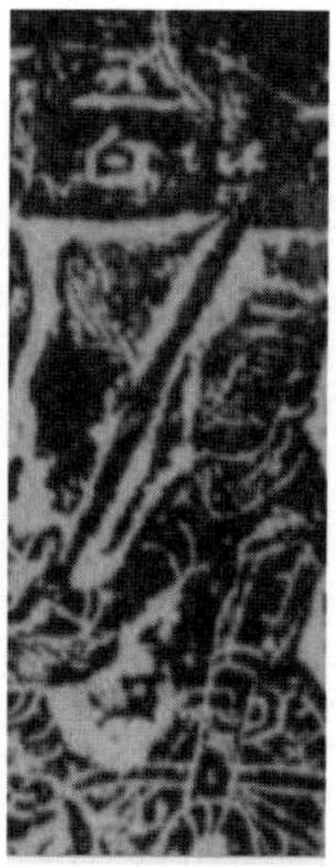

图三 江苏泗洪曹庙东汉画像石榜题“五白”，引自尤振尧：《江苏泗洪曹庙东汉画石》，《文物》1986年4期，图8。

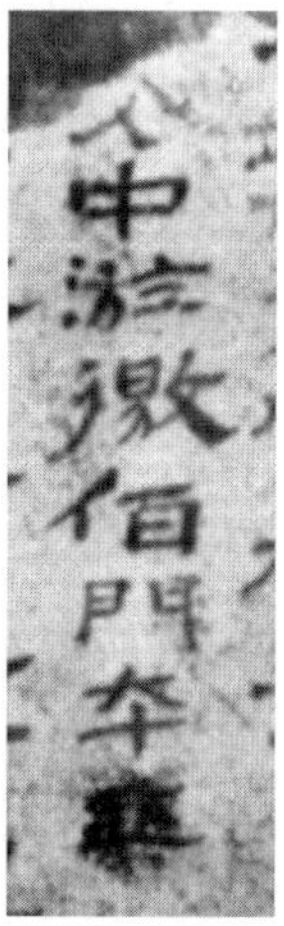

图四 望都汉墓二号墓刘公买地券文“佰門卒史”，引自《望都二号汉墓》，文物出版社，1959年，图16。

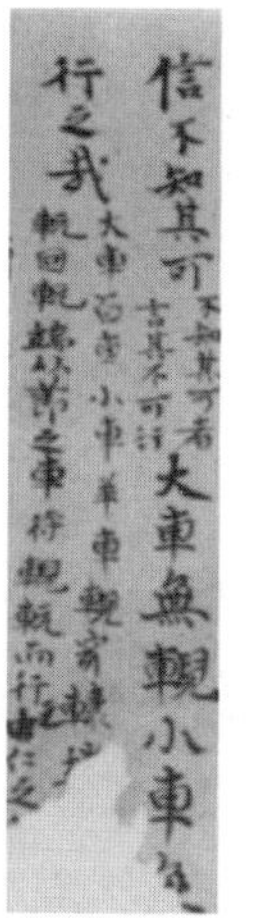

图五 唐写本论语郑氏注“百车”，引自王素：《唐写本论语郑氏注及其研究》，文物出版社，1991年，图版1。

师古所云“今书字皆作柏。服说非”显然是以今度古，难以使人信服。

服虔是东汉著名的经学家，其注释的权威性不容忽视，在文本上也与《史记》关于柏梁台兴建缘起的叙述相吻合。《史记》中说汉武帝是受楼船壮丽的触动而建造柏梁台，将柏释为数字之百，强调建筑规模宏大，符合上下文语境，而将其理解为建筑材料则显得较为突兀。不同于《汉武故事》与《三辅旧事》可相互印证，古籍中极少见对此注的解释。若以百释柏，那么柏梁台的形制则是需要重新思考的问题。到了近代，乐嘉藻在考察木构架井干式建筑形制时，认为柏梁台“结构之法，应与井干同”①，重新肯定了服虔的注释。但他却将梁释为巨木，牵合附会，并未得到认同。近来，随着汉代建筑资料的不断出土，人们对柏梁台的认识也在逐渐加深。王贵祥在论述中国古代木架构高

① 乐嘉藻：《中国建筑史》，江西教育出版社，2018年，第18页。

台的发展时曾指出“汉武帝时所建柏梁台显然是一座木构高台”[①],实为卓见。但其文并非对柏梁台问题的专门考察，论述较为简略，仍有可进一步探讨的空间。本文试结合文献记述、建筑学以及出土建筑形象资料等相关知识对柏梁台名实问题加以考证，进而对两种解释背后的差异做出分析。

二、木构架高台的产生与发展

台是古代较高的大型建筑。从形制上看，先秦时期的高台均为积（夯）土台，主要凭借大型积土、相对较高的自然地势，或兼而用之。《释名》曰：“台，持也。言筑土坚高能自胜持也。”[②]《道德经》曰：“九层之台，起于累土”[③]，皆谓积土之台而言。随着建筑技术的发展，除传统的积土台外，还逐渐发展出一种新式的木架构高台。早在20世纪50年代，陈明达就注意到四川宝成路出土画像砖上所表现的高层建筑是台（参见图一七），和敦煌壁画中的木楼高台属于同一类型，并由此获得关于古代建筑的新知识，“这种木构高台的形式至少在汉代便已经有了。”[④]但当时对木构高台产生于何时的问题尚难以做出具体考察。王贵祥在80年代提出，“中国古代建筑向高层发展时先后经历了三个主要阶段，一、由土累筑，土上架木；二、在土石基础上，纯然用木构架；三、以砖石砌筑。”他依据文献记述以及部分出土建筑形象资料做出推断，“至迟在春秋战国时期，已有了用木架构的高台建筑”,汉代柏梁台“显然是一座木构高台”[⑤]。然而,周学鹰却对纯然木构架高台出现时间持较为谨慎的态度。他认为，与战国秦咸阳一号宫殿建筑的高台相比，西汉高台建筑只是在土木构架结构技术上更为成熟，“木构的分量已然增加”，但“此时的木构架尚未完全脱离夯土，形成独立的架构体系”。并引用杨鸿勋关于东汉灵台的研究作为证据，“发展至东汉，此时建造的灵台，木结构所占的比例比起西汉来已有较大的提高”，但他也认为“规模、体量相对较小的多层木构架建筑，应是大量存在的。”[⑥]其说以建筑遗址考古资料为凭借，注重建筑技术对高台建筑形制的影响，立论有据，须加以参详，然有可商榷之处。

第一，从其研究材料上看，古代建筑遗址现只存夯土台基，其上是否有相对独立的木构架建筑往往不得而知，但并不能据此否定其存在的可能性。第二，从文献记述上看，汉武帝时期的井干台（也称井干楼）无疑属于纯木构架高台，《史记·孝武本纪》疏引《关中记》云：“宫北有井干台，高五十丈，积木为楼。言筑累万木，转相交架，如井干。”[⑦]与井干台相似，神明台也有木构架高台的特征。《西京赋》曰：“神明郁其特起，遂偃蹇而上跻。轶云雨于太半，虹霓回带于棼楣。虽轻迅与僄狡，犹愕眙而不能阶。攀井干而未半，目眴转而意迷。舍棂槛而却倚，若颠坠而复稽。”[⑧]第三，汉武帝时期所建柏梁台和神明台用于降神，受“楼”这一高层建筑形制的影响，若仍以积土台的形制加以理解，则与文本叙述相抵牾。木构架高台与传统积土台之间形制迥异，建造目的也不相同，

① 王贵祥:《略论中国古代高层木构建筑的发展（一）》,《古建园林技术》1985年1期，第2～9页。
② 刘熙著，毕沅疏证，祝敏徹、孙玉文点校:《释名疏证补》卷5《释宫室》，中华书局，2008年，第190页。
③ 王弼注，楼宇烈校释:《老子道德经注校释》第64章，中华书局，2008年，第165页。
④ 陈明达:《关于汉代建筑的几个重要发现》,《文物参考资料》1954年9期，第91～94页。
⑤ 王贵祥:《略论中国古代高层木构建筑的发展（一）》,《古建园林技术》1985年1期，第2～9页。
⑥ 周学鹰:《汉代高台建筑技术研究》,《考古与文物》2006年4期，第66～72页。
⑦ 《史记》卷12《孝武本纪》，第482页。
⑧ 萧统编:《昭明文选·附考异（全一册）》第1卷《西京赋》，中州古籍出版社，1990年，第7页。

是并存而非替代的关系，不宜用积土台建筑形制的发展与演变来判断木构架高台的形制问题。第四，从最新的汉代宫殿遗址考古来看，建章宫中的部分大型建筑高柱林立，已然发展到了纯然用木构架的第二阶段。因此，其观点值得重新审视。

《史记》把柏梁台的建造视为西汉建筑发展的重要转折点，“宫室之修，由此日丽”的评价是中肯的。高祖七年，萧何因天下未定以就宫室，建造了“亡令后世有以加”[①]的未央宫。汉初注重反思秦弊，实行无为而治。“孝文帝从代来，即位二十三年，宫室苑囿狗马服御无所增益，有不便，辄弛以利民。”[②]装饰更是简朴，曾“集上书囊以为殿帷。”[③]在建章宫之前，未央宫一直是宫殿建筑之翘楚。与秦代的宫殿相似，建造于西汉初期的未央宫也是高台建筑，依附于相对较高的地势以及大型夯土台基。《西京赋》载：“树中天之华阙，丰冠山之朱堂。”潘岳引《关中记》曰：“未央宫殿，皆疏龙首山土作之，然殿居山上，故曰冠云。”[④]这与未央宫建筑遗址发掘情况相符[⑤]。受限于当时的建筑技术，建筑本身并不高大。

图六 建章宫一号建筑遗址主体建筑房址 F1 柱础遗存，引自张建锋、刘振东、徐龙国：《西安市未央区汉长安城建章宫一号建筑遗址》，《考古》2017 年 1 期，图 5。

与西汉初期的未央宫相比，柏梁台灾后兴造的建章宫则以建筑本身规模取胜。《汉书·郊祀志》“上还，以柏梁灾故，受计甘泉……勇之乃曰：‘粤俗有火灾，复起屋，必以大，用胜服之。’于是作建章宫，度为千门万户。前殿度高未央。”[⑥]室内空间的扩展以柱的广泛使用为前提，这点可从建章宫遗址发掘情况得到验证。以建章宫一号建筑遗址主体建筑房址 F1（图六）为例，“室内地面自南向北分布东西向础石 6 排，排距 3.3 米左右，每排现存础石 7～13 块。”础石“平面近圆形或椭圆形，大小不等，长宽大多在 20～30 厘米之间。”[⑦]建筑内高柱林立，空间广阔。以此观之，《鲁灵光殿赋》所言“万楹丛倚，磊砢相扶”[⑧]虽有夸大，实非向壁虚构。“宫室之修”所指应是建筑形制发生了重要转变，而非传统样式建筑在规模上的简单扩大。

《史记》中说汉武帝受到楼船壮丽的触动而建造柏梁台，那么汉代楼船形制则成为考察柏梁台的重要参照。《史记·南越列传》应劭曰：“船上施楼，故号曰‘楼船’也。”[⑨]秦汉楼船从战国时期那种有两层甲板的战船发展而来。随着技术经验的不断积累，汉代楼船制作取得了长足的进步，

① 《汉书》卷 1 下《高帝纪》，第 64 页。

② 《史记》卷 10《孝文本纪》，第 433 页。

③ 《汉书》卷 65《东方朔传》，第 2858 页。

④ 萧统编：《昭明文选 · 附考异（全一册）》第 1 卷《西京赋》，第 5 页。

⑤ 刘庆柱，李毓芳，张连喜，杨灵山：《汉长安城未央宫第三号建筑遗址发掘简报》，《考古》1989 年 1 期，第 33～43 页。刘庆柱、李毓芳、张连喜、杨灵山：《汉长安城未央宫第四号建筑遗址发掘简报》，《考古》1993 年 11 期，第 1002～1011 页。

⑥ 《汉书》卷 25 下《郊祀志》，第 1244、1245 页。

⑦ 张建锋、刘振东、徐龙国：《西安市未央区汉长安城建章宫一号建筑遗址》，《考古》2017 年 1 期，第 29～41 页。

⑧ 萧统编：《昭明文选 · 附考异（全一册）》卷 11《鲁灵光殿赋》，第 153 页。

⑨ 《史记》卷 113《南越列传》，第 2975 页。

规模较为宏大，如武帝于昆明池所见楼船就高“数十丈”。关于其形制，《释名》中有着具体的说明。“其上板曰覆，言所覆众虑也。其上屋曰庐，象庐舍也。其上重室曰飞庐。在上故曰飞也。又在其上曰爵，室于中候，望之如鸟雀爵之警视也。”① 从记述上看，船上之楼无疑属于高层建筑。楼船规模虽大，但在实际作战中的作用似乎有限。《太白阴经》言“（楼船）忽遇暴风，人力不能制，不便于事。然为水军，不可不设，以张形势。”② 这点也与汉武帝“感之，乃作柏梁台”的叙述相吻合。

《史记》载柏梁台高数十丈，《三辅旧事》中说台高二十余丈，虽有差别，但应不高于未央宫六十丈的高度。因此，汉武帝感之理解为受楼船建筑形制本身的触动更为合理。其次，建章宫遗址资料也表明当时建筑技术已较为成熟，足以支持大型木构架高台的建造。而与柏梁台建造时间相近的井干台确为木构架建筑，神明台也有木构架特征，均可作为考察柏梁台建筑形制的重要参照。从梁的含义上看，“水桥也。梁之字，用木跨水，则今之桥也。”③ 横铺组成桥面之木即为梁，后来用于建筑，与柱结合，形成木构架中的梁柱式结构。梁均为横置，梁台理解为横梁作面之台当不误。从文献记述、建筑形制以及建筑技术发展等方面来看，都难以用积土台的形制来理解柏梁台。

三、柏梁台形制考

从文献上看，服虔将柏释为数字之百并非孤证。《初学记》“一柱百梁”引张华《博物志》曰：“江陵有台甚大，而唯有一柱，众梁皆共此柱。汉书曰：元鼎二年春，起百梁台。服虔注曰：用百梁作台，因名之。”④ 此处建筑形制较为明确，是由众多横梁平铺组成台面，而用一柱支撑的梁柱式高台，可与服虔的解释互证。但用该记述来说明汉代柏梁台问题并不充分。首先，是否可以用西晋时期的文献资料来说明西汉中期的建筑形制存疑。另外，如何用一柱支撑众多横梁组成木构架高台也不易理解。但随着汉代建筑资料大量出土，此问题开始逐渐明确起来。

张华为西晋时人，距东汉尚不遥远。江陵“百梁台”或为东汉建筑遗存，或承袭其建筑形制而作。虽然文献关于梁柱式高台的记述极少，但从出土的汉代建筑形象资料来看，此类建筑在东汉社会中已较为普遍，可与《博物志》的记述相互印证。从画像资料的性质来看，梁柱式高台有两种类型，一种为仙人所居之台，另一种为现实中的木构架高台。画像中西王母端坐的平台在文献中称为“银台”。《思玄赋》曰：“聘王母于银台兮，羞玉芝以疗饥。”注曰“王母，西王母也。银台，仙人所居也。”⑤ 王煜认为西王母所居之台对应文献中的玄圃，即悬于空中之平台，但此观念之物在画像中诚难表现。画像中的高台顶部平坦开阔，但并非悬空，而是有呈弯曲蘑菇状的细茎或直柱支撑

① 刘熙撰，毕沅疏证，王先谦补，祝敏徹、孙玉文点校：《释名疏证补》卷7《释船》，第266页。

② 李筌撰：《神机制敌太白阴经》卷4《战具类》，中华书局，1985年，第95页。

③ 许慎撰，段玉裁注：《说文解字注》，上海古籍出版社，1981年，第267页。

④ 徐坚等著：《初学记（全三册）》卷24《台第六》，中华书局，1962年，第575页。注：《博物志》引《南荆赋》曰“江陵有台甚大而有一柱，众木皆拱之。”士礼居刊本、《汉魏》本“拱”并作“共”。《艺文类聚》卷六十二、《初学记》卷二十四《苕溪渔隐丛话·后集》卷五、《海录碎事》卷四之下并引“而”下有“唯”字，“木”作“梁”，“拱”亦作“共”，宜据补。见张华撰，范宁校证：《博物志校证》，北京：中华书局，1980年，第73页。

⑤《后汉书》卷59《张衡列传》，第1930页。

（图七、图八）。此类图像存在固定的制作方式，在汉画像中较为常见，与积土台有着显著的区别。画像表现的是仙界内容，神仙色彩以及想象成分较多，或有对汉代现实建筑之参照，但不应作为主要证据。

图七 汉画像西王母图，引自赖非主编：《中国画像石全集·2山东汉代画像石》，山东美术出版社，2000年（下同），图96。

图八 西王母画像砖，引自中国画像砖全集编辑委员会编：《中国画像砖全集·1四川汉画像砖》，四川美术出版社，2006年（下同），图164。

汉代现实生活中的木构架台榭样式丰富，形制多样，在陕北、徐州以及鲁中南地区出土的建筑画像中均有所体现，可分为水中（图九）、邻水（图一〇～图一三）和陆上（图一四～图一七）三种，但三者之间在建筑结构与技术方面无疑是互通的。学界对于鲁中南和徐州地区出土的水中和邻水木构架台榭已展开了较为细致研究[①]。此类台榭均为木构架梁柱式建筑结构，以柱为础，多以斗栱

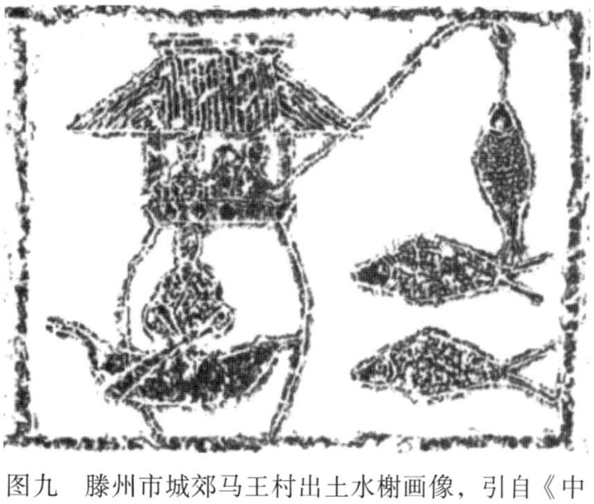

图九 滕州市城郊马王村出土水榭画像，引自《中国画像石全集·2山东汉代画像石》，图200。

图一〇 枣庄曹埠出土水榭画像，引自《山东枣庄汉画像石调查记》，《考古与文物》1983年3期。

① 参见梁思成：《中国古代建筑史》，生活·读书·新知三联书店，2011年，第44页。李锦山：《鲁南汉画画像石研究》，知识产权出版社，2007年，第82页。李亚利、滕铭予：《汉画像中的亭榭建筑研究》，《考古与文物》2015年2期，第82～90页。

图一一　邹城出土水榭画像，引自《中国画像石全集·2 山东汉代画像石》，图 87。

图一二　滕州市山亭区驳山头出土水榭画像，引自《中国画像石全集·2 山东汉代画像石》，图 191。

图一三　徐州贾汪祠堂水榭画像（线描图），引自武利华著：《徐州汉画像石通论》，文化艺术出版社，2017 年，第 170 页。

图一四　徐州出土楼阁画像，引自汤池主编：《中国画像石全集·4 江苏、安徽、浙江汉代画像石》，山东美术出版社，2000 年，图 55。

叠加支撑，悬于水面。其中较为引人注目的是，邻水台榭皆为独柱支撑。对于柏梁台的考释，陆上台榭显然更具有参考性。陕北绥德白家山东汉墓前室西壁上所见建筑形制较为独特（图一五），相关图录以三重楼阁称之，并不确切①。从图像上看，一二层建筑相互连接，为楼阁之属，但最上层建筑与二层建筑脱离，而只以独柱支撑。左竖框内的顶部建筑有楹柱而无墙，四周围以栏杆，当是用于观赏察望。楹柱两侧各一梯子，画像中有二人正在沿梯而上。右竖框中的独柱较为粗大，上端的斗栱呈阶梯状向外延展，中间有二力士加以承托。柱端的建筑形制较为简略，两侧也各有人登梯，与左竖框所见类似。从形制与用途来看，均与台榭的含义相应。

① 李贵龙、王建勤主编：《绥德汉代画像石》，陕西人民美术出版社，2001 年，第 69 页。

图一五　陕北绥德白家山汉墓前室西壁建筑图，引自李贵龙、王建勤主编：《绥德汉代画像石》，陕西人民美术出版社，2001 年，图 29。

图一六　望都汉墓壁画之高台，引自徐光冀主编：《中国出土壁画全集·1 河北》，科学出版社，2012 年，图 13。

图一七　四川宝城路汉画像砖中的“高台”，引自《中国画像砖全集·四川汉画像砖》，图 148。

从文献上看，台榭以其上有木与否作为分界。《说文》曰：“榭，台有屋也。”[①]《尔雅》“有木谓之榭。”邢昺疏：“台上有木起屋者名榭。”[②]《书·泰誓》曰：“惟宫室台榭，陂池侈服。”传云：“土高曰台，有木曰榭。”[③]但相关学者已注意到台榭不易截然区分的特征。高台建筑“是夯土基址与木建筑的合成物，其木结构部分不仅有榭，还可以是宫、殿等等。”[④]人造之高台多用于登览观望，其上多有建筑加以覆庇。但与平日的居所不同，高台建筑一般只提供临时休息，较为简略，与亭颇为类似。从语义上看，只有在强调台上建筑本身时，才以榭称之，而台的使用频率远高于榭。与积土台不同，梁柱式高台的台面较为狭隘，台与榭结合紧密。因此，绥德白家山、鲁中南以及徐州与所见独柱支撑的梁柱式台榭既可称为台，也可称为榭，可与《博物志》的记载相对应。

神仙所居之台自不必考虑独柱如何撑起硕大的台面，但现实中的高台建筑显然不得不面对这一技术性问题。借助于建筑形象资料，我们可以清楚地看出，在一柱百梁式的建筑形制中，柱与梁之间多以复杂的斗栱相连接，利用斗栱的叠加来支撑众多横梁组成台面。陕北绥德白家山墓前室西壁左侧建筑中的高台以楹柱

① 许慎撰：《说文解字》，中华书局，1963 年，第 126 页。
② 郭璞注，邢昺疏：《尔雅注疏》卷 5《释宫》，阮元校刻，《十三经注疏》，中华书局，2009 年，第 5650 页。
③ 王先谦撰，何晋点校：《尚书孔传参正》卷 14《周书》，中华书局，2011 年，第 504、505 页。
④ 张爽：《“台”辨》，《杭州大学学报（哲学社会科学版）》1994 年 3 期，第 116～118 页。

为支撑，两侧梯子似起一定的支撑作用，而右侧画像中的粗柱与斗栱则刻画得十分突出。徐州汉画像中见到以多层栱栾叠加支撑的高台（图一四），与鲁灵光殿建筑“层栌磥垝以岌峨，曲枅要绍而环句”[①]的记述相符，无疑显著地增加了高台的建筑面积[②]。邻水台榭则普遍使用曲栾与斗栱的结合。由于较为复杂的斗栱构件分散了高台本身及其台上建筑主要重量，这种建筑形制对柱子本身的要求并不苛刻。从画像上看，有些柱子甚至较为细小。

独柱支撑的邻水以及陆上台榭多为东汉中后期之物，虽可以与西晋时期江陵“一柱百梁”的建筑形制相互参照，但是否可以用来证实西汉中期的建筑形制仍须谨慎对待。梁柱式建筑形制何时表现于汉画像涉及建筑形制本身的形成、建筑技术的传播、汉画像艺术的发展以及画像石墓主身份变化等诸多方面。

与居所不同，台榭多属于观赏性质的建筑。先秦时期的高台多为国家或贵族修建，消耗大量的人力以及物力资源。到了汉代，即使在建筑技术有所进步的前提下，文帝所欲修建的露台仍须花费百金，抵“中民十家之产”[③]。汉武帝大兴土木也是在其所掌握的财物不断充盈的前提下才得以进行[④]。汉代的富者凭借自己的财力也可以“积土成山，列树成林，台榭连阁，集观增楼。”[⑤]但木构架高台最初是受神仙思想影响而建，且需要相应的建筑技术支持。从现有资料来看，木构架高台最早出现于宫室建筑，之后才普及到社会之中。

从建筑形制在社会中出现到表现于画像也有一定的延后性。这段时间的长短与画像石墓墓主身份的变化有重要关联。石刻画像艺术大致兴起于西汉中期，主要用于墓葬，核心是为墓主服务，遵循事死如生的基本原则。除一些通用的题材外，写实的内容多与墓主身份地位相应。早期画像石墓墓主身份地位低，画像所见建筑形制较为简单。到了东汉，尤其是中后期，画像石墓逐渐为上层社会所接纳。随着墓主身份的变化，画像中出现了大量与新墓主群体身份相适应的题材。绥德、鲁中南以及徐州所见邻水台榭图像即应是这种变化的具体表现。木构架建筑技术的成熟使得高台建筑形制更加普及，但台榭使用主体依旧对应地位较高或具有一定经济基础的人群。简言之，是在身份地位较高的人物群体采用画像石墓葬艺术形式之后，梁柱式高台才作为与其有关的重要内容被记录下来。考虑到画像石墓在较长时间内不为上层社会所采用的情况，梁柱式高台从出现于汉代社会到表现于墓室画像之间的历时应相当漫长。

从出土文物看，河北望都汉墓壁画中的望楼建筑形制较为简略（图一六），与四川宝成路出土画像砖所见高台形制相同，但内部通道更为狭隘，看起来与陕北绥德白家山所见高台更为相似，只是支撑与登临方式有所不同。望都壁画中的望楼又与河北易县燕下都遗址出土的“楼观”在结构上有着显著的一致（图一七），此类建筑形制于战国中期已经出现（图一八）。因此，西汉中期木构架高台建筑的出现与当时建筑技术是相符的。

① 萧统编：《昭明文选·附考异（全一册）》卷11《鲁灵光殿赋》，第153页。

② 汤池主编：《中国画像石全集·4江苏、安徽、浙江汉代画像石》，山东美术出版社，2000年，图55。著录以楼阁称之，似有不当。斗栱叠加支撑之建筑形制上较为简略，与图11之台榭有相似之处。

③《史记》卷10《孝文本纪》，第433页。

④《史记·平准书》载：“初，大农筦盐铁官布多，置水衡，欲以主盐铁；及杨可告缗钱，上林财物众，乃令水衡主上林。上林既充满，益广。……宫室之修，由此日丽。”《史记》卷30《平准书》，第1436页。

⑤ 王利器校注：《盐铁论校注（定本）（全二册）》卷6《散不足》，中华书局，1992年，第353页。

图一八 河北易县燕下都遗址出土战国中期透雕楼观方柱形饰，引自国家文物局主编：《中国文物精华大辞典·青铜卷》，上海辞书出版社、商务印书馆，1995年，第282页。

通过相关文献与建筑形象资料之间的对比分析可发现，《史记》关于柏梁台兴造缘由的叙述、服虔的注解、张华《博物志》关于“一柱百梁”建筑形制的记载、汉画像台榭建筑形象以及建章宫F1建筑遗址发掘资料之间可相互印证。梁柱式高台从产生到表现于画像艺术之间历时较长，出现的时间也与柏梁台相近。因此，本文认为武帝时期受到楼船形制影响而造的柏梁台非传统的积土台，而属于木构架中的梁柱式高台，以柱为台基，梁柱之间用叠加的斗栱相互连接。虽然可以利用斗栱的叠加来增大承托面积，在一定程度上摆脱对柱子数量或粗细的要求，但较积土台来说，木构架高台相对狭隘的特征依旧显著。以百头横梁作面之台规模宏大，柏梁台也当以此形制特征而得名。但此处需要说明的是，鉴于木构架高台在西汉尚处于发展初期，加之柏梁台建筑规模较大，其具体建筑形制应与东汉画像所见独柱支撑的高台有所区别，做台基之柱或与建章宫F1遗址相似。然目前对此尚不完全清楚，仍待将来可能出土的建筑资料加以具体考证。

从历时发展的角度看，新出现的木构架之台与传统积土台之间是并存而非替代关系。正如王贵祥指出的那样，“汉魏时期的高台建筑，规模较大者，即使是用木构筑，下部亦有用土石堆砌的高大台基，与大型的宫殿建筑台基相类。”[①] 彼时，木构架高台尚未与积土台完全脱离，从崇高的追求上看，将两者结合起来也更符合要求，柏梁台或也建于夯土台基之上[②]。东汉画像中的台榭完全由柱子支撑，柱下或有柱础，但均不立于积土之上。此时，梁柱式高台已从积土台中分离了出来。一方面是建筑技术进一步发展的结果，另一方面，画像内容世俗生活气息浓郁，并无强烈的崇高追求。

与其他高台相同，柏梁台上也有建筑。柏梁台灾，“先是，大风发其屋。”[③] 王贵祥曾据此记载认为柏梁台为木构架，理由并不充分，此屋应属台上之建筑。《三秦记》中说“柏梁台上有铜凤，名凤阙。”[④] 待考。正义引《汉武帝故事》云：“起柏梁台以处神君”，文本不足据[⑤]。但台上的铜柱及承露仙人掌多见于史书和汉赋记述，当可信。从“以柏梁灾故，朝受计甘泉”的表述来看，柏梁台还似曾是受计之处。柏梁台建成之后，武帝还曾置酒其上，诏群臣和诗，但柏梁台诗已为顾炎武考证为伪作[⑥]。

① 王贵祥：《略论中国古代高层木构建筑的发展（一）》，《古建园林技术》1985年1期，第2～9页。

② 刘运勇根据相关文献记述与考古发掘认为，今西安市未央区卢家口村东一高七米的夯土堆可能是柏梁台故迹。刘运勇：《西汉长安》，中华书局，1982年，第61页。何清谷《三辅黄图校注》中对此“录以待考。”何清谷校注：《三辅黄图校释》卷之五，三秦出版社，2006年，第333页。若此考可信，则柏梁台或建筑于夯土台基之上，然此考释与柏梁台建筑本身形制之间并无冲突。

③ 《汉书》卷27上《五行志》，第1334页。

④ 刘庆柱辑注：《三秦记辑注·关中记辑注》，三秦出版社，2006年，第26页。

⑤ 《史记》卷12《孝武本纪》，第453页。

⑥ 黄汝成：《日知录集释》卷21《柏梁台诗》，岳麓书社，1996年，第746、747页。

四、余　论

与《史记》形成鲜明对比的是，《汉武故事》中并未提到柏梁台建造背后的政治因素与历史背景，而确切地说建造柏梁台是为了“处神君”。将柏释为香柏木，且香闻数十里，较为荒诞，实意在借此突出柏梁台与神仙之间的关系，因为香气是与鬼神相沟通的重要中介，此处的解释与文中关于神君的叙述相吻合。《汉武故事》与《三辅旧事》两书本身及其之间的关系目前虽难以具体考证，但两者之间相互参照，循环论证，诚难对此做出断然否定。从出土建筑形象资料上看，独柱支撑的木构架梁柱式高台主要流行于东汉时期。张华《博物志》对江陵“百梁台”的记录表明，此建筑形制对西晋人来说已十分陌生。中原地区此类建筑或已于汉末动乱、汉魏、魏晋朝代更替时毁坏殆尽。颜师古及后世学者未见过汉代建筑形象资料，无法解释服虔的注释，也只能采信柏为香柏之说。

通过对柏梁台形制的个案考察可发现，高台建筑向高层建筑转变并不均衡，宫室以及台榭类建筑较早地演变为了木构架形制。以此视之，史书中关于渐台和通天台的记述，以及注释中存在的争议也值得重新思考。汉代浸于池中的“渐台”显然难以理解为积土台。从记述上看，颇与山东汉画像所见水中台榭有相似之处（图九）①。《史记》中除通天台外，还有通天茎台。而《汉书》中皆作通天台，各家所注纷繁不一②。除依据的文献及其版本不同外，还与他们未见到过汉代建筑形象资料有关。将绥德白家山汉墓所见独柱支撑的高台称为茎台应无误。当然，文献与图像之间并非简单对应，关于通天茎台形制及其名称由来问题也须加以细致考证，已超出本文的论述范畴。行文至此，不免想起沈从文先生的治学之语，“离开了这些实际比较材料，仅从文字出发，以书注书，有些问题是永远无从得到正确解答的。”③对于西汉时期诸多高台名实问题的考证，大概总要结合实物才能说得清楚。

Study on the Concept and Entity of Bailiang Palace

QIAO Weixing

(School of History, University of Chinese Academy of Social Sciences, Beijing, 102488)

Abstract: There are two explanations about the Bailiang Palace in the ancient literature. The Bailiang Palace is named because of the “BaiLiang Tai with a hundred head beams”. Yan Shigu thought that Bailiang Palace was cedar wood based on the record of the character form and the old story of Sanfu. This paper refutes Yan's annotation from three aspects: philology, architectural form and document textual research,

① 《汉书·王莽传》载：“其（建章宫）北治大池，渐台高二十余丈。”正义颜师古云：“渐，浸也。台在池中，为水所浸，故曰渐台。”又“莽就车，之渐台，欲阻池水，犹抱持符命、威斗，公卿大夫、侍中、黄门郎从官尚千余人随之。……短兵接。王邑父、覽惲、王巡战死，莽入室。”《汉书》卷99下《王莽传》，第4191页。西汉晚期的画像中即已出现水中台榭，滕州市城郊马王村出土水榭（图9）在西汉哀帝到平帝时期（公元前6年～公元5年），与渐台所处时间略同，可作为参照。

② 王叔岷撰：《史记斠证》卷12《孝武本纪》，第464、465页。

③ 沈从文著：《古镜记·镜子的故事上》，《古物之美》，江西人民出版社，2019年，第104页。

and reconfirms Fu Qian's explanation by combining excavated architectural portraits of the Han Dynasty, archaeological data from Jianzhang Palace site and related accounts in *Bo Wu Zhi*. It is believed that the Bailiang Palace is actually a "hundred-beam palace", which was the new large wooden frame platform, rather than the traditional earth accumulation platform. The middle period of the Western Han Dynasty was an important period for the transformation from high platform building to tall building, moreover, the current understanding of the shape of the Tongtian platform and the gradual platform must be re-examined.

Key words: Bailiang Palace, Bai and 100, wooden frame platform, platform building in Han Dynasty

浅谈城郭布局的形成——以齐临淄城为例

侯振策[1]　孙咏梅[1]

（1. 北京建筑大学建筑与城市规划学院，北京，100044）

摘　要：城郭布局是中国古代城市一个非常重要的规划特点，所谓“筑城以卫君，造郭以守民”就反映了中国古代城市的“城郭布局”，城指的是内城，郭指的是外郭城，城与郭共同作为城市的重要军事防御设施，大致是在春秋时期开始形成，齐国临淄城作为先秦时期重要的都城，都城布局也经历了“单一宫城”“内城外郭”“城郭并立”的三个阶段。据此，笔者将以齐临淄城为例，通过临淄城的布局演变，进而探讨背后城郭布局形成的原因。

关键词：齐临淄；城郭布局；春秋时期；军事防御

一、引　　言

城市的发展始于聚落，在原始社会时期，生产力水平低下，城邑[①]一般选在靠近水源、有利于农业发展的地带，防御设施也大多因地制宜，利用自然地势形成防御，多采用壕沟和城垣等设施。到了龙山文化后期，有的城市开始采用多重的城墙防御措施。比如陶寺遗址和王城岗遗址都发现了两重的城墙，但大部分城址都还是采用的垣壕并用的形式[②]。除此之外，原始社会时期城邑中的手工业区、制陶区、宫殿区以及墓葬区等要素都散乱分布在城中，仍然带有强烈的氏族聚落的色彩。

到了夏商周时期，中国进入了奴隶制社会，相较于原始社会时期，大型的都城会选择在一块平坦之地建城，利用城墙建立多重防御体系，不像原始社会时期选择狭小的山谷或者盆地建城。西周时期，周王朝建立了严格的等级秩序。各个诸侯国相继建城以求防卫，形成了第一个城邑建设的高潮。在城邑布局方面，许多诸侯王城在其宫城之外，形成了规模较大的“郭区”，形成“宫城＋郭区”的布局形式。

进入到春秋战国时期，社会发生了很大的变革。首先，从春秋时期诸侯国之间相互兼并一直到战国时期卿大夫之间的筑城自卫，战乱征伐不断；其次，技术的进步，促进了生产力的发展，为城邑的建造提供了基础条件；最后，这个时期，周王室的瓦解，使得各诸侯国纷纷冲破礼制，按照实际需求建设都城，形成了“城郭并立”的城邑布局的新模式。在众多的诸侯王城中，齐临淄城的建设跨域西周、春秋和战国时期，近600年的时光，其都城布局经历了“单一宫城”“内城外郭”“城郭并立”的三个阶段。文章通过相关文献和考古资料，梳理齐国临淄城的建设历史，并通过军事防御、人口、经济等因素探讨其都城布局的发展原因（图一）。

---

① 文章用“城邑”而非用“城市”，是因为“市”作为交易的场所，出现较晚。故而在此处采用“城邑”一词语。

② 许宏：《先秦城邑考古》，西苑出版社，2017年。

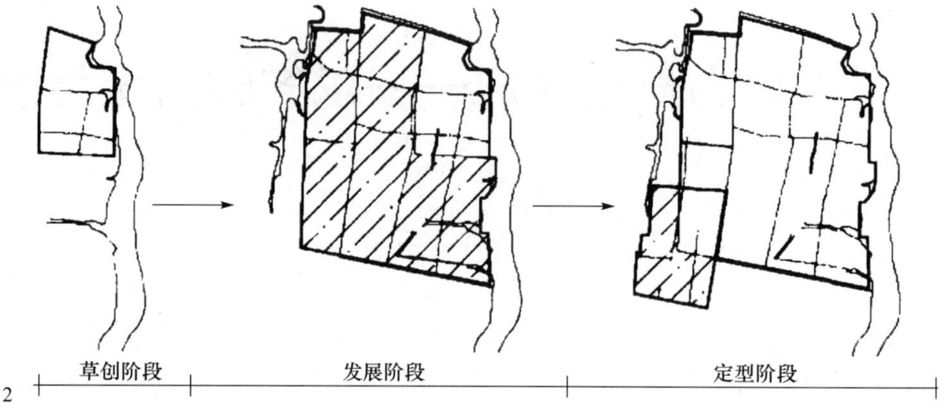

图一 临淄城的布局演变
（图片来源：《两周时期齐临淄城市山水格局营建研究》）

二、齐临淄城的建设

（一）齐临淄城的建置与历史沿革

齐临淄城的建设可追溯至西周初年（公元前11世纪），周天子因姜尚伐纣有功，封于齐，以营丘①为都城，后来又在营丘与淄水之间建立新都城。胡公之时被迫迁都薄姑。后来，因齐献公攻杀胡公，将齐国都城从薄姑迁回到营丘，并改名临淄（约公元前859年）。后经齐康公十九年（约公元前386年）的田氏代齐，政权更替，直至战国末年，齐王建四十四年（公元前221年）秦军灭齐，临淄在行政称制上置郡设县，齐国不再复存。至此，临淄作为齐国的都城长达六百三十多年②。

齐临淄故城自1964年发掘以来，已经基本探清了临淄城筑城、修补诸年代，可为齐都城始建、扩建的实证。从考古发掘来看，齐临淄城位于现今山东省淄博市临淄区齐都镇，都城由大小两座城组成，大城位于东北侧，基本呈纵长方形，东西约3500米，南北约4100米。总面积约14平方千米。小城在大城西南侧，且东北部被大城所占据，始建年代相当于战国早中期，平面略呈长方形，南北长约2200米，东西宽约1400米③。从考古发掘资料来看，齐临淄城的这种大小城并立的局面是多次扩展的结果。城市变化可依据时间将其划分为“单一宫城”“内城外郭”“城郭并立”的三个阶段（图二）。

（二）西周时期的临淄城——“单一宫城”

西周时期的临淄城属于草创阶段，在西周末期爆发的“国人暴动”极大地震动了周宣王，其在上台之初便极力主张“法文、武、成、康之遗风，诸侯复宗周”。并推行了一系列措施宣示王权、重振朝纲，其中就包括亲自委派使者仲山甫主持修筑齐临淄城。《诗经大雅·烝民》记载“仲山甫出祖，四牧业业。征夫捷捷，每怀靡及。四牧彭彭，八鸾锵锵。王命仲山甫，城彼东方。”专门赞

① 今山东临淄市临淄北部及西部。
② 李海霞：《齐国都邑营建考略》，华侨大学，2006年。
③ 山东省文物考古研究所：《临淄齐故城》，文物出版社，2013年。

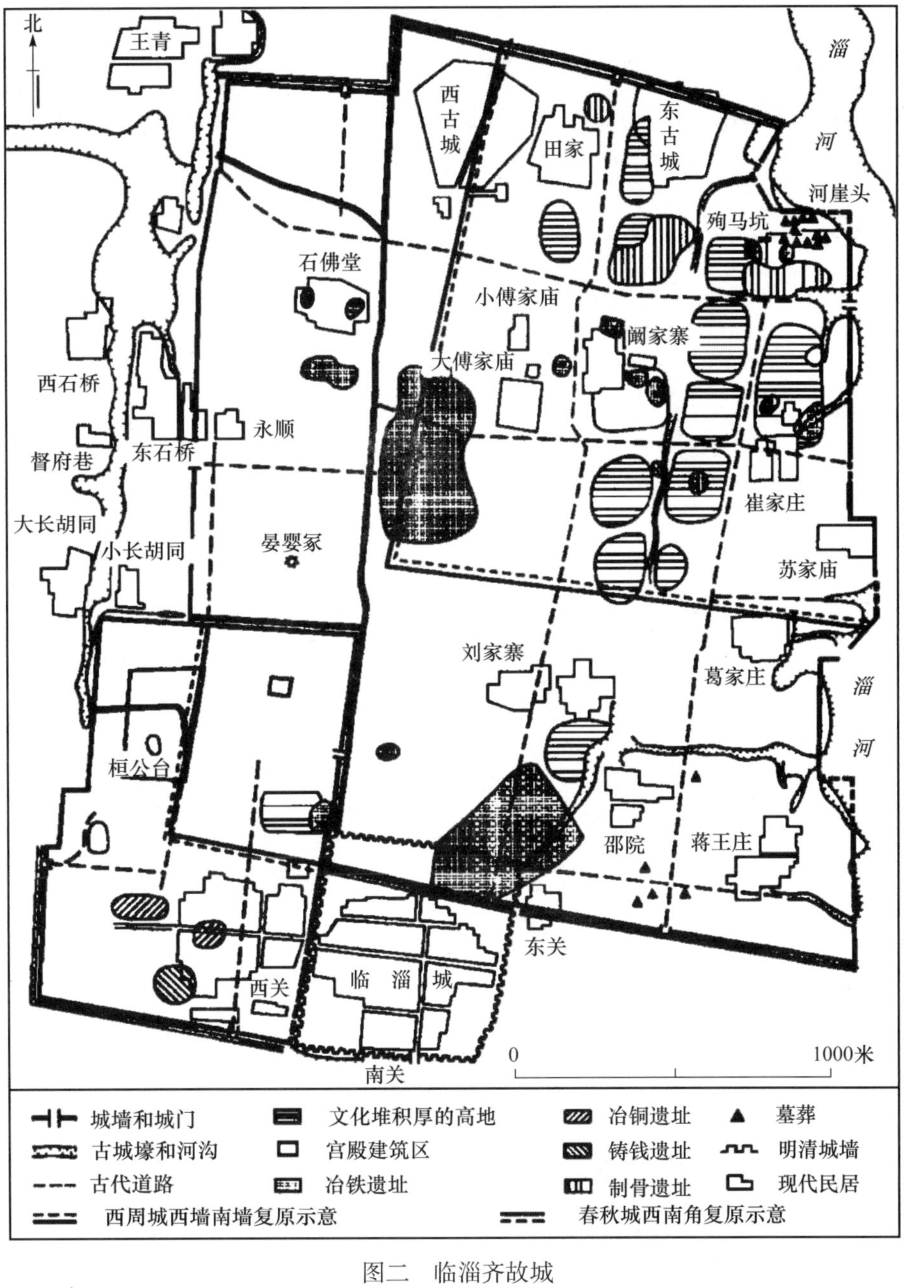

图二　临淄齐故城

（图片来源：《先秦城邑考古》上卷：282 页）

颂了这件事。这也是西周时期见于文献见于文献中有关“城齐”的最早记载[①]。

西周时期的临淄城自始建之后，曾经进行过一次大规模的扩建和增补。第一次增扩建大约是在西周晚期，主要是在早期城墙的基础上进行增建和扩建。集中在大城的东北部。除此之外，从发掘的遗迹和遗物可知，大城东北部的西周遗存也较为集中[②]，且分布范围不是很大。总体上看，西周时期遗存仅限于大城东北部的阚家寨、河崖头一带，文化堆积丰富。故而可以推测，西周时期的临淄城的主要范围应该就是在大城东北侧。另外，在大城北端东段探沟里，发现了不晚于西周中期的夯

① 韩欣宇、董瑞曦：《两周时期齐临淄城市山水格局营建研究》，《新建筑》2016 年 5 期。

② 山东省文物考古研究所：《临淄齐故城》，文物出版社，2013 年。

土城垣，在西周晚期又加以增筑，但是揭露面积较小，破坏较严重，城垣的性质难以判断[①]。而在其他三面未发现同时期的城墙遗存，推测有可能是当时有城墙，后来被破坏掉了，或者是最初就没有城墙，而是在其他几面利用淄水、系水、天齐渊以及稷山、牛山、愚山等作为自然防御的屏障。同时也反映了西周时期“大都无城”的这种现象（图三）。

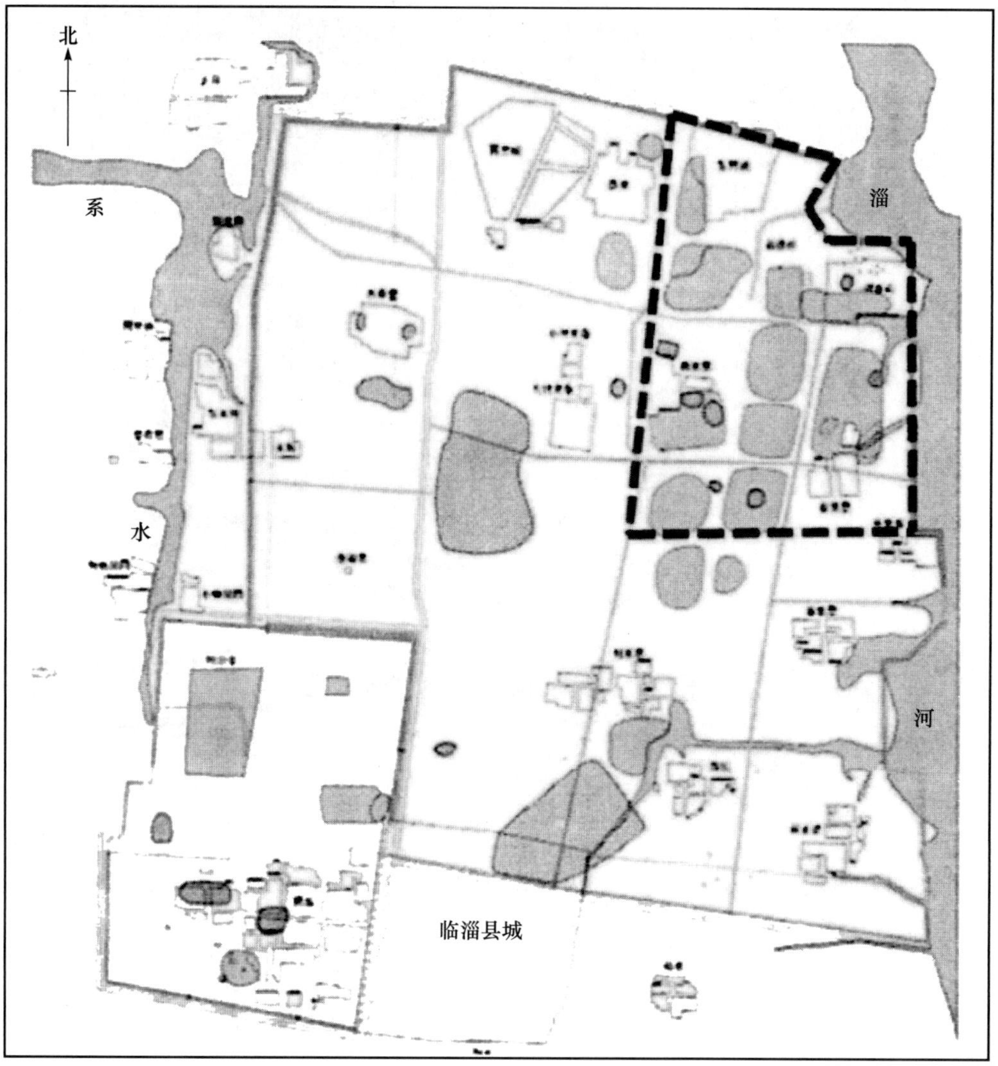

图三　西周时期的临淄城
（图片来源：《齐文化视野下临淄故城空间形态研究》）

（三）春秋时期的临淄城——“内城外郭”

西周时期的临淄城主要集中在大城的东北部，但是仅在大城北段发现了不晚于西周时期的城垣遗迹，而在其他三面均没有发现城墙遗迹。这在一定程度上反映了早期都城为“宫城＋郭区”的布局，即所谓的“大都无城”。时间继续发展，到了春秋时期，大城经历了两次改扩建。将其城址范围向西南延伸。第一次增建主要是针对大城北侧的城墙，使用时间跨越了春秋时期的大部分时段。

① 许宏：《先秦城邑考古》，西苑出版社，2017 年。

第二次扩建则是针对大城北侧、大城西侧城墙的增筑，这也是临淄城历史上最大的一次扩建。大城西墙的修建，推测时间大约是在春秋晚期，并由此基本形成临淄大城的基本格局，使得临淄城成为东周至战国时期诸侯国最大的都城之一[①]。

从城内的发掘遗存来看，临淄城内文化堆积最为丰厚、最为复杂的地带是东北部，春秋时期遗存的分布范围，似乎也仅限于西周时期开始兴盛的东北部，并且根据《史记》《左传》中国城焚郭等事件所提供的线索，了解到春秋时期临淄城郭内应该是是有宫城的，并且根据文化遗存分析，宫城很有可能就在大城东北部。这样，就与西周时期的宫城所在地相重合，由此可以推测，春秋时期的临淄城是在西周临淄城的基础上发展而来，宫城位置大致不变，而将宫城外的区域包裹进来，原来的郭区变成了郭城。

除此之外，在大城的其他地方，发现了大大小小的东周时期的墓葬20多座。这和春秋时期其他诸侯国都城中“公墓”置于郭城内的布局状况是一样的（图四）。

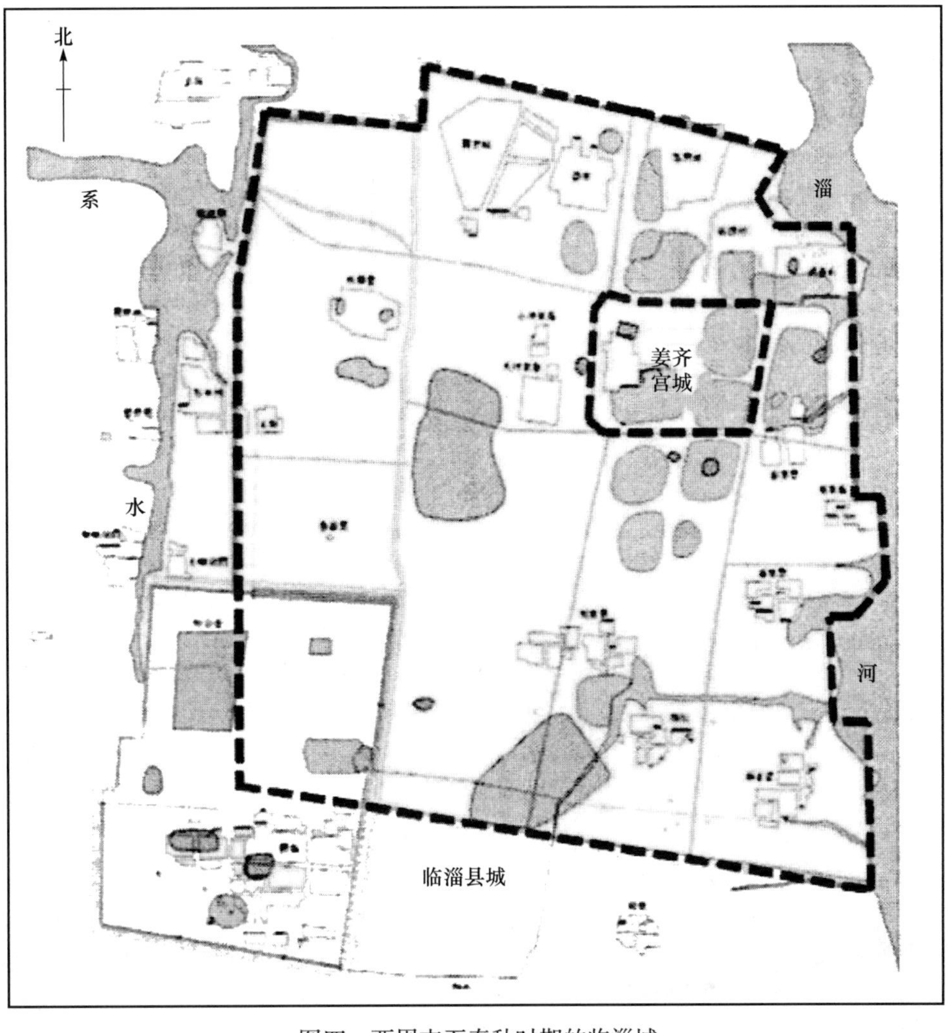

图四　西周末至春秋时期的临淄城

（图片来源：《齐文化视野下临淄故城空间形态研究》）

① 山东省文物考古研究所：《临淄齐故城》，文物出版社，2013年。

（四）战国时期的临淄城——“城郭分立”

战国时期齐临淄城最重要的就是小城的营建，而大城基本延续了春秋时期的总体布局。从考古发掘来看。小城的东、西段城墙结构基本相同，推测应该为同一时期一次性分段修筑。时间不早于战国早期。由此构成现今所见大小城镶嵌的总体格局。

在大小城的功能分布上，大城内部分布了大量的手工业作坊遗址，并在大城的西部形成了以石佛堂村为中心的冶铸区。小城平面略呈方形，面积约 3 平方千米。始建年代相当于战国早中期。小城共发现 5 座城门，城外有护城壕。在内部发现了大量的田氏宗庙、公宫、内宫、寝宫等重要遗址。其北部还分布着大片夯土建筑基址，中心建筑为一平面呈椭圆形的夯土台基，俗称“桓公台”。据此推测小城应该是宫殿区所在，即田氏代齐之后的宫城（图五）。

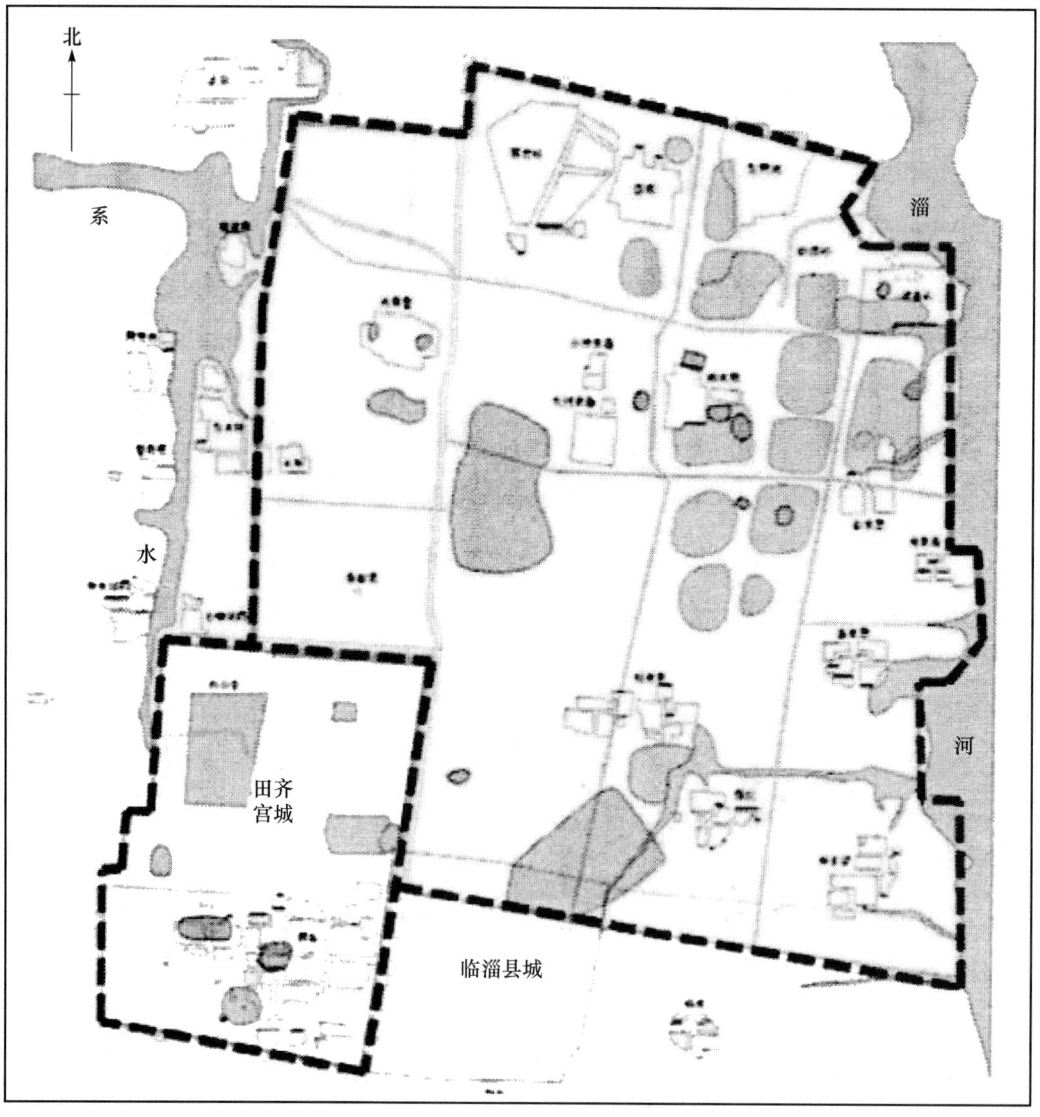

图五　春秋末至战国时期的临淄城

（图片来源：《齐文化视野下临淄故城空间形态研究》）

从上述可以看出，从西周到战国，齐临淄经历了“单一宫城”到“内城外郭”再到“城郭并立”的三个阶段，这在一定程度上反映了西周早期各诸侯之间，遵循礼制建造都城，到了后期僭越扩建都城，增建新城的变化，另外，西周时期的“郭区”到了春秋时期加筑外城形成了“郭城”，由此，笔者将从以下角度来分析这种变化所产生的原因。

三、齐临淄城布局变化原因探析

（一）诸侯之间的攻城防御需要

西周时期奴隶制军事制度完备的集中表现是军事领导体制的一元化，军事权力不断向天子手中集中，是中国奴隶社会上升时期的重要特征。到了春秋时期，西周以来一元化的军事领导体制归于瓦解，列国的军队组织失去了统一控制，各国之间激烈地争霸与兼并战争，导致了兵源的扩大，兵役制度的改革、新型军赋制度的出现，随着军队组织的发展、军事编制和军阵阵法也有了新的变化，都（县）邑兵和卿大夫采邑家兵普遍建立[①]。

由于周天子一元化军事领导体制的崩溃，因分封而形成的诸侯军队组织的多元化得到了充分的发展，列国军队的组建和领导权已皆由诸侯自专，不再受王室支配，激烈地兼并和争霸战争，造成了诸侯国不论大小爵，不论高低都积极扩充军队组织的形式。

由此观齐国临淄城的发展，西周时期，临淄城位于大城东北一隅，城内主要是宫城，但是整体来讲，都城的防御性不是很强，并没有修筑起较为有力的防御设施。这可能与当时商周以来的畿服制度[②]有关，处在王畿附近的齐国，能够获得比较稳定的政治环境，所以防御设施显得不是那么重要，这可能也是在许多商周时期许多大型都城没有城郭的一个重要原因（图六）。

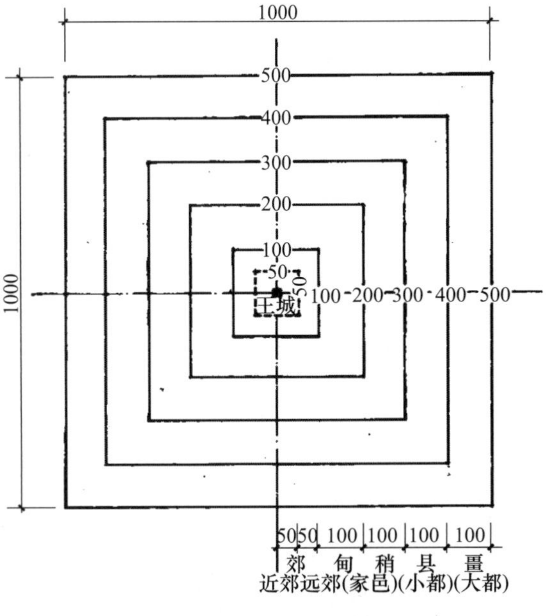

图六　王畿分区轮廓图

西周以降，进入到春秋时期，随着周天子的势力减弱，对周边的诸侯国失去了绝对的控制力，礼乐制度遭到破坏，因而畿服制度也慢慢地瓦解。公元前770年，周平王东迁，周王室衰落，诸侯之间相互兼并，在这种情况下，就难以维持畿服制，各个诸侯纷纷为自己的利益而战，战争成为了春秋时期的主题，这个时候，城墙作为非常重要的防御措施，被普遍运用于城市建设上。也正是在这个时期，齐临淄城进行了规模宏大的城墙修筑运动，将其原宫城之外的手工业区、制陶作坊区统统纳入到城墙

① 陈恩林：《先秦军事制度研究》，吉林文史出版社，1991年。

② 关于畿服制，《国语·周语》记载祭公谋父曰：“夫先王之制，邦内甸服，邦外侯服，侯卫宾服，夷蛮要服，戎狄荒服。甸服者祭，侯服者祀，宾服者享要服者贡，荒服者王。日祭，月祀，时享，岁贡，终王。”

之中，形成了内宫城与外郭城两重城墙相套的雏形。

如果说春秋时期是诸侯之间的相互争斗，战国时期，随着“三家分晋”“田氏代齐”，卿大夫之间也纷纷加入了争霸的行列。最终在战国末期形成“七雄争霸”的局面。所以相较于春秋时期，战国时期各国之间的相互争斗更加激烈，筑城运动在此达到了又一高潮。战国中期，齐国政坛发生了重大变动，齐相田和取代姜式自立为王，并被周天子立为齐侯。《史记·田敬仲世家》记载：“田太公相齐宣公……宣公卒，子康公贷。贷立十四年，淫于酒夫人，不听政。太公乃迁康公于海上，食一城，以奉先祀。明年，鲁败齐平陆。三年，太公与魏文侯会浊泽，求为诸侯。魏文侯乃使使言周天子及诸侯。请立齐相田和为诸侯。周天子许之。康公十九年，田和立为齐侯，列于周室，记元年。”田和取代姜式，齐国的政治中心发生激烈变化。政治中心的变化必然导致齐国一系列的国家制度等的变化。而反映在都城的建设上就是原临淄城西南小城的建立，作为田氏代齐之后的宫城即政治中心之所在，这一点与相应的考古发掘中大量的田氏宫庙建筑相吻合。

（二）经济发展、人口增长的需要

西周时期，社会的生产力还比较低下，所以筑城活动往往需要极大的人力、物力、财力，所以西周时期的筑城活动不是很多。而到了东周时期，随着铁犁牛耕的普遍应用，整个社会的生产力获得了快速发展，进而促进了东周各个诸侯国的经济发展①，也出现了许多跨国商人。这就为都城的增建和扩建提供了坚实的物质基础。经济的发展在一定程度上促进了人口的聚集流动，列国都城的居民纷纷涌入都城之中，带来了生产力，进而促进经济的发展，由此形成一个良性循环。但是人口的增长，在一定程度上超过了原本都城的容纳力度的。都城空间进一步紧密，这就不得不使得统治者扩大城垣，增筑城墙。

临淄城在春秋时期随着管仲的改革，经济已经十分发达，在大城内部发现的众多春秋时期的手工业作坊遗址足以证明这一点。到了战国时期，强大的秦国采取“远交近攻”的战略，使得齐国得以偏安一方，免遭战事的侵扰。进而国势昌盛，发展成为战国时期的大都市。《史记·苏秦列传》载：“临淄之中七万户……甚富而实，其民不吹竽鼓瑟，弹琴击筑，斗鸡走狗，六博蹋鞠者，临淄之途，车毂击，人肩摩，连衽成帷，举袂成幕，挥汗如雨。家殷人足，志高气杨……”一派升平景象，可见，当时的临淄城经济和城市生活达到非常繁荣和集中的程度。在这种情况下，田氏代齐之后，若要在原临淄城中营建新的宫城，不可避免地要占用大量的土地、住宅以及手工业作坊，这无非显得困难重重，对于刚刚取得政权的田氏来讲也不易于新政权的巩固，故而选择在原临淄城的西南侧建立新的宫城，形成大小城并立的局面。

此外，经济的繁荣也使得统治者意识到，人口对于自己国家利益的重要性。于是为了保护自己的利益免遭流失，各个国家相继开始修建自己的外郭城，将自己的居民区全部纳入到郭城内，这样做的目的，一方面是为了保护自己的居民，另一方面，也是统治者在维护自己的利益，防止自己国家的财富流失。

---

① 李麦产：《先秦时期的城郭制定型与人口等因素之关系》，《三门峡职业技术学院学报》，2018年。

（三）建筑技术的支撑

筑城运动的兴起同样也离不开建筑技术的支撑。西周时期的城墙修筑，仍然沿用夏商以来的建筑技术，技术还比较原始。以城墙夯筑的版筑技术为例：商代的版筑技术是在欲筑的墙的两面横施夹板为模板，用夹棍固定之后填土夯筑，夯至与夹板上端平之后，再向前移动夹板，称为一版[①]。这种版筑技术用于修筑城墙比较慢，需要分段进行夯筑，城墙的修筑往往需要耗费很大的劳力。到了东周时期，高台建筑的发展，可见当时的夯土技术达到了一个新的高度。在夯筑城墙以及大型的墩台时候，多采用斜立的杆来控制墩台的斜度，并沿斜杆处用版或数根榑椽为侧模，夯筑时先分别把数根草绳的一端系在版或榑椽的不同部位，另一端系一木楔，拉紧后分别钉入地上，然后夯筑。夯平后，割断草绳，抬升版或榑椽，再依同法夯筑，直至所需高度止[①]。此法相较于商周时期的版筑技术，可以方便用于大面积砌体的一次性夯筑。除了夯土技术之外，随着东周时期铁具的发展，生产工具的进步叶大大提高了夯土筑城的效率。

在临淄城的城墙修筑之上，西周时期临淄城大城进行了第一次扩建，主要增筑了大城东北部的小段城墙。在春秋时期，在大城进行过两次大规模的城墙修筑，主要包括大城北段和西段的城墙。其中相较于西周时期的夯土城墙，春秋时期的城墙夯土之间有木骨结构结构做支撑，称之为“纴木”，放在夯土之间进行夯筑会使得城墙更加牢固，可以看出夯土技术的进步。战国时期的小城城墙的修筑，各段城墙之间连续性比较强，结构清楚，在修筑城垣之前先在原地表挖出浅显的基槽，在大体夯平基槽后，再进行夯筑，夯筑时采用木骨和筑版。在各段、各块夯土之间，板痕清晰，连接非常紧密，未见风化或遭受破坏的现象，证明该期城垣为一次性分段、分块夯筑而成。其夯筑技术进一步提高。

四、小　结

城郭制度作为都城防御的重要组成部分，深刻影响了后代都城的建设。当然，新制度的产生往往是在动态变化之中缓慢产生的。齐临淄城作为先秦时期的重要都城，其布局经历了“单一宫城”“内城外郭”“城郭分立”的变化阶段。是城郭制度产生的典型实例。

西周时期的临淄城，作为周天子分封的新城，其建设处于比较缓慢的状态，都城建设主要以核心的宫城为主，都城内部的手工业区、墓葬区等都散乱分布于城内。临淄城的建设还处于草创阶段，城市布局和功能分布都还未成型。春秋战国时期，随着社会生产力的发展，促进了建筑技术的发展，为城墙的修筑、城市的扩建运动提供了强有力的技术支撑。另外，东周时期，各个诸侯国之间，卿大夫之间的相互征战，战争是这个时期几百年来不变的主题，这就促使着各国之间纷纷修筑城池加强防御。但与此同时，生产力的发展大大促进了城市经济的发展，进而使得临淄城的人口迅速增加，为避免财富的流失，也同样需要城市的扩建。于是在内因和外因之下，筑城运动高涨，形成了内宫城与外郭城两重城墙相套的局面，城郭之制萌芽。

① 傅熹年：《中国科学技术史——建筑卷》，科学出版社，2008 年 3 期。

Brief Discussion on the Formation of City Layout —Taking Linzi City of Qi State as an Example

HOU Zhence[1], SUN Yongmei[1]

(1. School of Architecture and Urban Planning, Beijing University of Civil Engineering and Architecture, Beijing, 100044)

Abstract: The layout of city and walls is a very important planning feature of ancient Chinese cities. The so-called "building city to protect the monarch and building walls to protect the people" reflected the "layout of city and walls" of ancient Chinese cities. City refers to the inner city, and walls refers to the outer city. As an important military defense facility of the city, city and its walls together began to form in the Spring and Autumn Periods. Linzi city of Qi state is an important city in the Pre-Qin period, and its layout of the capital has gone through three stages: single palace city, inner city and outer city, and city and walls coexisting. This paper will take Linzi city as an example, through the layout evolution of Linzi City, and explore the changes behind the layout.

Key words: Linzi City of Qi State, city layout, the Spring and Autumn period, military defense

浅谈陇东地区北朝石窟

段瑶琼
（北海市博物馆，北海，536000）

摘　要：由于陇东地区特殊的地址位置，该地区石窟寺自北魏太和年间开窟造像以来，经历西魏、北周、隋代、唐代以及宋金元明的发展，形成颇具规模的陇东石窟寺群。造像风格上，从北魏早期的呆板到中晚期褒衣博带的出现和成熟；西魏时期在继承北魏造像风格的同时，形体变得清秀修长；北周时期摆脱了西魏时期瘦骨清像的风格，造像形体丰硕普遍流行。其佛教艺术魅力，不仅受到了来源于中原地区的影响，且具有浓厚的区域特色，为研究我国佛教艺术提供了重要的参考资料。

关键词：陇东地区；石窟寺；窟龛类型；造像组合；特征

一、“陇东地区”的地理界定及石窟寺分布概况

按今天的行政区域划分，“陇东地区”指甘肃省的庆阳市和平凉市及其所辖地区，其自然地理范畴为：西靠六盘山，东界子午岭，北接宁夏固原，南与陕西关中相邻。陇东地处黄土高原的腹地，千沟万壑的黄土层下，是易于雕刻的沉积岩，或叫红砂岩，砂石质地较为细软，易于凿刻。多数石窟选择在河流两岸及沟壑崖间红砂岩断面上开窟造像，符合僧侣修行的要求。

陇东地区位于丝绸之路从长安出发进入甘肃之后的重要交通要道——北路段，北魏时期在此区域上营建了众多的石窟寺，该地区遗存的北朝时期石窟寺形成了三个石窟寺群：其一，以庆阳北石窟寺群、泾川南石窟寺为主的大型石窟群，包括楼底村第 1 窟和泾川王母宫石窟等；其二，以合水县平定川为中心的平定川中小型石窟群，有张家沟门石窟、保全寺石窟、马勺场石窟、千佛砭摩崖千佛壁等。其三，平凉华亭石拱寺和庄浪地区以云崖寺为中心的小型石窟群，有云崖寺石窟、陈家洞石窟等。本文将针对陇东地区北朝石窟的窟龛类型、造像特征、造像组合三个方面，探讨该地区石窟的发展脉络（图一）。

二、陇东地区北朝石窟窟龛及其造像

陇东地区北朝时期开凿最早的是张家沟门石窟，在其石窟北侧的第 1、2 号龛之间和第 2、3 号龛之间的崖面，各残存造像题记一方。“……癸巳□（朔），三月十五日，佛……”；“太和十五年，太岁在□未，癸巳朔，三月十五日，佛弟（子）程洪庆供养佛时，造石坎（龛）佛一躯。”由题记推断，张家沟门石窟的开凿年代是北魏太和十五年，即公元 491 年。另外在第 5 号龛外供养人的下方，有残存题记“太和廿”，则推断张家沟门第 5、6、7、8 四龛的开凿年代是太和二十年[①]，即公元

① 暨志远、宋文玉：《北朝豳宁地区部族石窟的分期与思考》，《2005 年云冈国际学术研讨会论文集·研究卷》，文物出版社，2006 年，第 92 页。

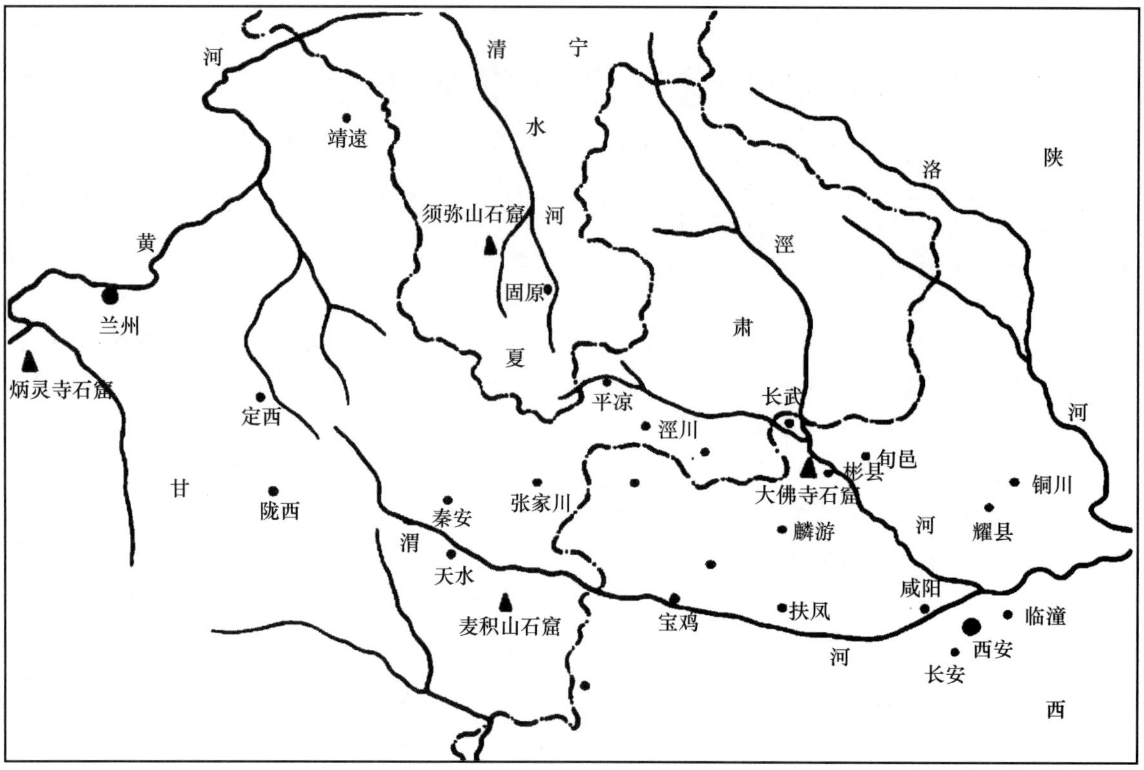

图一　丝绸之路线路图
（采自《彬县大佛寺造像艺术》）

496年。张家沟门石窟寺为该地区石窟寺的年代分期提供了重要依据。

根据现保存于庆阳北石窟寺第165窟内的清乾隆六十年的《重修石窟寺的诸神庙碑记》和泾川博物馆的《南石窟寺之碑》[①]记载，北石窟寺为奚康生北魏永平二年（509年）所建，南石窟寺为奚康生北魏永平三年（510年）所建。

（一）窟龛类型比较

陇东地区北朝时期的窟龛类型分为北魏、西魏、北周三个发展阶段，其中石拱寺石窟第3龛时代不明。

北魏时期的窟的形制可分为：

（1）中心柱大窟。平面呈长方形，平顶，如楼底村1号窟和泾川王母宫石窟；

（2）三壁三坛窟。平面呈长方形或马蹄形，覆斗形窟顶或穹窿顶，三面坛基，坛基上均有造像，以北石窟寺第165窟和南石窟寺第1窟最为典型，另有北石窟寺第229窟、第28窟和保全寺第29窟；

（3）三壁三龛窟。平面呈方形，平顶或圆拱顶窟，三壁三龛内造像，如石拱寺第8、9、11、12、13、14窟；

（4）正壁一龛窟。平面呈长方形，平顶，垂幕窟，正壁开圆拱形龛，低坛基上造像，如北石窟寺第113、244窟；

① 甘肃省博物馆：《甘肃泾川南石窟调查报告》，《考古》1983年10期，第914页附录。

（5）四壁倒“凹”形低坛基窟。平面呈方形，穹窿顶窟，方形窟门，其上开一明窗，如石拱寺第6窟；

（6）正壁方形佛座、左右壁低坛基窟。平面呈方形、平顶。如云崖寺第11、12、15窟。

龛的形制可分为：

（1）方形大龛。正壁开圆拱形方龛，平面呈长方形，平顶，如北石窟寺第237龛；

（2）敞口大龛。平面呈横长方形，圆拱顶，如石拱寺石窟第3、4龛；

（3）圆拱深龛。平面马蹄形，穹窿顶，如保全寺第32龛；

（4）圆拱形小浅龛。如保全寺石窟的第1、2、5、7、9、12、13、14、15、17、18、19、21、22、23、30、35、37、40、41龛，其中第7龛龛外阴刻相互交绕的龙，龙头于龛楣中央相对，第15龛龛外沿阴线刻交龙缠绕树枝；张家沟门石窟寺北侧的第1、2、3、4号龛，均有龛楣，尾部雕凿回首龙头；另有合水平定川马勺场石窟的4个龛；

（5）摩崖造像或摩崖浅龛内造像。如张家沟门石窟南侧的第5、6、7、8号龛、石拱寺第5龛、保全寺第8、31龛、陈家洞石窟、佛沟石窟第1窟、云崖寺石窟第17窟、平定川千佛砭摩崖千佛壁[①]，其中千佛砭摩崖千佛壁在崖面上分上下12排、每排雕85身千佛；

（6）横长方形浅龛或方形敞口浅龛。如保全寺第24龛、云崖寺第3窟；

（7）有龛楣的小浅龛。如保全寺第10、25龛为方形龛楣，保全寺第33龛为尖拱形龛楣；

（8）另有个别小浅龛。如保全寺第6龛，龛内又凿上下两排浅龛，浅龛内造像。

综上所述，陇东地区北魏时期石窟最具有代表性是楼底村1号窟和泾川王母宫石窟，其形制几乎相同，只是在窟和造像的体量上有所区别。另外北石窟寺的第165窟和南石窟寺的第1窟，窟形保存完整，造像组合独特。

楼底村1号窟与泾川王母宫石窟的形制均为中心柱大窟。楼底村1号窟窟高4.93米，深6.6米，宽4.77米，窟门残损。窟内正中为中心柱，中心柱分为上、下两层，平面形制不同，上层为八棱形，且在八面均开盝形顶小龛，每龛内雕一佛二菩萨；下层为方形，分四面各开一圆拱顶大龛，龛内雕一佛二菩萨，龛外分别雕二弟子或二菩萨或一菩萨一比丘或一力士一菩萨。中心柱正面下层龛楣两侧分别有乘象和牵马的菩萨浮雕，表现了佛传故事中“乘象入胎”“逾城出家”[②]的故事情节，龛楣上部浮雕怪兽。窟内南、北壁上层各开三个圆拱形小龛，下层各开两个方形大龛。正壁（西壁）雕一立佛二菩萨，于一排铺开（图二）。

北石窟寺第165窟为北魏永平二年（509年）所建，和北魏永平三年（510年）的泾川南石窟寺均为奚康生主持开凿。第165窟位于北石窟寺群的中心，是北朝造像的精华。平面呈长方形，覆斗顶。窟高14米，宽21.7米，深15.7米，窟门上部开有盝形顶明窗。窟内四壁均凿坛基，坛基上造像，窟内造像的主体是七佛，均位于东、南、北三壁的舟形浅龛内（图三）。

南石窟寺第1窟同样为七佛窟。平面呈长方形，盝形顶，方形门，窟高11米，宽18米，深13.2米，窟门上部开明窗，窟内四壁凿坛基，七佛造像均立于坛基上（图四）。

① 张宝玺：《合水平定川石窟群》，《陇右文博》2003年1期，第36页。张宝玺先生对千佛砭摩崖千佛壁的年代断定为北魏至西魏，本文将其纳入北魏时期进行讨论。

② 李红雄：《论庆阳北石窟寺创建背景与165窟艺术造型》，《固原师专学报（社会科学版）》1998年2期，第56～58页。

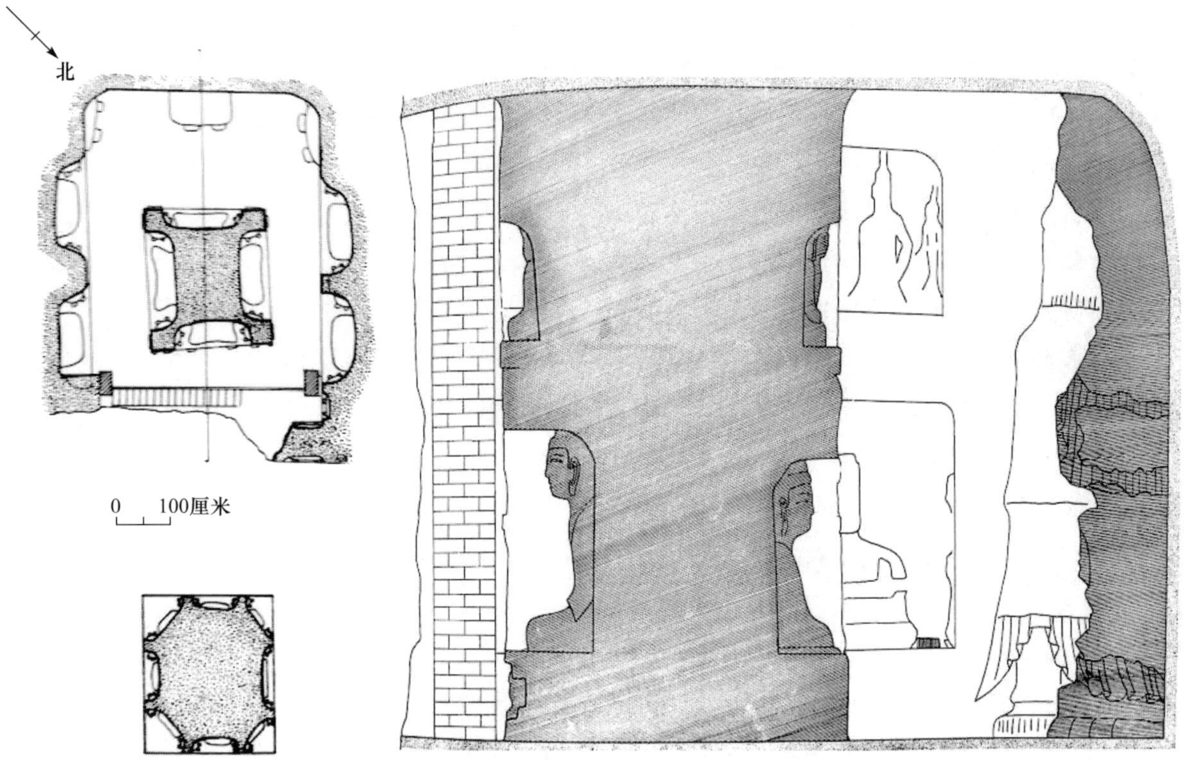

图二　楼底村石窟（北 1 号窟）平、剖面图
［采自《庆阳北石窟寺内容总录（上）》］

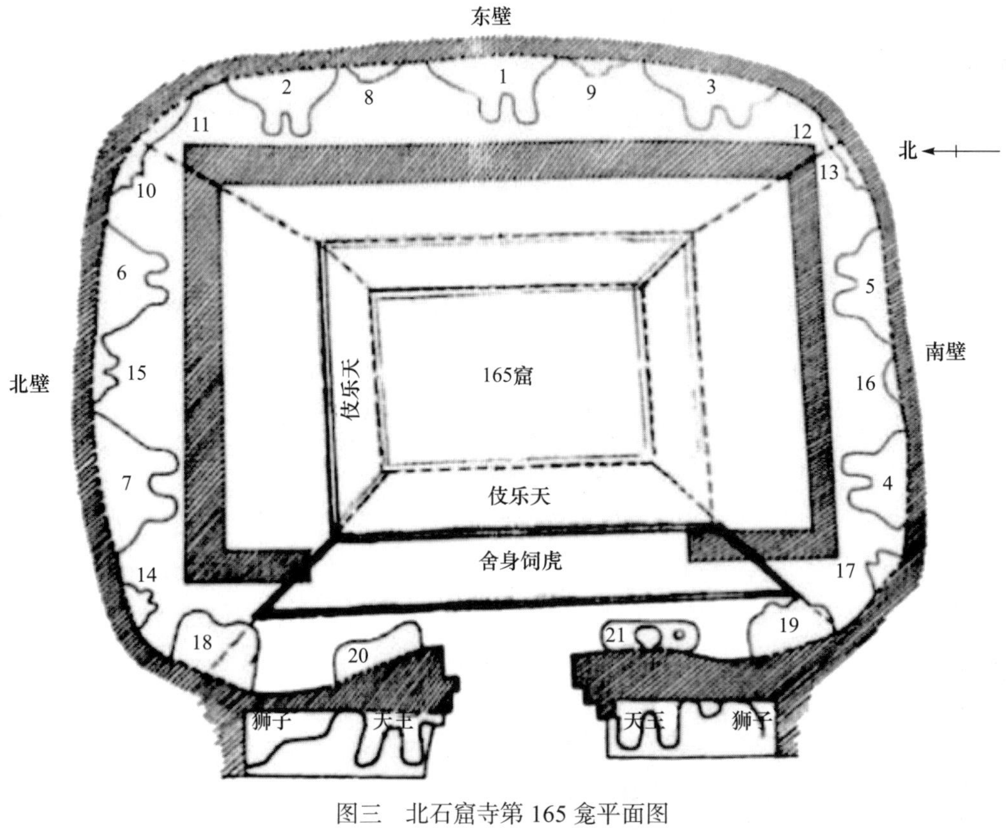

图三　北石窟寺第 165 龛平面图
［采自《庆阳北石窟寺内容总录（上）》］

西魏时期的石窟寺造像活动均集中在北石窟寺，且多以开凿小龛为主。窟的形制可分为两类：

1）中心柱大窟，平面呈长方形，平顶，如北石窟寺第70窟；

2）正壁一坛窟，平面呈长方形，圆拱顶，正壁凿低坛基，坛基上方开扇形龛，南北两壁均开圆拱形浅龛，如北石窟寺第44窟；

龛可分为：

1）长方形或方形浅龛，部分龛内有坛基，如北石窟寺第191龛。其中北石窟寺第87、206、202、211、227龛有龛楣，龛楣、龛顶装饰成垂幕状或帷幕状，第201龛无龛楣，龛内正壁佛像身后又开一舟形浅龛；

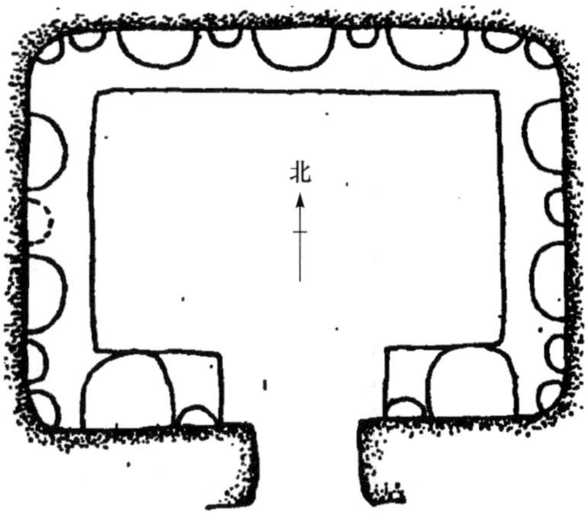

图四　南石窟寺第1窟平面图

（采自《甘肃泾川南石窟寺调查报告》）

2）圆拱形浅龛，龛沿雕圆拱形龛楣，两端反翘鸟形首，形制比较特殊，如北石窟寺第199龛；

3）平面呈半圆形，垂幕状龛楣，如北石窟寺第135龛和225龛。

综上所述，西魏时期多以开凿小龛为主，体量很大的洞窟开凿很少见。这一时期仅第70窟继承了北魏早期的中心柱大窟的形制，其余多开凿小龛，小龛内有龛楣凿有垂幕式或帷幕式装饰，其中以第135龛保存较为完整。

北石窟寺第135龛高2.3米，宽2米，深0.9米。平面呈半圆形，龛上沿作垂幕状，龛顶前方两角各雕一宝相花。龛内正壁雕一佛，坐佛身后雕舟形背光。南、北两壁各雕二菩萨二力士，菩萨侍立于莲台上，菩萨和力士均有桃形头光，其头光上部浮雕四身伎乐人，佛右侧两个伎乐人一个吹排箫，一个持钹；佛左侧两身伎乐人一个吹竖笛，一个敲铃。佛的背光上部两侧雕四弟子头像，作两两对视状，弟子和伎乐人均身着圆领通肩大衣，应该是胡服样式（图五）。

北周时期现存窟龛17个。窟的形制可分为两种：

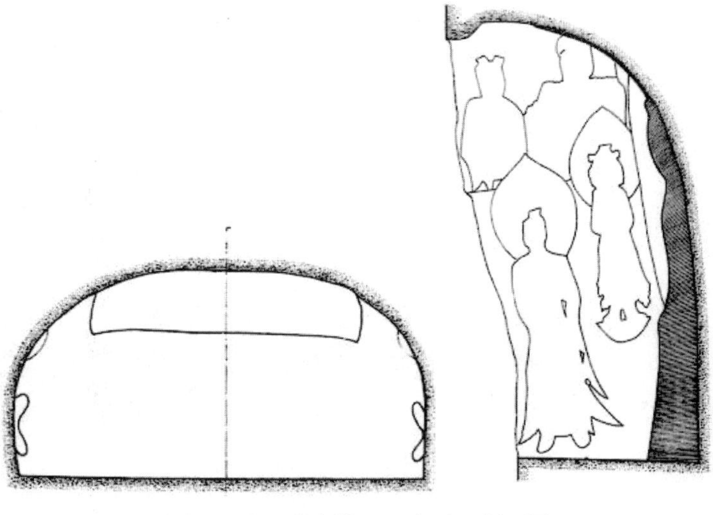

图五　北石窟寺第135窟平、剖面图

［采自《庆阳北石窟寺内容总录（上）》］

（1）三壁三坛窟，平面近方形，平顶或覆斗顶或圆拱顶，窟内三壁凿低坛基。如北石窟寺第 60 窟、第 240 窟、云崖寺第 2 窟、石拱寺的第 2 窟；

（2）正壁一龛窟，平面呈方形，圆拱顶，如云崖寺第 1 窟。

龛的形制可分三种：

（1）正壁一坛基方形龛，平面呈长方形，穹窿顶大龛，正壁有坛基，如北石窟寺第 71、122、194、208 龛；

（2）垂幕式龛，平面呈方形、长方形、半圆形，圆拱顶或穹窿顶或盝形顶，如北石窟寺第 96、103、105、106、116、117、119、184、197、204、230 龛；

（3）摩崖浅龛，如石拱寺第 4 龛、云崖寺第 4 窟和大寺石窟第 6 窟。

陇东地区北周时期开凿的石窟保存较为完好、造像清晰的有北石窟寺第 60 窟和 240 窟，是该时期的石窟造像精华所在。平凉庄浪的石窟有云崖寺的第 1 窟、第 2 窟，其造像历经后代多次重修，损毁严重。

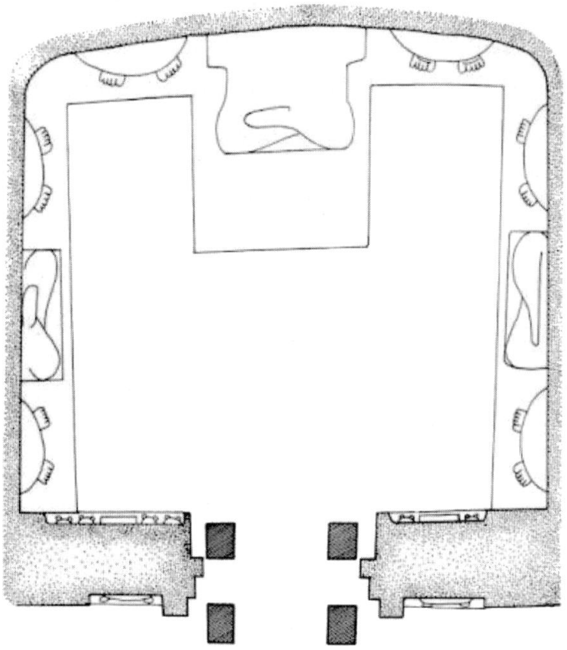

图六　北石窟第 240 窟平面图
［采自《庆阳北石窟寺内容总录（上）》］

北石窟寺第 240 窟属平面长方形覆斗顶窟，顶部浮雕藻井，高 4.3 米，宽 5.2 米，深 5.3 米。窟内东、北、南三壁有低坛，低坛上分别雕一佛二菩萨。西壁为方形窟门，门外上部饰有盝形帷幕，各雕一力士，门内南、北两侧上下各开一方形龛，龛内雕一佛二弟子二菩萨，属于唐代增凿。窟内南壁佛的背光西侧和北壁佛背光西侧残存彩绘听法弟子。窟顶西披残存彩绘，根据轮廓依稀可辨，壁画上层为《维摩诘经·问疾品》，下层为说法图，两侧绘供养人[①]（图六）。

如表一的窟龛形制类型图所示，陇东地区北朝时期的石窟窟龛形制在继承上又有发展。北魏时期以形制较大的三壁三坛窟、三壁三龛窟和中心柱窟最具有代表性，另有正壁一坛窟和四壁“凹”形低坛基窟。龛有正壁再开一龛的方形大龛，另有圆拱形小龛和摩崖造像等，圆拱形小龛可分为两种，一种是形制简单，龛外无装饰；另一种是有龛楣，且在龛外阴刻交尾龙纹或缠绕的树枝，如保全寺第 7 龛和第 15 龛。

在西魏时期，窟有中心柱窟和正壁一坛窟两种形制，中心柱窟继承北魏以来的形制，如北石窟寺第 70 窟，但其规模较小，且在四壁开门后均无造像，只在中心柱上有造像，雕刻粗糙。新出现了只在正壁设一坛造像的窟，如北石窟寺第 44 窟，该种形制在北魏时期并未发现。该时期龛的形制复杂多变，圆拱形小浅龛继承北魏时期雕刻繁复纹饰的龛形，如北石窟寺第 199 龛，但其用龛楣

① 甘肃北石窟寺文物保护研究所：《庆阳北石窟寺内容总录（上、下）》，文物出版社，2013 年，第 213 页。

两端反翘的鸟形首代替了交尾龙纹和缠绕的树枝；新出现有龛楣、龛柱的长方形龛、垂幕式龛。

北周时期窟形继承北魏的三壁三坛窟的形制。龛的形制继承西魏时期的垂幕式小龛，新出现只在正壁凿一坛基的方形龛，装饰繁复的圆拱形龛就此消失。

综上所述，北朝时期陇东地区窟龛形制的发展变化特点是早期三壁三坛窟等大型窟比较流行，小龛装饰繁复华丽。到了中晚期，大体量的大窟形制消失不见，中小型正壁设一坛窟龛出现，小龛的数量增多且装饰也趋向简洁。

（二）造像组合比较

陇东地区北魏时期石窟的造像组合方式主要集中在北石窟寺、南石窟寺、楼底村 1 号窟、王母宫石窟、石拱寺、保全寺石窟、云崖寺石窟、马勺场石窟的 54 个窟龛内，此外其余窟龛残损严重或者分布位置过高，其造像组合方式均不明。本文将对造像保存较为完好、造像组合方式较为独特典型的窟龛进行重点探讨。

北魏时期的大型中心柱窟、三壁三坛窟、三壁三龛窟内三壁以及中心柱均有造像，且造像组合较为复杂多变，如楼底村 1 号窟、王母宫石窟、北石窟寺 113、165、229、244 窟、南石窟寺 1 号窟、石拱寺第 6、9 窟，造像组合方式有七佛、三佛、释迦、多宝并坐佛、一佛二菩萨、一佛二弟子、交脚弥勒菩萨、天王、力士、飞天、供养人、阿修罗天等。中小型窟龛内的造像组合方式相对单一，如北石窟寺 28 窟、第 237 龛、石拱寺第 6、8、12、13、14、窟、云崖寺第 3、11、12 窟、陈家洞石窟、保全寺石窟、马勺场石窟，组合多为一佛二菩萨、一佛二弟子、一佛、释迦、多宝并坐佛，另有少数三佛、交脚菩萨、飞天、供养人、力士等。

现将造像典型组合进行简要说明：

1. 七佛

七佛，即指过去七佛，包括：释迦牟尼佛、迦叶波佛、俱那含牟尼佛、俱留孙佛、毗舍婆佛、尸弃佛、毗婆尸佛。北石窟寺第 165 窟的七佛于窟内三壁，均高 8 米，佛与佛之间的十身菩萨均高 4 米，是佛身高的一半，而窟内前壁两侧的善跏趺坐菩萨和交脚菩萨，均为 5.8 米，七佛与交脚弥勒，是新出现的石窟主像组合。另外，窟门内两侧各雕一身 3.05 米高的乘象菩萨和一身 3.1 米高的阿修罗天，窟内四壁有千佛、飞天、伎乐人、佛传及佛本生故事如“睒子本生”“舍身饲虎”“降龙入钵”“割肉贸鸽”等。从窟内造像七佛的位置、体量来看，其他造像的布局主要是为了突出七佛的核心位置，应该跟北朝当时的社会政治制度有关（图七、图八）。

南石窟寺第 1 窟的七佛，每身高约 6 米，门内两侧的菩萨约高 5 米，十四身胁侍菩萨高约 3.5 米。南、北石窟寺均为泾州刺史奚康生主持开凿，且开凿的时间永平二年和永平三年之间相差一年。在窟龛形制、造像题材、佛传故事等方面，几乎一模一样，有学者指出，和奚康生的身世背景及北魏时期七个皇帝有关。

2. 三佛

三佛，指三世佛或者三身佛，大乘佛教里释迦牟尼有“毗卢遮那佛”“卢舍那佛”“释迦牟尼

图七　北石窟寺第 165 窟正壁佛与菩萨对比图一
（笔者拍摄）

图八　北石窟寺第 165 窟佛与菩萨对比图二
（笔者拍摄）

佛”三种不同身。陇东地区北朝石窟的三佛题材较多，三壁三坛、三壁三龛窟内均为三佛题材。比较典型的有北魏时期的北石窟寺第 229 窟，窟内正、南、北壁分别雕一佛二胁侍菩萨，佛头部和手部残，只有北壁佛面部、手部姿势可辨，其衣饰保存较为完好，均结跏趺坐于坛基上，左腿搭于右腿之上，左脚脚心向外露于袈裟外，佛的袈裟衣裾均分为四瓣垂直覆盖于座前。

3. 交脚弥勒菩萨

较为典型的有泾川南石窟寺第 1 窟和庆阳北石窟寺第 165 窟内前壁、楼底村 1 号窟南面下层大龛龛楣均雕刻交脚弥勒菩萨像。第 165 窟内前壁与南、北壁连接的地方，菩萨均高 5.8 米，与七佛对立。南侧菩萨头戴六棱方冠，脸型方长，脖颈较长，眼睛平视，嘴角上翘，面带微笑，给人以亲近温和之感。脖颈戴饰有璎珞串珠的宽项圈，身披帔巾，帔巾自肩部搭于胸前在腰间穿壁而过，自腿部向外搭垂，下身着长裙，脚穿长靴，右手举起至胸前，掌心向外，左手握一花蕾置左膝盖上，并脚分膝而坐。北壁菩萨和南壁菩萨大致相同，不同的是头戴四方冠，宝缯飘起，两脚相交分膝而坐。南石窟寺第 1 窟南壁交脚菩萨与 165 窟一致。交脚弥勒佛在陇东地区北朝石窟中出现较少，且在窟龛内的造像排序上并不在主要位置上。同时七佛二弥勒的造像组合方式似乎有意体现七佛与弥勒菩萨之间的联系，寻求一种窟内造像布局的均衡、对称，显示出洞窟造像威严宏大的气势，对于礼拜者可能会造成一种心理上的威慑。在陇东北魏时期的小型窟龛内，又有个别交脚弥勒菩萨出现，华亭石拱寺第 8 龛、保全寺第 3、4 龛组合大龛及保全寺第 15 龛内，或一交脚菩萨或一交脚菩萨一胁侍或一交脚菩萨二胁侍，但其共同点是交脚弥勒菩萨位于小龛的主尊位，这种没有七佛，交脚弥勒菩萨便晋升至主尊的情形值得我们的注意（图九）。

4. 释迦、多宝并坐佛

北魏时期释迦、多宝二佛并坐的造像组合广泛雕凿，说明北魏时期陇东地区法华思想较为兴盛，有泾川王母宫石窟中心柱南壁圆拱形龛、石拱寺第 8 的前壁浅龛内和第 9 窟、保全寺第 3、4

1 2 3

图九 陇东地区北魏时期交脚弥勒菩萨
1、2 图为北石窟寺第 165 窟内南壁、北壁交脚弥勒菩萨［采自《庆阳北石窟寺内容总录（下）》］
3 图为南石窟寺第 1 窟南壁交脚弥勒菩萨（采自王鑫蕊《陇东北朝佛教研究》）

龛和保全寺第 13、19、21 龛内均雕二佛并坐。保存稍好的有保全寺第 13 龛内二佛头被被凿，残存身体，均内着袒右肩僧祇支，外着覆肩袒右袈裟，阴刻细密平行线衣纹，袈裟下部呈涡旋状。双手于腹前结禅定印，结跏趺坐低坛上，二佛身体矮壮，宽肩丰胸，雕刻粗糙，比例不协调。第 19 龛也残损严重，可辨其左侧佛大致形态，脖颈细长，身体较为纤细，着交领衣，双手结禅定印结跏趺坐于台座上（图一〇、图一一）。

图一〇 保全寺第 13 龛立面线
（采自《甘肃合水保全寺调查简报》）

图一一 保全寺第 19 龛立面图
（采自《甘肃合水保全寺调查简报》）

5. 供养人

供养人指出资开窟造像的信仰佛徒，可以是社会各个阶层的人，供养人像即为出资的功德主像，通常采取浮雕刻法，雕刻在窟内造像的空白处。陇东北魏时期的有北石窟寺第 113、229、237、244 窟、石拱寺第 6、11 窟、马勺场石窟等。马勺场石窟的第 3、4 龛之间浮雕一男一女供养人，其服饰鲜卑族未改制前的衣着形式（图一二、图一三）。

图一二　北石窟寺第 244 窟右壁供养人
[采自《北石窟寺内容总录（上）》]

图一三　北石窟寺第 113 窟南壁女供养人
[采自《北石窟寺内容总录（上）》]

6. 飞天

飞天一般披覆长巾、长袖且凭借其在空中飞翔，代表佛教中能在空中自由飞翔的天人，反映了人们渴望自由、探寻世界的精神世界。陇东地区的飞天造像主要流行于北魏时期，除北石窟寺第 165 窟内南壁西端的裸体飞天外，165 窟窟顶西披最上层中间雕一博山炉两侧二飞天，北石窟寺第 237 窟南、北壁上部均雕一飞天，北石窟寺第 244 窟正壁龛顶两侧雕二飞天，第 250 龛龛顶左上角浮雕一飞天，楼底村 1 号窟中心柱东面雕两个飞天，另有华亭石拱寺第 11、12、13 窟等，飞天多披长巾长袖腾空飞起，长巾向上飘起，灵动飘逸。属于北魏晚期开凿的华亭石拱寺第 11 窟内，左壁及右壁浅龛外各雕八身飞天，两两相对，最外侧两身双手合十作供养状胡跪，其余均被龛楣挡去下半身，头戴花冠，披帛从身体两侧向上飘起，似一对翅膀；另外在其窟顶，四披均浮雕两两相对的飞天共八身，造像装束均与左右壁飞天相同，两身相对飞天手托莲花，莲花上有四个莲花化生的童子头像，造型比较独特（图一四）。

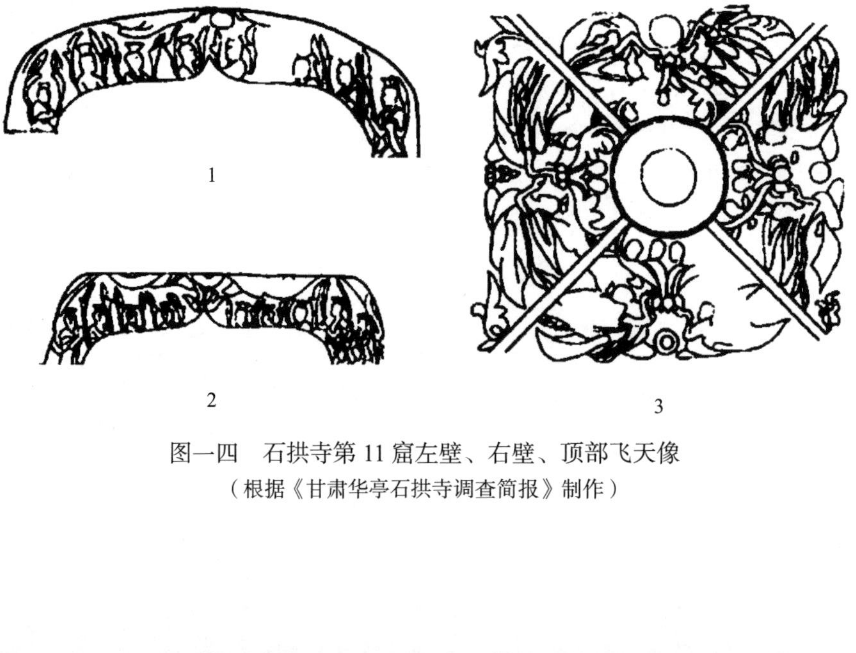

1

2

3

图一四　石拱寺第 11 窟左壁、右壁、顶部飞天像
（根据《甘肃华亭石拱寺调查简报》制作）

7. 天王、力士

有北魏时期的北石窟寺第165、237、244窟、南石窟寺第1窟、石拱寺第6、11窟、保全寺第31龛。其中以第165窟外的二天王造像最为宏大，身高近6米，北侧天王头戴兜鍪，南侧天王戴束发冠，均身穿铠甲，下着战袍，脚蹬毡靴，眉毛紧蹙，怒目圆睁，嘴角下垂，神情愤怒，给人一种强大的威慑力。两身天王外侧雕各一蹲狮，形象威严（图一五）。

图一五　北石窟寺第165窟门外两侧天王像
（笔者拍摄）

此外，较为特殊的造像题材，比如北石窟寺第165窟的阿修罗天像、骑象普贤菩萨像，还有比丘像、伎乐人像、弟子像、千佛像等。造像题材丰富、造像组合多变是陇东地区北魏时期石窟寺的重要特征。

西魏时期的造像组合方式较北魏时期略为单一，主要有三佛，如北石窟寺第44窟；一佛二弟子，如北石窟寺第87、202、206、211、227龛；一佛二菩萨，如北石窟寺第70窟、第191、199龛；一佛，有北石窟寺第225龛；另有伎乐人、供养人、力士、比丘等，如北石窟寺第70窟、第44龛、第135龛。现将保存较为完整的第135龛进行简要说明：

北石窟寺第135龛：龛内正壁雕一身结跏趺坐佛，浮雕舟形背光，佛面相略显清瘦，内着僧祇支，束带打结外露于胸前，外着溜肩双领下垂式袈裟，下摆衣纹繁复，衣饰具有褒衣博带的特点。佛的背光上方两侧浮雕四弟子头、二朵宝相花。南北两壁各雕一身菩萨侍立于莲台上，龛内两侧又雕二身力士，力士上方各浮雕二身伎乐人。菩萨及力士有桃形头光，北侧伎乐人一个吹排箫，一个两手持钹，南侧伎乐人一个吹竖笛，一个敲铃。弟子、伎乐人均着圆领通肩大衣（图一六）。

北周时期大型窟龛三壁三坛窟、正壁一龛窟造像组合多为三佛、一佛二菩萨、一佛二弟子等，如北石窟寺第240窟、第60窟，云崖寺第2窟和华亭石拱寺第2窟。其中北石窟寺第240窟和第60窟窟门外两侧雕二天王。

图一六　北石窟寺第135龛的造像组合线图
［采自《庆阳北石窟寺内容总录（上）》］

北石窟寺第240窟内的“三佛”造像题材根据佛手中所持器物和两侧胁侍菩萨可判断为“三方佛”。即正壁主尊为释迦牟尼佛，代表现世世界，两边胁侍为文殊菩萨和普贤菩萨。佛内着僧祇支于胸前打结束带，外着双领下垂式袈裟，垂至于腹部，结跏趺坐于仰莲座上，双手作禅定印（图一七）。

图一七　北石窟寺第240窟东壁立面图
（采自《庆阳北石窟寺内容总录》）

根据窟内北壁的西侧的胁侍菩萨，头戴宝冠，宝缯垂至于肩后，右手上扬，作持物状，左右垂直于腰间，握拳，似握一物，可推测主尊造像为药师佛，代表了东方净琉璃世界，两侧为日光菩萨和月光菩萨（图一八）。

图一八 北石窟寺第240窟北壁立面图
（采自《庆阳北石窟寺内容总录》）

南壁窟内的东侧菩萨同样装扮，颈部又带瓔珞，垂直于腿部，左手曲于胸前，右手下垂提一净瓶，净瓶残；西侧胁侍菩萨头戴宝冠，颈戴项圈，右手置于腹前抓衣带，左手提一桃形物。由此可判断主尊造像为阿弥陀佛，代表了西方极乐世界，东西两侧菩萨为观世音菩萨和大势至菩萨（图一九）。

中小型窟龛内均正壁造像，组合为一佛二菩萨的有庄浪云崖寺第4窟、大寺石窟第6窟、北石窟寺第71、116、117、122、197、204、230龛；一佛二弟子，有北石窟寺第96、103、106、119、184、208龛；一僧二胁侍有北石窟寺第105龛；一佛有北石窟寺第194龛；一佛二弟子二菩萨，有云崖寺第1窟。

综上所述，陇东地区北朝石窟的造像组合在传承之上出现了一些创新的风格。北魏时期的大型窟龛内流行七佛、三世佛、交脚弥勒菩萨、千佛、伎乐、飞天、力士等，小型窟龛中早期的张家沟门石窟以释迦多宝二佛为主，其他窟龛则以一佛二菩萨和一佛二弟子等造像组合形式较为多见。较为特殊的是七佛组合在窟内一字排开，在南、北石窟寺中占据主尊地位在佛教艺术史上极为罕见，是该地区的一种创新。

西魏时期中型窟龛内的造像题材继承了北魏时期部分特征，三佛、一佛二菩萨、一佛二弟子的组合方式依然成为主要题材，供养人、伎乐、比丘、力士在大型石窟内依然延续，但数量明显变少，该时期的小龛内造像多为一佛二菩萨、一佛二弟子，组合较北魏时期更为单一。

图一九 北石窟寺第240窟南壁立面图
（采自《庆阳北石窟寺内容总录》）

北周时期的大型窟龛内三佛、一佛二菩萨和一佛二弟子延续北魏、西魏时期，成为主要造像组合方式。在中小型窟龛内，出现了一僧二胁侍的新型组合。从三个时期的造像题材发展脉络来看，整体造像组合趋于简洁。

（三）造像特征比较

陇东地区北朝时期整体造像呈现一种矮壮敦厚、沉静清秀的风格，雕刻手法粗犷奔放，刀法概括简练，线条细腻流畅。但从造像细部特征来看，北魏、西魏和北周三个时期有继承又有发展，现将三个时期的造像特征分别予以概括。

陇东地区北魏时期的造像特征整体差异较大，呈现出北魏早期和晚期两个发展趋势。北魏早期（491～503年）石窟代表有：开凿于北魏太和年间的张家沟门石窟（即491年），保全寺石窟的1、2、3龛、马勺场石窟，以及泾川王母宫石窟、楼底村石窟1号窟等。北魏中晚期石窟（509～528年）的代表有北石窟寺第165窟和南石窟寺第1窟、北石窟寺第229窟、113窟等等。

以张家沟门为代表的早期石窟，其造像以释迦多宝对坐和交脚弥勒菩萨为主，佛像面相方圆，脸颊丰满，脖颈短粗，肩宽颐广，腹部较窄，着覆肩右袒式或通肩式袈裟，阴刻平行线纹，略显粗重。菩萨戴宝冠，袒上身，下着裙，披帛从头部下垂，背后绕手肘而下，或双手举于胸前，或一手拈花一手提净瓶下垂。男供养人着细腰、窄袖长袍，腰间系带，下着靴。女供养人上着窄袖长袍，下着曳地长裙，足不外露。马勺场石窟与张家沟门石窟的供养人服饰一样，均为鲜卑族未改制前的样式，具有鲜明的时代特色。

开凿于北魏永平年间的北石窟寺第165窟和南石窟寺第1窟为北魏中晚期陇东石窟的典型代表。该窟由北魏永平年间担任泾州刺史奚康生所建，由于其特殊的历史背等因素，其窟龛形制、造像题材较于本地区石窟、其他地区石窟都比较特殊。北石窟寺第165窟和南石窟寺第1窟均为七佛题材窟。佛作磨光高肉髻，面相方圆，细眉大眼，眼睛微微俯视，鼻大唇厚，微微含笑，双耳大长，垂至颈部，脖颈粗短，肩膀略窄，形体雄健，腹部微挺，昂然挺立。佛内着两层僧祇支，束带于胸部两次打结露于袈裟外，外着双领下垂式袈裟，衣裾轻轻垂下并层层叠起，衣纹流畅自如，具有典型的"褒义博带"式特征（图二〇、图二一）。

图二〇　北石窟寺第165窟正壁三佛
［采自《庆阳北石窟寺内容总录（下）》］

胁侍菩萨面相圆润清秀，头戴四方小冠，上饰小花钿，高鼻小口，面带微笑，表情温和，颈部较长，戴项圈，上身袒露，下着裙，形体修长，披巾自肩部下垂多于腹际交叉或穿璧而过，敷搭于手肘，衣纹线条灵动飘逸。这种造像已完全改变了北魏早期造像的规范，反映了陇东地区北魏的佛教艺术在民族化和世俗化的进程中，已完全趋于成熟（图二二）。

图二一　北石窟寺第165窟正壁佛像细部图
（笔者拍摄）

此外，北魏中晚期造像较典型的有北石窟寺第113、229、237、244窟、华亭石拱寺第11、12窟、庄浪陈家洞摩崖造像等，佛像保存相对较好。佛像头部饰磨光高肉髻，脸型方长，眉毛细长，鼻梁高挺，颈部较长。身躯健壮，内着僧祇支，束带多于胸前打结露于袈裟外，自然垂下搭于腿部，外穿双领下垂式袈裟，下摆衣纹繁复有致，层次分明。从陇东地区北朝中晚期的各个窟龛造像来看，佛的服饰以宽薄袈裟代替了早期的轻薄的袒右肩袈裟，衣饰层层叠加，衣纹纹饰飘逸灵动，具有动态的美感，可见北魏时期石窟典型的"褒衣博带"式造像特征在此区域已经完全趋于成熟（图二三）。

图二二　北石窟寺第 165 窟正壁二菩萨造像
（笔者拍摄）

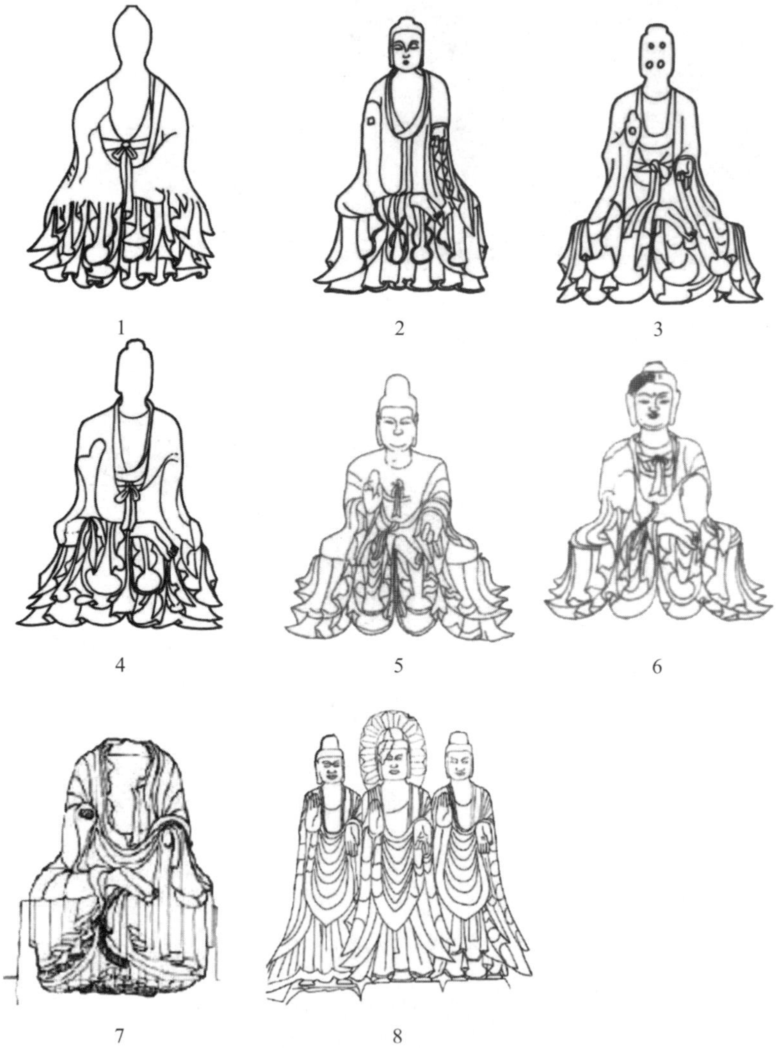

图二三　北魏中晚期石窟佛像线图
（1～4 图分别为北石窟第 113 窟、229 窟、237 窟、244 窟，5 图为石拱寺第 11 窟正壁佛，
6 图为石拱寺石窟第 12 窟正壁佛，7 图为庄浪云崖寺第 15 窟，8 图为陈家洞石窟）

西魏时期残存的窟龛内容来看，西魏造像沿袭了北魏的褒衣博带和秀骨清像风格，面形仍保留了北魏晚期瘦削清俊的特点，脖颈细长，溜肩，肩膀较窄，佛的服饰以褒衣博带式袈裟为主，双领下垂，内穿“U”形领僧祇支，佛座前的衣裾重叠下垂，衣纹纹饰轻盈飘动，但较北魏晚期显得轻薄稀疏和自然，造像身躯健美、神情怡然。在晚期西魏时期北石窟寺第 87 龛和第 70 窟的主尊佛像（如图二四，6、7）佛像均着通肩袈裟，脸型较方圆，脖颈较短，身体较为健壮，双手交于腹前结跏趺坐。由此可见，这一时期的造像已孕育着由清秀俊美向丰满健壮的风格过渡（图二四）。

北周时期的造像逐渐摆脱了北魏、西魏秀骨清像的风格，造像形体丰硕普遍流行。造像组合上流行一佛二菩萨，坐佛身体健壮，头部肉髻低平，面部趋于圆润，脖颈较短粗，出现两道纹或者三道纹，开始从溜肩转变为圆肩，肩膀宽厚，通常内着袒右式僧祇支，束带于胸前打结后自然下垂，

图二四　西魏时期佛像线图

（1～8 图分别为北石窟寺第 135、44、202、211、227、191、87、70 窟龛佛像）

外着双领下垂式袈裟。造像整体衣纹纹饰继承西魏以来的简洁、自然的特点，袈裟裙裾覆盖佛座，并于佛座前分为两瓣或四瓣。但北周造像突破了北魏以来的传统模式，在造型上结合了中原式的秀骨清像与西域的丰圆脸形[①]，如北石窟寺第 240 窟正、南、北三壁三尊佛像（如图二五，1、2、3），低平肉髻，细眉小眼，高鼻深目，粗颈宽肩，眼帘下垂，佛内着僧祇，胸前束带，外着敷搭双领下垂的褒衣博带式袈裟，衣裾在佛座前自然下垂，衣褶稀疏均匀，刀法平直简练。造像整体方中带圆，线条粗犷流畅，以写实的手法，既反映出朴实敦厚的地方特点，同时也表现出北方少数民族骁勇强悍的气质（图二五）。

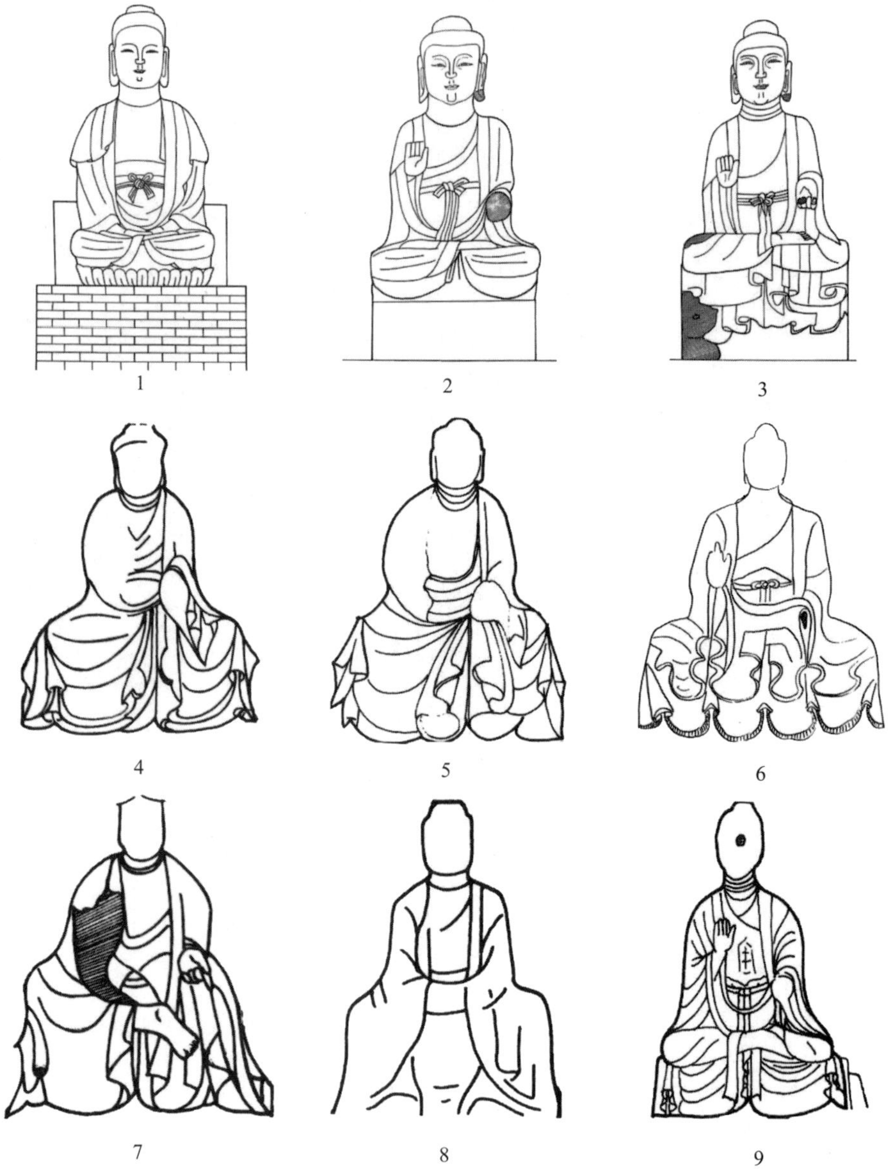

图二五　北周时期佛像线图
（1～3 图分别为北石窟寺第 240 窟正壁、北壁、南壁佛像，4～9 图分别为北石窟寺第 96、119、204、106、107 窟龛）

① 张乃辉：《北石窟寺北朝、隋代窟龛与造像》，《丝绸之路》2010 年 20 期，第 15 页。

三、陇东地区北朝石窟与其他地区的关系

陇东地区北朝的石窟寺营造，一方面，政治因素对其佛教的发展起到了举足轻重的作用。另一方面，丝绸之路的交通要道位置使该地区石窟造像受到来自多个地区的影响。

（一）云冈、龙门石窟的影响

开凿于北魏早期的张家沟门石窟、保全寺石窟等众多石窟，其窟龛类型、造像风格、题材都可在云冈石窟中找到了例证。张家沟门石窟和保全寺石窟第3、4小龛内的释迦、多宝二佛与交脚弥勒菩萨的造像组合方式，且佛像肩宽颐广，脖颈短粗，着覆肩袒右或通肩式袈裟，阴刻平行线纹，略显粗重，云冈石窟第7窟的下龛内释迦多宝二佛并坐的造像组合，主尊佛像面相方圆，多着覆肩袒右式袈裟，大多数的小龛则流行部族造像肩宽颐广、身躯短小的劲健风格，并采用阴线刻平行式细密衣纹的方法，北魏早期的造像可能受到来自云冈石窟的影响。

楼底村石窟1号窟与泾川王母宫石窟形制均为中心柱窟，其窟龛的形制与云冈石窟的第6窟有很多相似之处，尤其是第6窟，窟内空间的正中位置雕凿塔柱，塔柱的下层四面均凿四个大龛，龛内造像组合分为一坐佛或一倚坐佛、释迦多宝二佛并坐、交脚弥勒菩萨四种，大龛两侧和窟内的东、南、西三壁雕刻内容连续的三十多个佛传故事。楼底村石窟龛外浮雕供养天、佛传、本生故事等，龛楣尾部都雕有回首龙头，中心柱四角雕像负塔，造像的衣饰雕刻手法多采用阴刻的平形阶梯式衣纹，袈裟多为双领下垂式的穿着方式，开始出现褒义博带的造像特征，成为陇东地区这一特征出现最早的石窟之一。宿白先生在其《云冈石窟分期试论》一文中指出："6窟全部大型佛像改变了过去的服装，都雕成了'褒衣博带'式。佛像褒衣博带是与孝文帝太和十年至十九年（486～496年）服饰改变相呼应的"（图二六）。[①]

气势宏大的北石窟寺第165窟和南石窟寺第1窟，其造像题材均为七佛并立，这种造像组合方式参照的是云冈石窟第11、13窟。北石窟寺第165窟内立佛的头部与身长的比例为1∶6，南石窟寺第1窟立佛的头部于身长的比例是1∶5.5。佛像一般内着两层僧祇支，束带于胸前两次打结，外着双领下垂式袈裟，袈裟敷搭于左手，下部衣纹外撇。北石窟寺第165窟内南壁的阿修罗天，造像独特，面呈童子相，三头四臂，可能借鉴的是云冈石窟的第二期洞窟。第165窟窟内前壁的"睒子本生""舍身饲虎"等本生故事，集中表现多幅场景，也是采用了云冈二期常见的连环画式手法。但在细部处理上略有不同，云冈石窟第9窟浮雕"睒子本生"中，国王随从着鲜卑服装，而在北石窟寺第165窟浮雕的"睒子本生"中，国王随从头戴笼冠，身穿宽大袍服，已经是典型的汉化后服饰。至于佛传故事"降龙入钵"的艺术处理，也采用了云冈二期常见的表现方式，山峦起伏、外道丑陋的表现形式也一样。窟门外的天王、力士像，也应该是对云冈石窟的模仿，与"昙耀五窟"和第20窟有着很多的相似点，衣纹多用阴刻手法和起突的形式，线条简洁、流畅。

---

① 宿白：《云冈石窟分期试论》，《云冈百年论文集（一）》，文物出版社，2005年，第151页。

1　　2　　3

图二六　中心柱形制对比图

（1 图为云冈石窟第 6 窟中心柱北侧立面图[①]；2 图为楼底村 1 号窟中心柱西面立面图；3 图为王母宫石窟中心柱南面立面图）

方形、覆斗顶的三壁三龛窟，多为小型窟龛，于北魏晚期出现，造像组合流行三佛、一佛二菩萨、一佛二菩萨二力士、一佛二菩萨二供养菩萨，如北石窟寺第 229 窟，平面近方形，覆斗顶，方形门，窟门外饰有垂幔。在造像特征上，坐佛面相清秀，溜肩，内穿僧祇支，于胸前打结外露，外着双领下垂式袈裟，敷搭左手，下摆衣襞繁复，典型的褒衣博带、秀骨清像风格，这种洞窟形制和造像题材的组合方式可能受洛阳龙门石窟影响所致。龙门开凿窟龛之盛，始于胡太后临朝听政时期，《洛阳伽蓝记》所记载，在此期间开凿众多石窟寺院，主要开凿中小型窟室，主要有接近方形平面或方形平面的三壁三坛和三壁三龛两种形制，魏字洞、普泰洞就是一种新型的接近方形的三壁三龛式洞窟。

（二）独特的地域性

北石窟寺第 165 窟与南石窟寺第 1 窟在借鉴云冈石窟的同时，展现了其地域的创造性。二者皆三壁三坛窟，七佛与二弥勒的造像组合形式，窟顶四披大面积浮雕的本生、佛传故事，是新的洞窟布局形式。在第 165 窟内北壁二佛之间的“尸毗王割肉贸鸽”的本生故事，在云冈石窟中并未出现此种题材。暨志远先生认为南北石窟寺在“艺术风格上，体现了模仿云冈石窟与超越云冈石窟的矛盾；在艺术取向上，体现了都城流行式样与地方传统之间矛盾。”[②] 这种吸收多地区多元文化于一窟之内的特征，可能于北魏时期的社会背景有关，北魏鲜卑族入主中原，推行郡县制度，在陇东地区

① 李静杰：《陕北陇东北魏中晚期之际部分佛教石窟造像考察》，《麦积山石窟研究》，文物出版社，2010 年，第 342 页。

② 暨志远：《泾州地区南、北石窟寺的比较分析》，《2004 年龙门石窟国际学术研讨会文集》，河南人民出版社，2006 年，第 398 页。

划分泾州、豳州，这一地区的主要官员由鲜卑贵族和来自于本地的屠各、氐族、羌族、卢水胡等部族组成，暨志远先生认为这些主要的官员政治取向决定了幽州地区的主流文化。因此，社会局面的稳定，民族文化的交流和融合，本地区部族保持传统部族文化的同时，容易接受来自中央的先进文化，不断创造新的民族融合文化，从而具备文化的兼容性。陇东北魏时期具有代表性的北石窟寺第165窟和南石窟寺第1窟的窟龛类型、造像题材、造像特征，正是北魏民族文化融合发展的主要历史见证。

对比南、北石窟中以七佛为主尊的石窟，在中国其他的佛教造像中并未出现。七佛组合除在云冈石窟第10、11、13诸窟中出现外，在新疆的克孜尔石窟壁画和公元五世纪上半叶的北凉造像塔中也出现了七佛题材，但造像体例都很小，没有大型造像。纵观南、北石窟开窟造像的历史、政治背景、开凿者，其受新疆克孜尔石窟和北凉造像塔的影响可能性比较小，受到来自云冈石窟的艺术风格的可能性较大。云冈石窟的七佛造像体例同样较小，且不处于主尊地位，可能是对新疆的克孜尔石窟和北凉造像塔的借鉴。南、北石窟寺七佛位于主尊位置是一种创新。

陇东地区在北魏晚期的造像风格上也具有很明显的地方性特点。如华亭石拱寺石窟造像一般头与身体的比例不太协调，头部很大，而身子较粗短。佛像内衣系带很高，基本都在胸部或胸部以上，系住的双领结较短，两条基本一样长向外伸出垂下或一条很长垂至腿外侧。佛像衣纹简单，穿圆领通肩袈裟的佛像的衣纹为比较规整的阴刻线，呈“U”形平行分布。胁侍造像身体都很矮壮，呈现出一种朴实敦厚的风格，这种风格应该是陇东黄土高原特有的，有学者称之为“黄土高原风格”。另外，菩萨的天衣在腹部相缠绕交叉，这种形式可能是陇东地区所特有[①]。

综上所述，陇东地区北朝时期的石窟在借鉴了云冈石窟、龙门石窟造像艺术的同时，也保留了自身的地域特色。在北周和西魏时期，则更多的吸收了陇东周围其他地区的石窟如麦积山石窟、炳灵寺石窟、须弥山石窟等存在相互影响的特点。

四、结　　语

本文在诸多前辈学者对陇东地区石窟研究调查的基础上，对陇东地区北朝石窟的从窟龛类型、造像组合、造像特征三个方面进行对比，探讨该地石窟艺术发展脉络。北魏时期该地区以大型三壁三坛窟、中心窟等最具代表性，造像组合方式多变，流行七佛、三世佛、交脚弥勒菩萨等造像组合，其中七佛信仰在南、北石窟寺中占据主导地位的现象，在佛教艺术史上极为罕见，造像风格从北魏早期的呆板、雕刻粗糙到中晚期褒衣博带的出现、成熟，形成了具有本地民族特色的“北魏型”造像风格。西魏时期窟龛规模明显变小，小龛龛楣装饰更加繁复，造像组合趋向简洁，一佛二菩萨、一佛二弟子成为主流，造像风格继承北魏的同时，多具潇洒清俊的风度，雕刻手法简练概括，衣着服饰等摆脱了宗教的神秘色彩，“瘦骨清像”的造像风格完全形成。北周时期继承北魏三壁三坛窟的形制，小龛形制较西魏趋向简洁，垂幕式和方形龛成为主流，造像仍以一佛二菩萨、一佛二弟子的组合方式为主，佛像摆脱了西魏瘦骨清像的风格，造像形体丰硕健美普遍流行。陇东地

① 魏文斌：《甘肃华亭石拱寺石窟调查简报》，《敦煌研究》2007年3期，第10页。

区石窟发展脉络清晰，从众多因素来看，该地区石窟艺术不仅是对云冈石窟、龙门石窟对的模仿，更是具有该地鲜明地域性的创新，这种有机的结合，创造了陇东地区北朝石窟独特的具有典型性地方色彩的石窟艺术。

Brief Discussion on the Grottoes in the Northern Dynasty in the Eastern Gansu

DUAN Yaoqiong

(Beihai Municipal Museum, Beihai, 536000)

Abstract: Due to the special location of the eastern Gansu area, the grottoes have formed a large-scale grottoes complex since the statues were caved during the Taihe Period in the Northern Wei Dynasty, then gone through the development of the Western Wei Dynasty, Northern Zhou Dynasty, the Sui Dynasty, the Tang Dynasty, and the Song-Jin-Yuan-Ming Dynasties. The style of statues from the rigid in the early period of the Northern Wei Dynasty became to the appearance of the clothing belt in the middle and late stages of the Wei Dynasty. While inheriting the style of the Northern Wei Dynasty, the body of status became beautiful and slender in the Western Wei Dynasty, and the status abandoned the style of thin bones and clear statues in last period to become rather large shape in the Northern Zhou Dynasty. The charm of Buddhist art was not only influenced by the origin of the Central Plains, but also has strong regional characteristics, which provides important reference for the study of Chinese Buddhist art.

Key words: eastern Gansu, grotto, types of caves and niches, statues assemblage, characteristics

斗栱起源问题试析

李晓琳
（北京大学，北京，100871）

摘　要：斗栱作为中国建筑中非常重要的结构之一，其起源问题一直是学术界关注的重点。本文通过对斗栱起源诸学说评述，并结合画像石、明器等考古材料所见的斗栱图像，尝试提出斗栱样式形态的设计灵感，认为其可能来源于人双手托举的形象。并通过图像演变、结构功能、力学分析、民族学资料、外国实例以及东西方柱子结构等方面，综合对比进行进一步论证。

关键词：斗栱；斜撑；柱头；木构建筑

中国古代建筑有着强烈的个性，所谓“远看屋顶，近看斗栱”，斗栱作为中国传统建筑的标志性特征之一，在中国建筑史上具有举足轻重的地位。梁思成先生曾说过“斗栱在中国建筑上的地位，犹柱饰之于希腊罗马建筑；斗栱之变化，谓为中国建筑之变化，亦未尝不可，犹柱饰之影响欧洲建筑，至为重大。斗栱之组织与比例的大小、历代不同。每可借其结构演变之序，以鉴定建筑物之年代，故对斗栱之认识，实为研究中国建筑者所必具之基础知识”[①]。

一般认为，斗栱在先秦时期已经萌芽，发展到清代成为繁复的装饰性和等级构件，其见证并参与了中国木构建筑的发展历程，宋代《营造法式》和清代《工程做法》都将斗栱作为大木作的重点，宋代“材”和清代“斗口”表现了将其作为建筑设计和营建的基本模数，在实际使用中对等级进行了严格的要求。斗栱在建筑中地位的重要性加之其容易损坏、更新频率快、构件复杂、体型较小，容易产生变化，时代和地域特色明显，使其成为判别古建筑年代和区域的重要标尺。在近代也成为众多建筑学家研究中国传统建筑的重点，朱启钤先生创办的中国营造学社就拥有“斗栱学社”的雅号，斗栱也是中国建筑学会的会徽。

同时，中国建筑的顺序蕴含着中国哲学的哲理，宋人所辑《草堂诗话》中写道“门堂房室，各有定处，不可乱也”，说明建筑布局历来存在一定的规则，而我们现在通过研究可以一定程度上复原这种变化，但还需要注意到，这种空间和时间的规律有时是不同步的。因此在研究时，需要综合考虑建筑学、考古学的相关材料，并以此为基础，叠加其他学科的研究，才能尽可能多地发掘出材料背后的信息，为复原古代社会奠定基础。

一、相关概念及考古材料中所见早期斗栱形象

（一）相关概念

“斗栱”一词的使用是从近代梁思成先生开始的，“斗栱”亦作“斗拱”，是中国古代建筑上特

① 梁思成：《图像中国建筑史》，中国建筑工业出版社，1991年，第81页。

有的构件，梁先生指出斗栱是“在梁檩与立柱之间，为了减少剪应力，遂有一种过渡部分：以许多斗形木块，与肘形曲木，层层垫托，向外伸张；在梁下可以增加梁身在同一净跨下的荷载力，在檐下可以使出檐加远”[①]。《景福殿赋》记载“桁梧复迭，势合形离”，就是斗栱结构的组织特征，即“斗”上托“栱”、“栱”上垫“斗”，进行重复着，一层压一层向上叠垛的方式向外挑出。其一般由斗、升、栱、翘、昂结构组成，在立柱和横梁交接处，从柱顶探出层层的弓形木构件，类似人的拱手形象称“栱”，栱与栱之间的上部凿有槽口的方形垫木叫“斗”，因此合称斗栱。

由于斗栱的重要地位，对于其形成发展等相关问题已经有较多学者进行过研究，建筑史学界认为斗栱的演变大致可以分为三个阶段：第一个阶段是从西周到两汉，这是斗栱的初始形成与发展阶段；第二个阶段是从隋唐至两宋，这是斗栱发展趋向制度化的时期，这一时期斗栱的力学性能与建筑造型完美结合，是建筑技术与艺术成熟的阶段；第三个阶段是从元代至清代，这是斗栱的结构作用减弱而装饰作用强化，是斗栱的实质性功能退化的阶段[②]。因此在讨论斗栱样式的形成问题，第一个发展阶段的材料应作为研究重点。

（二）考古材料中所见早期斗栱形象

中国古代建筑由于主要使用木结构等有机质而不能保存至今，因此在讨论斗栱样式起源和形成问题时，无法直接观测到最初的斗栱实物，只能借鉴其他器物或图像这种二手资料进行研究，如先秦的青铜器、东汉的画像石、石阙、崖墓、明器模型等，这些材料可以看作是当实社会的一种缩影，具有一定的真实性。但在研究时还需要注意，由于材料限制或艺术加工需要，这些形象可能与现实中的斗栱存在一定出入。

根据目前材料，西周铜器令簋上已有最早的栌斗形象（图一，1），令簋的制作年代距武王灭商仅二十多年，因此有充分的理由推测商代末期柱上可能已有栌斗[③]，在河北中山国灵寿城内出土较多陶斗模型（图一，2），有平盘斗、丁字栌斗、十字栌斗、十字交互斗等形制，种类较多。战国时代采桑猎壶上刻画的建筑图案（图一，3），多为柱上设置替木的图像。战国中山国墓出土的铜方案上（图一，4），有斗和45°斜置栱结合的形象。

汉代的石阙、明器、画像石和画像砖上也有大量斗栱的形象，对于汉代各类图像中斗栱形态的分类，已有学者进行过详细梳理[④]（图二），出土的相关考古材料基本可在该研究中找到相应的类型。

二、斗栱起源诸说

关于斗栱起源问题，学术界已经存在一些研究，对于这类复杂而极具特色的构件，其起源的研究多为论文，或是在专著中的某一章节进行阐述，建筑学家对起源问题的观点多具有结构上的合理性，而考古证据有时略显不足；考古学家的阐释则常常因为学术背景的不同，从考古材料出发进行

① 梁思成，刘致平：《建筑设计参考图集》（第四集），中国营造学社，1936年，第1页。
② 张丹：《斗栱艺术与结构机能演变历史的研究》，东北林业大学硕士论文，2005年，第49页。
③ 刘敦桢：《中国古代建筑史》，中国建筑工业出版社，1980年，第39页。
④ 刘临安，曹云钢，张旖旎：《从汉代明器看建筑斗栱的特征》，《建筑师》2008年1期，第81～85页。

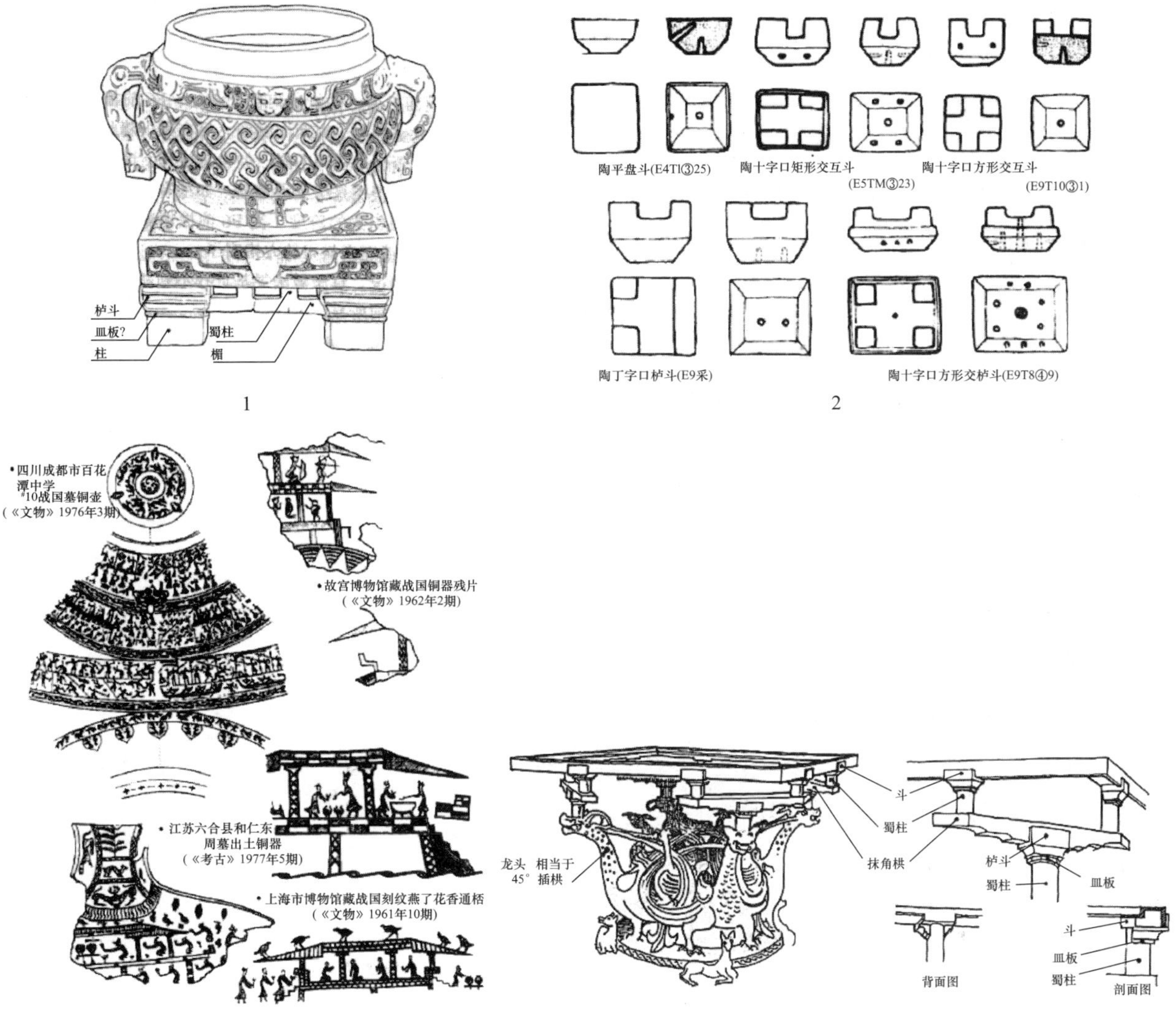

图一 斗栱形象

1. 西周铜器令簋 2. 河北中山国灵寿城陶斗 3. 战国时代采桑猎壶上刻画的建筑图案 4. 中山国墓出土的铜方案

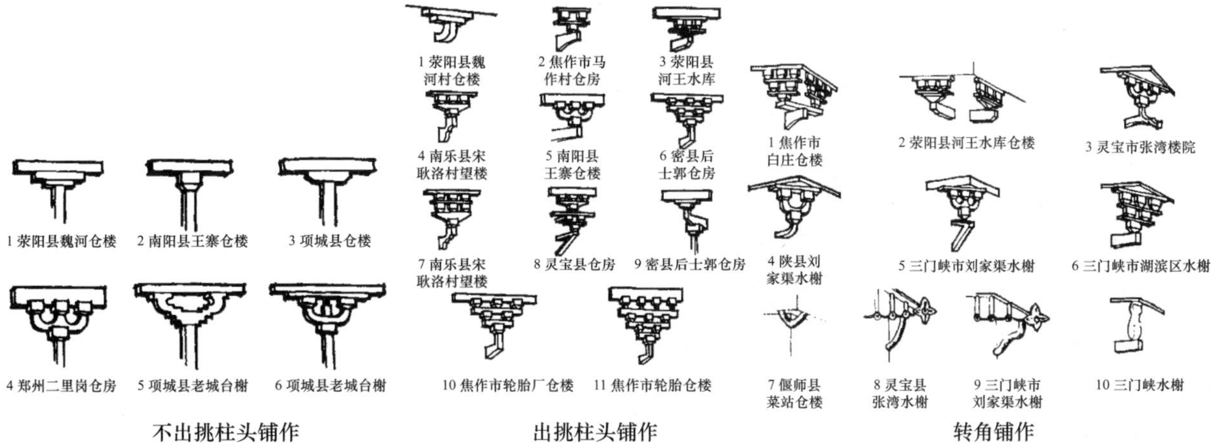

图二 汉代明器中斗栱形象分类

归纳，而较少理念结构上合理的推测阐释。综合这些观点，大致可分为结构功能和装饰象征两类，具体来说如下：

（一）结构功能

1. 由树杈的形状启示而来

刘致平先生认为从形式上看，斗栱尤其是一斗二升的形式与树杈的形状“丫”相似，但因年代久远，实在无从考证，只能把这种说法当作一种未经证实的臆断[①]。焦南峰先生认为斗栱与树杈形态的相似，是古代建筑者运用仿生学的原理[②]，将自然界树杈的形态借鉴到建筑中。

这种说法将斗栱的起源追溯到建筑发展的较早阶段，树杈这一原始材料与成熟的斗栱构件之间跨度较大，缺少实证材料。而且如果使用天然木材的分叉处来抬升梁架，需要寻找分叉高度大致相同的木材，从效率和可行性上看都较为困难，与当时的实际情况可能相差较远。

2. 产生斗栱的灵感可能源于波斯，经印度传入中国

这种观点见于外国学者穆勒[③]、帕瑞克·纽金斯[④]、威立茨[⑤]等的著作中，但作者并未举证，也没有展开深入论述，可能仅仅是作者的一种未成形的想法和推测，且据史料记载中国与印度交流最早也是从汉代开始，而从起源来看在汉代之前中国已经存在斗的形象，中国本土独立发展的脉络清晰，不太可能是由外国传入从而产生的，这种外国学者的观点存在较大问题，对中国建筑史料不够熟悉，中国学者基本不支持这种假说。

3. 由柱头部分的构造演变而成

李允鉌先生认为，中国由于过分重视柱头的设计，柱头部分演变成了斗栱这一构件独立存在，斗栱的前身是“栌栾”。这一说法将中国的斗栱与西方建筑相类比，认为希腊的“爱奥尼克”柱头的冠板向下弯曲，中国柱头横木向上弯曲，产生了两种不同构件发展的形式[⑥]。

首先，这一说法仍主要是一种类比和猜想，证据及论证不足。其次，中西方承重系统不同，导致柱子所强调的重点不同，西方强调柱身而中国强调斗栱，因此西方柱头注重的是装饰，而中国斗栱早期更多的是承托屋檐的承重功能，很难认为二者是不同文化建筑的类似部分。最后，根据西方古典建筑与中国画像石中建筑图像的对比，可以看出中国的斗栱部分并不能完全等同于西方的柱头，这将在下文进行论证。

4. 由加强梁、柱结合的“简单之板状物”进化而来

日本学者滨田耕作认为，斗栱是柱头与梁架间的简单板状物，为了加强梁、柱的结合，这种简

① 刘致平：《中国建筑类型及结构》，建筑工程出版社，1957 年，第 82 页。

② 焦南峰：《试论斗栱的起源及基本形制的确立》，《远望集——陕西省考古研究所华诞四十周年纪念文集》，第 641、642 页。

③ 穆勒的意见由威立茨引入其著作中，见 William Willetts: Chinese Art II, Relican Paperback, Richard&Clay Co. Sulfolk, p.706.

④ 帕瑞克·纽金斯、顾孟潮、张百平：《谜与模度》，《华中建筑》1989 年 1 期，第 63～67 页。

⑤ William Willetts: Chinese Art II, Relican Paperback, Richard&Clay Co. Sulfolk, p.704.

⑥ 李允鉌：《华夏意匠——中国古典建筑设计原理分析》，天津大学出版社，2005 年，第 237 页。

单的板状物就进化成为斗栱[①]。持有类似观点的还有我国学者刘敦桢[②]和杨鸿勋[③]。杨鸿勋先生的论证最为全面，认为斗栱中挑出的插栱就是弯曲的斜撑，后者是由擎檐柱演化而来；横栱脱胎于替木（“枅”），是由曲枅加小斗而成（图三）；斜昂则是由大叉手屋架演变而来。这种说法是目前的主流观点，从论证逻辑、建筑结构以及考古材料上看都较为合理。

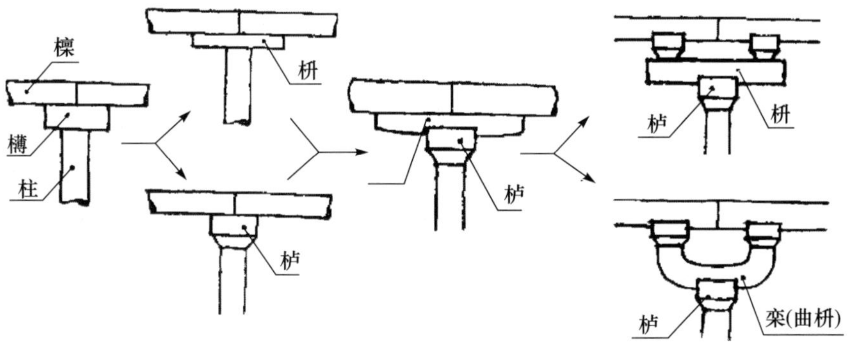

图三　横栱的演变示意图

（二）装饰象征

1. 斗栱起源于“山”形符号

王鲁民先生认为,《诗经·斯干》中描写建筑“如矢斯棘”，是柱子上施有山字形物以承托上部的构件，中国古代文物中山字形器的发现与研究，表明斗栱与这类三叉形男根纹样有关，汉代明器和墓葬的柱与斗栱形象,表明了山节的运用于三足鸟之间的对应关系[④]。常青先生也认为一斗三升的斗栱与三叉戟类似，是一种阳性的象征符号[⑤]。

还有学者认为斗栱是观测日月星辰的图腾柱、参商二星和北斗符号与象天法地的礼制建筑融合的产物，“山”形符号集图腾、祖先神灵、角崇拜、太阳崇拜和星斗崇拜以及其所具有的通天永生等多重象征意义于一身，是斗栱出现在礼制建筑中的主要原因[⑥]，推测模仿角或星斗的斗栱，其最初只是装饰性符号，因其与柱头位置的对应才演变为结构构件，后来随着建筑不断的发展和封建等级制度的强化，斗栱原始的象征意义逐渐消失。这类观点想象的成分较多而例证不足，仅能作为一种猜想。

2. 斗栱是一种形式主义的构件

汉宝德先生认为斗栱是一种形式主义的表现，而非实用的功能结构，提出中国建筑的斗栱系统是一种装饰，是宫廷建筑特有的构件，不能算是古代建筑结构中有机的一部分。也就是说即使没有斗栱，我国木构架系统建筑仍可存在，屋顶出檐的深度亦可存在[⑦]。在《明清建筑二论、斗栱的起源

① 滨田耕作著，刘敦桢：《法隆寺与汉六朝建筑式样之关系》，中国营造学社，1931年。
② 滨田耕作著，刘敦桢：《法隆寺与汉六朝建筑式样之关系》，中国营造学社，1931年。
③ 杨鸿勋：《斗栱起源考察——1980年全国科学技术史学术会议论文》，《建筑历史与理论》（第二辑），1981年，第5～16页。
④ 王鲁民：《中国古典建筑文化探源》，同济大学出版社，1997年，第25、26页。
⑤ 中华文化通志编委会编，常青撰：《中华文化通志·建筑志》，上海人民出版社，1998年。
⑥ 周宏伟：《天文观测——斗栱的起源》，《华中建筑》2017年7期，第78页。
⑦ 汉宝德：《明清建筑二论·斗栱的起源与发展》，生活·读书·新知三联书店，2014年，第186页。

和发展》一书中，汉宝德先生质疑斗栱在结构上的功能导致起源的传统认知，认为很多早期实例所呈现的斗栱形态并不符合以结构理性作为斗栱起源的传统观点，提出一斗二升形态来源于宗教，还认为屋顶曲线有功能上和象征意义上的起源，昂的发展与其也有推演关系等。其中很多观点在现在看来具有启发意义，但同时其中的一些立论存在武断之处，缺少证据，仅仅作为一种独特的切入点和推测。

3. 斗栱是模仿倒置的屋架之形

韩一城先生认为，从《营造法式》“偷心造”斗栱的侧视图或“计心造”斗栱的华栱向剖视图中，可以看出它们实际上就是一个个缩小尺寸、倒置而用的“抬梁式屋架”，从中国“官式”斗栱与民间“用挑出檐”例证的比较之中，更能明辨其“反梁架作用”，所以说斗栱就是抬梁式屋架倒置而用、形变而来的小型复合构架，只是装饰性表现更强化一些罢了[①]。

斗栱的产生是对抬梁式屋架的倒置，这种观点可能来自于“天地根源造”的逆反心理，但是这一观点并未论证抬梁式建筑的发展历史，未说明其是否在斗栱产生之前已经形成较为完备的形制。同时，屋顶的结构较为复杂，在画像石等材料中所见图像能否反映古代建筑的实际情况有待研究。最后，根据考古材料观察，这类的抬梁式屋架倒置的斗栱形态，也非斗栱起源时的早期形态，因此该观点也不是学术界的主流观点。

综合以上学说，斗栱的起源和早期发展应当还是为了满足结构功能上的要求，之后随着构件的成熟逐渐发展出象征功能和装饰意义，而非斗栱起源于这种象征或装饰性。结构功能诸说中，杨鸿勋先生的论证较为系统，对于横向构件的起源认识逻辑合理，演变清晰，能得到考古材料的证实，基本得到了大多数学者的认同，即从柱头上添加的木块发展为栌斗加横栱小斗，再发展为栌斗上承托多层横栱、横栱间垫小斗的形式。

而斗栱纵向的出挑，擎檐柱的观点（图四）存在实证材料不足的问题，猜想的成分更大，有学者指出从腰撑到所谓“插栱”的变化过程则不仅没有明确证据，在结构上也很不科学，腰撑到插栱

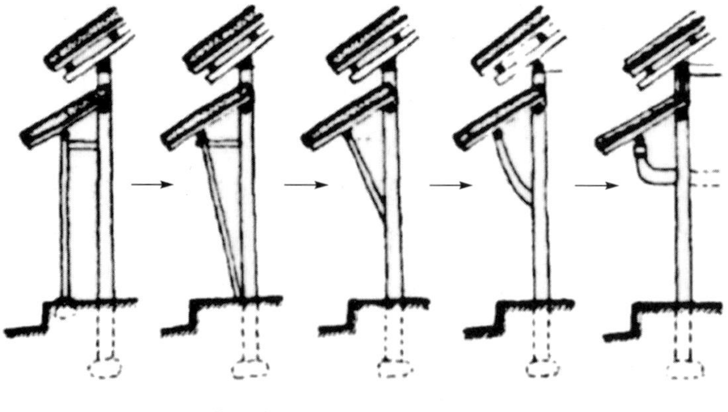

图四　纵向出挑的演变示意图

① 韩一城：《斗栱的结构、起源与《营造法式》——“铺作”与“跳、铺之作”辨析》，《古建园林技术》2000年1期，第15页。

的变化只是在形式上使腰撑更类似于后世的斗栱，而不具有结构上、功能上的意义，指出伸出承挑出檐的梁头是斗栱纵向出跳的直接来源[①]，后者的观点相较而言更加合理。

三、斗栱样式起源与形成相关问题讨论

对于斗栱的起源目前已经有较多的观点和论证，建筑学家常常根据结构力学等进行阐释，部分还停留在假设猜想的阶段，缺少实物证据加以支持，考古学家则常常根据材料进行归纳推理，有关画像石、明器等建筑中所见的斗栱图像，已经有较系统的论述梳理和分类。这两类文章，学者们关注的重点多是从已经成型的成熟斗栱进行反推，考察早期斗栱的产生原因及逐渐发展的步骤，而对于斗栱的样式形态，尤其是后来发展出的栱的造型从何而来，较少进行探讨。

（一）斗栱与斜撑

目前存在一些从结构力学的角度对斗栱进行分析的文章，而通过这些文章的分析可以看出，在斗栱形成发展的早期阶段，可能并未产生斗栱能够减震及传递屋顶荷载的相关认识。吕璇通过模型分析，认为斗栱竖向传力过程中，华栱方向的荷载逐渐向泥道栱方向传递，最终两个方向承受的竖向荷载趋于均匀，斗栱的竖向刚度与层数有关系，层数越多，刚度越小，斗栱越柔[②]。张丹通过计算得出没有斗栱的木结构建筑同样具有良好的结构性能，有斗栱模型的弯矩和剪力都要比无斗栱模型的弯矩和剪力较小一些，但幅度有限，优势并不绝对。而二者在轴力项目上的比较，有斗栱模型更无优势而言[③]。

因此，如果抛开斗栱所具有的审美、标志、模数等功能，单纯从现代结构学角度分析，中国古代采用这种复杂的斗栱来支撑屋檐，不能不说是一种比较费力又笨拙的办法[④]。也就是说，木构架建筑在结构上使用斗栱并不具有必要性，通过计算可以发现没有斗栱的木结构建筑依然具有良好的结构性能。

换句话说，如果从对建筑形式的一般认识来看，早期斗栱出现时所具有的功能也可以通过其他形式来实现，甚至相较于斗栱而言更加便捷，制作更加方便并节省人力物力，如腰撑（或说斜撑），这也是很多学者研究后得出的认识。汉宝德先生指出很多早期实例所呈现的斗栱形态并不符合以结构理性作为斗栱起源的传统观点，如高颐墓阙上的斗栱重点不在支撑出跳，而出挑最多之处实际采用的是有装饰的斜撑。李允鉌先生认为，从构造的观点来看，水平与垂直杆件接合的时候，在夹角部分很自然会加上斜撑用以加固接点并保持整个构架的稳定[⑤]，在汉代陶楼模型中也常见到使用斜撑的做法。杨鸿勋先生对于斗栱起源的看法也提出纵向的构件是由擎檐柱发展为斜撑，再进一步发展成为出挑的栱的。刘天洋经过简单的力学计算发现，组成了三角形结构的腰撑，要比把危险截面放

① 刘天洋：《试论斗栱出跳的起源与早期发展》，《人类文化遗产保护》2016年1期，第116～118页。

② 吕璇：《古建筑木结构斗栱节点力学性能研究》，北京交通大学硕士论文，2010年，第66、67页。

③ 张丹：《斗栱艺术与结构机能演变历史的研究》，东北林业大学硕士毕业论文，2005年，第95页。

④ 楼庆西：《中国古建筑二十讲》，生活・读书・新知三联书店，2001年，第11页。

⑤ 李允鉌：《华夏意匠——中国古典建筑设计原理分析》，天津大学出版社，2005年，第237页。

在只有小小的榫头与柱子相接的末尾的插栱，要稳固得多，插栱的性能不如斜直的腰撑[①]。

另一方面，从现代民族学材料来看，中国少数民族至今仍存在使用斜撑支撑屋顶的做法（图五，1），由此可知这确实是一种简便而又实用的做法，只是相较于斗栱而言其美观性较差。西方古代建筑从物理学受力角度来看，也更加倾向于使用斜撑（图五，2、3），认为斜撑似乎更加合理，更能分摊承受屋顶的重量。并且斗栱主要是在发展成熟之后才逐渐体现了减震的功能，在之后的发展中其实用功能又逐渐消失，而成为建筑屋檐下的一种装饰构件。在这一发展过程中，斗栱复杂的工艺使其成为表现中国封建社会等级制度的一种方式，斗栱本身横断面的长宽是整个建筑构件的模数，柱、梁、枋、开间进深等等都是这种模数的整倍数，另外官式建筑的中帝王将相和公卿大臣斗栱等级有严格的礼制规定，而民间的建筑只外挑而不能成栱。

图五　中外建筑上的斜撑举例

1. 恩施民居上使用斜撑辅助出檐　2. 尼泊尔庙宇使用斜撑的实例　3. 桁架中柱

总之，从结构功能上、力学分析上、考古材料上、民族学资料以及外国实例上，都可以证明相较于斗栱而言，斜撑即可实现斗栱的实用功能，甚至更加简便高效。

（二）斗栱与力士形象

通过以上分析可以看出，若是从结构功能起源的猜想上出发，为了满足支撑屋檐、出檐深远，以及传递载荷和抗震等功能，似乎在柱头与屋檐相接处使用斜撑更加简单高效、便于制作，更符合构件起源时的初始状态。且在汉代明器的转角铺作中也常见类似斜撑的例子，可见应当存在使用斜撑作为斗栱前身的阶段。而这种斜撑如何在之后的发展中逐渐演变成斗栱的形态，即斜撑如何弯曲演变成为栱形，目前尚未有学者进行过阐述。本人认为这种做法的灵感可能来源于人双手托举用以抬高，将弯曲的胳臂作为栱形态的参考，刘致平先生也提出早期的斗栱是用斜杆来承托屋檐，其传力机理相当于举起来托重物的手臂或挑重的肩膀[②]，这可以在东汉早期的画像石中找到图像证据。

在汉代画像石的图像材料中，常常见到将柱子和斗栱替换为人物托举形象的例子，且这类图像

① 刘天洋：《试论斗栱出跳的起源与早期发展》，《人类文化遗产保护》2016 年 1 期，第 116 页。

② 刘致平：《中国建筑类型及结构》，中国建筑工业出版社，2000 年，第 82 页。

的年代基本为东汉早期，对于研究斗栱的形成十分重要。结合实例来看，可以看出在画面中主体楼阁两侧阙的第二层，有时会用人托举屋顶的形象来代替柱子，可以看出人直接站在第一层阙的屋顶上，使用头及双臂托举第二层阙顶，人的双臂和头形成的图像与之后产生的一斗三升斗栱十分相似（图六）。

1

2

3

4

图六　柱子和斗栱的变形举例

1. 山东嘉祥县出土汉画像石　2. 山东沂南汉墓　3. 山东嘉祥县出土汉画像石　4. 四川柿子湾汉墓

东汉时期使用斜撑的房屋明器与存在人物托举的画像石图像，年代上可能存在一定的并行发展，因此还有一种可能是斜撑也为人物托举的灵感，只是这种托举人物的胳臂不弯曲（图七），为了加强稳定性胳臂的形态逐渐弯曲，形成一斗二升，之后更加弯曲从而加上人物的头部支撑，发展成为一斗三升。虽然从图像和逻辑上看这种猜想具有合理性，但若是从科学实证的角度来看，推测的成分较多而证据稍显不足，仅能作为一种可能的思路，有待日后新的发现及进一步论证。

图七

（三）斗栱与屋顶

上文推测的将柱子替换为人物的做法，在西方建筑中也较为普遍，比较典型的例子是波塞冬神庙中的爱奥尼特女神石柱（图八，1），与中国画像石中不同的是，女神石柱仅仅使用头部支撑而未用双臂，因此为了增强稳定性，将女神的脖子部分结合颈后的头发纵向加粗，用以保证建筑的美观和稳固。中国画像石中的人物形象发展到东汉晚期，已经由直接托举屋顶演变为托举实拍枋，实拍枋上再接屋顶，虽然相较于早期有所变化，但还是可以看出人物的胳臂仍类似栱的形态和作用，而人物托举的实拍枋，则是类似斗的形态（图八，2）。

1

2

图八　柱子替换为人物的做法

1. 波塞冬神庙爱奥尼特女神石柱　2. 山东汉画像石

如果将柱子划分为柱头、柱身和柱础三个部分，在这种前提下通过对比中西方材料，可以看出西方的女神雕像替换了整个柱式，而中国的力士则是替换了柱头的一部分、柱身和柱础，斗栱中斗的部分被保留了下来。如果根据李允鉌先生的观点，认为中国的斗栱和西方柱式中的柱头在结构中的意义相同，那么以上的对比则可以说明二者之间存在一定偏差，李允鉌先生的观点似乎需要修改。

在希腊和罗马的古典柱式中，柱头是作为完整柱式的一部分而存在的，而在中国的楼阁双阙中，栱以上的部分可以看作脱离了柱子而存在，是和屋顶密切联系在一起，这一推测在画像石中也可找到证据支撑，在风伯图中，常常见到屋顶被吹得飞起的画面，此时屋顶与柱子相接处从实拍枋断开（图九），实拍枋这种类似斗的结构与屋顶相连，可见在古人的眼中，木结构建筑中屋顶与斗的联系十分紧密，而斗与柱子的联系则相对薄弱，因此斗在截断时会脱离柱子。换句话

图九　风伯图

说，斗栱其实并不等同于柱头的作用，而可以看作是柱子以上屋顶构架的一部分，是作为承托屋顶的构件存在的。

如果进一步将房屋建筑从上到下分为屋顶、屋身和基座三部分，那么西方建筑重视屋身的修饰，其柱式多样装饰精美；中国古代建筑则更加重视屋顶部分，这与中西方古代建筑不同的系统有关。西方石结构的建筑厚重，屋身柱子部分在承重中是被强调的部分，而中国传统木结构的建筑使得墙体并不参与承重，而是通过木材建立良好的框架结构，形成“墙倒屋不塌”的承重效果，屋身并不是建筑的重点，而屋顶作为建筑的强调部分技术发展迅速，成为封建社会中身份等级的象征之一。根据上文斗栱也可以看作屋顶的一部分，因此在中国古代也得到了重视和极大的发展，正如梁思成先生认为中国传统建筑的两大特征就是屋顶和斗栱。

不管斗栱是划分到柱子还是屋顶结构中，中国传统建筑重视屋顶和斗栱的传统是存在的，对其的强调使得斗栱发展逐渐复杂化，成为超越传统构件具有众多象征意义的符号。

四、总　　结

根据斗栱的发展，西周到两汉这一时期是研究其样式起源和形成问题的重要阶段，通过这一时期的考古材料和学者们已有的研究，可以看出在诸多有关斗栱起源的假说中，结构功能的猜想更加合理，斗栱的起源和早期发展应当是为了满足结构功能上的要求，之后随着构件的成熟逐渐发展出象征功能和装饰意义。斗栱的横向构件从柱头上添加的木块发展为栌斗加横栱小斗，再发展为栌斗上承托多层横栱、横栱间垫小斗的形式，而斗栱纵向的出挑，擎檐柱的观点存在实证材料不足，结构上不科学的问题，伸出承挑出檐的梁头是斗栱纵向出跳的直接来源的观点相较而言更加合理。

但结构功能起源的猜想存在一个问题，即从结构功能上、力学分析上、考古材料上、民族学资料以及外国实例上，都能证明在建筑上使用斜撑可以完全替代斗栱支撑屋檐、出檐深远以及传递载荷和抗震等功能，甚至更加简便高效、省工省力，更符合构件起源时的初始状态。且在汉代明器的转角铺作中也常见类似斜撑的例子，可见中国建筑早期在柱头与屋檐相接处曾使用斜撑。而此类斜撑在之后的发展中逐渐被斗栱的形态所替代，在这一演变过程中，主要的形态变化为斜撑变得弯曲，这种变化在结构功能上没有必要性，通过在东汉早期画像石中找到的图像证据，推测这种变化的灵感可能源于人双手托举用时弯曲的胳臂。

通过对比东西方将柱子替换为人物形象的例子，可以看出斗栱并不等同于西方柱式的柱头部分，而可以看作是柱子以上屋顶构架的一部分，是作为承托屋顶的构件存在的。西方石结构的建筑厚重，屋身柱子部分在承重中是被强调的部分，而中国传统木结构的建筑使得墙体并不参与承重，而是通过木材建立良好的框架结构，形成“墙倒屋不塌”的承重效果，屋身并不是建筑的重点，而屋顶作为建筑的强调部分技术发展迅速，成为封建社会中身份等级的象征之一，斗栱也可以看作屋顶的一部分，因此在中国古代也得到了重视和极大的发展。

Tentative Analysis of the Origin of *Dougong*

LI Xiaolin

(Peking University, Beijing, 100871)

Abstract: As one of the most important structures in Chinese architecture, *Dougong* has always been the focus of academic attention. This paper reviews the doctrines of *Dougong*'*s* origins, and combines *Dougong* images seen in stone relief, funerary object, etc., to propose the design inspiration of *Dougong*'*s* style and form, which may be derived from the image of holding by human hands up. Through the image evolution, structural function, mechanical analysis, ethnographic data, foreign cases, and the pillar structure in domestic and foreign countries, this paper makes comprehensive comparison and further discussion.

Key words: *dougong*, back stay, top of column, timber building